工程制图实践教程

主 编　赵　丽
副主编　张　腾　巩　鑫
　　　　刘　宏　王　丽

科学出版社
北京

内 容 简 介

本书按照机械制图国家标准编写，主要介绍了 AutoCAD 2014 和 Pro / ENGINEER5.0（简称 Pro/E 5.0）各种基本功能的操作方法和操作技巧。书中引用了大量的操作实例，辅以流程图及示意图，从全面提升 AutoCAD 2014 和 Pro/E 5.0 应用能力的角度出发，结合具体的案例讲解如何利用 AutoCAD 2014 和 Pro/E 5.0 进行综合设计。本书共十章，主要内容包括 AutoCAD 2014 基本操作和绘图、编辑修改图形、层和块的操作、文字操作、表格和打印输出等；Pro/E 5.0 操作界面简介、文件管理、窗口操作、基本设置、草绘基本知识、基准平面/基准轴/基准点的简介及创建、实体特征的简介、零件建模草绘特征的设计（含拉伸、旋转、扫描及混合特征）、零件建模放置特征的设计（含孔、倒圆角、倒角、壳、拔模及肋特征）、零件建模高级特征的设计、编辑特征、曲面特征的简介、组件装配的方式、绘制工程图、文件汇入与导出、零件的打印等。

本书介绍了 AutoCAD 2014 和 Pro/E 5.0 多种绘图技术和技巧，还讲解了多个综合的图形绘制范例，从实用角度介绍了 AutoCAD 2014 和 Pro/E 5.0 的使用。本书具有较明显的实用价值，将有助于训练和提高读者计算机绘图技能，可作为高等院校工科相关专业计算机绘图软件学习教材，也可作为相关培训班的培训用书。此外，对于工科相关行业设计人员以及三维 CAD 爱好者，本书也是很好的自学教材。

图书在版编目（CIP）数据

工程制图实践教程 / 赵丽主编. —北京：科学出版社，2019.12
ISBN 978-7-03-063723-9

Ⅰ. ①工… Ⅱ. ①赵… Ⅲ. ①工程制图-高等学校-教材 Ⅳ. ①TB23

中国版本图书馆 CIP 数据核字（2019）第 280642 号

责任编辑：朱晓颖 / 责任校对：王萌萌
责任印制：张 伟 / 封面设计：迷底书装

科 学 出 版 社 出版
北京东黄城根北街 16 号
邮政编码：100717
http://www.sciencep.com

北京中科印刷有限公司 印刷
科学出版社发行 各地新华书店经销
*
2019 年 12 月第 一 版 开本：787×1092 1/16
2021 年 1 月第二次印刷 印张：16 1/4
字数：380 000

定价：56.00 元
（如有印装质量问题，我社负责调换）

前　言

伴随着高等教育的全面改革，工程制图实践课程也面临着教学内容、教学体系及教学手段的改革。本书的编写正是为了适应当前科学技术的发展，以及我国大多数院校工科相关专业课程的教学现状与教学改革发展趋势，同时也综合考虑了我校当前师生状况，使教学内容、教学方法及教学手段相协调，力求在不增加师生负担的情况下，充分利用教学资源，最大限度地调动学生学习的主动性和积极性，使学生在规定的学时内，掌握好计算机绘图的基本技能，努力使工程图学教育向以知识、技能、方法、能力、素质综合培养的教育方向转化。

本书结合导师工作室教学设计和学生创新工作实践，将 AutoCAD 2014 和 Pro/ENGINEER 5.0（简称 Pro/E 5.0）全面系统地融汇到同一本教材中。我们不求事无巨细地将 AutoCAD 2014 和 Pro/E 5.0 的知识点全面讲解清楚，而是针对工科相关专业的需要，以 AutoCAD 2014 和 Pro/E 5.0 大体知识脉络作为线索，以实例作为"抓手"，帮助读者掌握 AutoCAD 2014 和 Pro/E 5.0 进行工程设计的基本技能与技巧。本书引用的一些实例都是工科相关专业最常用的工程设计案例，能够恰到好处地反映专业设计理念和学生创新训练的精髓，并达到举一反三的效果。

本书由赵丽担任主编，穆春阳老师负责统稿，具体分工为：张腾编写第 1、4、5 章，赵丽编写第 2、3 章，巩鑫编写第 6、7 章，王丽编写第 8 章，刘宏编写第 9、10 章。本书参考了国内同类教材和文献资料，在此一并向出版者和著作者表示衷心的感谢！

由于作者水平有限，书中难免存在疏漏之处，恳请广大读者和有关专家学者不吝批评指正，以便不断修订完善。

编　者
2019 年 5 月

目　　录

第1篇　AutoCAD 2014

第2篇　Pro/ENGINEER

第1篇　AutoCAD 2014

第1章　初识 AutoCAD 2014

计算机辅助设计(Computer Aided Design，CAD)技术，经过几十年的发展已经日趋成熟。其中，计算机绘图是计算机辅助设计的基础。目前主流的三维绘图软件有 Catia、UG、Creo，主流的二维绘图软件中最具有代表性的就是 AutoCAD。本章以 AutoCAD 2014 为基础，介绍计算机绘图最基本的操作，希望能对读者快速入门提供一定的帮助。

AutoCAD 交互式图形软件功能强大，可以根据用户的操作，迅速而准确地生成图形；能够允许用户很容易地对已画好的图形进行编辑修改；另外，提供了许多辅助绘图功能，若熟练运用，可使图形绘制和修改变得更加灵活。针对不同行业，AutoCAD 2014 还为二次开发提供了编程接口，可以让用户更好地胜任绘图工作。

AutoCAD 2014 的主要功能概括如下。

(1)绘图功能：二维图形的绘制，如绘制直线、圆弧、多边形等；尺寸标注、图形填充、文字输入等；三维图形的绘制，如三维曲面绘制、三维实体模型构造、渲染等。

(2)编辑功能：对所绘制图形的修改，如修剪、复制、镜像、移动、倒角等。

(3)辅助功能：对象捕捉、显示控制、图层控制等。

1.1　AutoCAD 2014 的操作界面

本节主要介绍 AutoCAD 2014 操作界面、绘图环境设置以及绘图系统配置。

1.1.1　操作界面

操作界面是每次启动 AutoCAD 2014 后显示的窗口，它是显示、绘制及编辑图形的区域，如图 1-1 所示，包括标题栏、快速访问工具栏、菜单栏、功能区、绘图区(包括十字光标、坐标系等)、工具栏、命令行窗口、布局标签、状态栏、状态托盘和滚动条等。

1. 标题栏

标题栏位于 AutoCAD 2014 操作界面的最上端。用户新启动 AutoCAD 2014 时，标题栏中显示系统默认创建的图形文件名称 Drawingl.dwg，如图 1-1 所示。

2. 快速访问工具栏

该工具栏中主要包括新建、打开、保存、另存为、打印、放弃等几个最常用的工具按钮。

3. 菜单栏

菜单栏位于标题栏的下方，其中包括文件、编辑、视图、插入、格式、工具、绘图、标注、修改、参数、窗口和帮助 12 个菜单项。单击某一菜单项，打开下拉菜单，可以从中选择命令执行相应操作。菜单栏几乎包括了 AutoCAD 2014 所有绘图命令,后面几章会对常用的菜单命令重点讲解。菜单栏不是执行绘图或编辑命令的唯一方式,有很多方式会在后面章节体现。

4. 功能区

功能区位于菜单栏的下方,是 AutoCAD 2009 版本以后出现的新功能,包括默认、插入、注释、参数化、视图、管理、输出、插件和 Autodesk 360 等选项卡,每个选项卡都集成了大量与该功能相关的操作工具,本意是方便用户使用。如果是习惯 AutoCAD 2008 及之前老版本的用户,可能并不习惯使用功能区,AutoCAD 2014 在操作界面右下角提供了切换工作空间的"齿轮状"按钮,如图 1-1 所示,单击该按钮,选择 AutoCAD 经典,即可切换成如图 1-1 所示的经典界面。

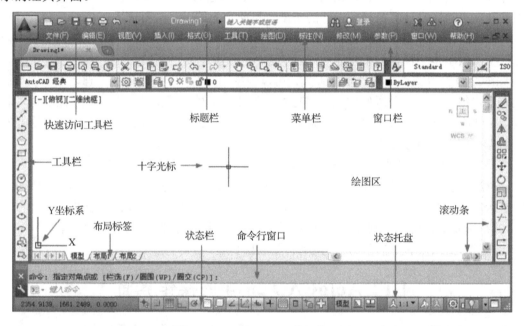

图 1-1　AutoCAD 2014 的操作界面

如需从经典界面调出"功能区",可以执行以下命令。

命令行:RIBBON(或 RIBBONCLOSE)。

菜单栏:"工具"→"选项板"→"功能区"。

5. 绘图区

在操作界面中,最中间的空白区域便是绘图区,相当于过去手工绘图的图纸。今后所有的绘制、编辑图形的工作都是在绘图区完成的。

当光标出现在绘图区时,光标指针会变成十字线形状,称为十字光标,其交点反映了光标在当前坐标系中的位置,该位置用三坐标(x, y, z)来表示,坐标值位于操作界面最左下角,系统处于二维绘图状态时,z坐标值恒为零。

6. 工具栏

工具栏包括大部分常用命令的快捷方式,这些命令的快捷方式以图标按钮的形式出现,只要将光标指向按钮,就会出现命令提示,单击按钮,即执行相应的命令。在使用 AutoCAD

2014 绘图时，使用工具栏进行命令输入，既快捷又简单。如果用户第一次打开 AutoCAD 2014，则不会看到任何的工具栏，只有按照"功能区"中的方法，切换至 AutoCAD 经典界面，才会出现如图 1-1 所示的一左一右两个工具栏。如果想使用更多的工具栏，只需要在任何一个已经显示出来的工具栏上右击，即可弹出工具栏列表，需要什么工具栏，点选即可。

　　一般情况下，系统默认显示"标准"、"图层"、"特性"、"样式"工具栏，位于绘图区的顶部，如图 1-2 所示。"绘图"工具栏默认位于绘图区左侧，如图 1-3 所示，"修改"工具栏和"绘图次序"工具栏位于绘图区的右侧，如图 1-3 所示。以上这些工具栏本质上都是浮动工具栏，用户可以根据自己的习惯将其拖拽至任意位置。

图 1-2　"标准"工具栏、"样式"工具栏、"特性"工具栏和"图层"工具栏

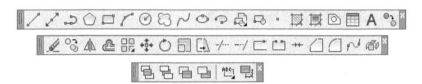

图 1-3　"绘图"工具栏、"修改"工具栏和"绘图次序"工具栏

7. 命令行窗口

　　命令行窗口位于绘图区的正下方，是供用户输入命令和显示命令提示的区域，默认颜色为灰色。

　　(1) 单击最左侧边框，可以拖动命令行窗口到屏幕上的其他位置。

　　(2) 按 F2 键，弹出 AutoCAD 文本窗口，如图 1-4 所示，可以按照文本编辑的方法对命令行进行编辑。

　　(3) 命令行窗口还反馈各种信息，包括出错信息，类似于编程 bug 反馈。

8. 布局标签

　　在绘图区左下方，有三个标签，分别为模型、布局 1、布局 2。

　　(1) 布局。布局是系统为绘图设置的一种环

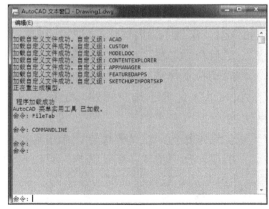

图 1-4　AutoCAD 文本窗口

境，包括图纸大小、尺寸单位、角度设定以及数值精确度等。在系统预设的三个标签中，这些环境变量都按默认设置，也可以根据实际需要改变这些变量的值。

　　(2) 模型。AutoCAD 的空间分模型空间和图纸空间，在 AutoCAD 2014 中，系统默认打开模型空间，用户可以通过单击布局标签选择需要的布局。图纸空间的知识读者可自行学习体会，本章不再赘述。

9. 状态栏

状态栏位于操作界面的最底部，其左侧显示光标点的 X、Y、Z 坐标值，右侧有并列一排的 14 个功能开关按钮，依次是推断约束、捕捉模式、栅格显示、正交模式、极轴追踪、对象捕捉、三维对象捕捉、对象捕捉追踪、允许 / 禁止动态 UCS、动态输入、显示 / 隐藏线宽、显示 / 隐藏透明度、快捷特性和选择循环，可参考图 1-1 最下方的状态栏。

10. 状态托盘

状态托盘中集中了一些常见的显示工具和注释工具，如图 1-5 所示，具体功能介绍如下。

(1)模型或图纸空间按钮：在模型空间与图纸空间之间进行切换。

(2)快速查看布局按钮：快速查看当前图形的布局。

(3)快速查看图形按钮：快速查看当前图形的位置。

(4)注释比例按钮：单击该按钮右侧的下拉按钮，可以选择适当的注释比例，如图 1-6 所示。

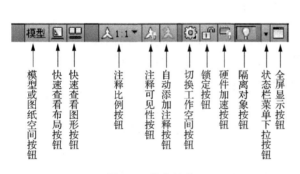

图 1-5　状态托盘

图 1-6　注释比例下拉列表

(5)注释可见性按钮：该按钮默认发亮，此时显示所有比例的注释性对象；单击该按钮，按钮变暗，仅显示当前比例的注释性对象。

(6)自动添加注释按钮：注释比例更改时，自动将比例添加至注释性对象。

(7)切换工作空间按钮：该按钮给不习惯 AutoCAD 2008 之后版本的老用户提供了便利。除 AutoCAD 经典工作空间外，还有草图与注释、二维基础和三维建模等多个工作空间可供切换。

(8)锁定按钮：默认不锁定，单击后，可以选择是否锁定工具栏或窗口。

(9)硬件加速按钮：默认开启，可以设定显卡的驱动程序和硬件加速等相应选项。

(10)隔离对象按钮：单击该按钮，有"隔离对象"和"隐藏对象"可供选择，可以单独显示所选择的对象或单独隐藏所选择的对象，请读者自行操作体会。

(11)状态栏菜单下拉按钮：单击该下拉按钮，弹出如图 1-7 所示的下拉菜单。

(12)全屏显示按钮：单击该按钮，使 AutoCAD 2014 的绘图区全屏显示，其余工具栏全部隐藏，如图 1-8 所示。

11. 滚动条

绘图区的下方和右侧提供了用来浏览图形的水平和竖直方向的滚动条，用法与大多数视窗操作软件一样，读者自行体会。

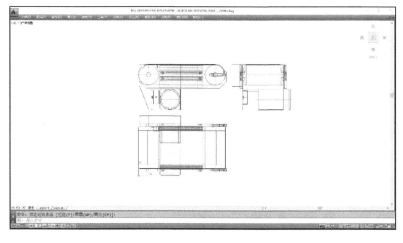

图 1-7 状态栏下拉菜单　　　　　　　　　　　图 1-8 全屏显示

1.1.2 绘图环境设置

1. 设置绘图单位

在一般绘图任务中，可以不用设置，选择默认参数即可。若设置，可参考以下步骤。

1)命令执行方式

命令行：DDUNITS(或 UNITS)。

菜单栏："格式" → "单位"。

执行上述命令后，在打开的"图形单位"对话框中可以定义长度和角度格式及精度，如图 1-9 所示。

2)选项说明

"长度"与"角度"选项组：指定当前单位及其精度。

"插入时的缩放单位"下拉列表框：插入图块(第 4 章有介绍)时，对其按比例缩放，如不按指定单位缩放，则选择"无单位"。

"输出样例"选项组：以实例的形式来表现用户设置的参数。

"光源"选项组：用于指定光源强度的单位。

"方向"按钮：单击该按钮，在打开的"方向控制"对话框中可对基准角度进行方向控制，如图 1-10 所示。

2. 设置图形界限

作为初学者，往往对 AutoCAD 绘图区的大小没有概念，所绘制的线条动辄几米长。因此，在熟悉国家相关绘图标准后，开始使用 AutoCAD 软件绘制图形前，很有必要对绘图边界有一个确切的认识。形象一点说，绘图边界有点类似于工程图纸的边界，可以把我们所绘制的图形约束在合理的范围之内。如若设置，可参考以下步骤。

1)命令执行方式

命令行：LIMITS。

菜单栏："格式" → "图形界限"。

图 1-9 "图形单位"对话框   图 1-10 "方向控制"对话框

2）操作步骤

> 命令：LIMITS／（在命令行窗口中输入命令 LIMITS，效果与通过菜单栏命令执行效果相同）重新设置模型空间界限：
>
> 指定左下角点或[开(ON)／关(OFF)] <0.0000，0.0000>：（输入图形边界左下角的坐标后按 Enter 键）
>
> 指定右上角点<420.0000，297.0000>：（输入图形边界右上角的坐标后按 Enter 键）

3）选项说明

开：单击该按钮后，用户将不能在绘图边界以外绘制任何图形（此时的边界为一张 A3 图纸的大小）。

关：单击该按钮后，用户可以突破边界在任意位置绘制任何图形。

图 1-11 动态输入

动态输入角点坐标：可以直接在屏幕上输入角点坐标，在输入横坐标值后，按","键（注意，此时一定要关闭中文输入法，系统只认英文字符），接着输入纵坐标值，如图 1-11 所示。另外，也可以按光标位置直接单击确定角点位置。

1.1.3 绘图系统配置

由于每台计算机所使用的设备类型、目录设置不同，所以每台计算机的运行环境都是独一无二的。在一般绘图任务中，使用 AutoCAD 2014 的默认配置就可以了，无需单独配置。但在利用 AutoCAD 作图前建议先进行必要的配置，这样可以提高用户的绘图效率。

1. 命令执行方式

命令行：PREFERENCES。

菜单栏："工具"→"选项"。

快捷菜单：选项（右击，在快捷菜单中选择"选项"选项，如图 1-12 所示）。

2. 操作步骤

执行上述命令后，在打开的"选项"对话框中选择相应的选项卡，即可对绘图系统进行配置。此处仅介绍几个主要的选项卡，其他选项卡的功能请读者自行操作体会。

1）"系统"选项卡

"系统"选项卡如图 1-13 所示，主要用来设置 AutoCAD 的有关特性。

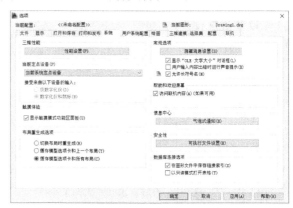

图 1-12　在快捷菜单中选择"选项"选项　　　　　图 1-13　"系统"选项卡

2）"显示"选项卡

"显示"选项卡如图 1-14 所示，主要用来设置 AutoCAD 窗口的外观，如绘图区的底色可以由默认的黑色改为白色，十字光标的大小也可以修改。其余各选项的具体设置，读者可自己参照系统"帮助"文件学习。

绘图区底色的变更方法可按以下步骤操作。

(1)执行"工具"→"选项"命令，在弹出的"选项"对话框中选择"显示"选项卡，如图 1-14 所示。单击"窗口元素"选项组中的"颜色"按钮，打开如图 1-15 所示的"图形窗口颜色"对话框。

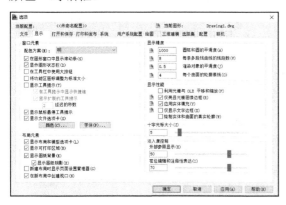

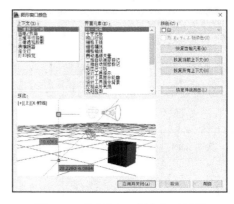

图 1-14　"显示"选项卡　　　　　　　图 1-15　"图形窗口颜色"对话框

(2)单击"颜色"下拉列表框右侧的下拉按钮，选择需要的颜色单击"应用并关闭"按钮，绘图区底色变更为所选的颜色。

1.2　图形文件的基本操作

本节介绍 AutoCAD 2014 最基础的操作知识，包括新建文件、打开已有文件、保存文件等。至于本节中提到的涉及图形文件基本操作的新增知识，有兴趣的读者可以自行学习、操作、体会。

1.2.1 新建文件

1. 正常的新建文件方法

1)命令执行方式

命令行：NEW。

菜单栏："文件"→"新建"。

快捷键：Ctrl + N。

2)操作步骤

执行上述命令后，弹出如图 1-16 所示的"选择样板"对话框，有三种格式的图形样板可供选择，分别是*.dwt、*.dwg、*.dws，其中*代表文件名，具体名称由用户来定。一般情况下，*.dwt 文件是标准的样板文件，*.dwg 文件是普通的样板文件，*.dws 文件是包含标准图层、标注样式、线型和文字样式的样板文件。

2. 快速创建图形文件的方法

1)执行方式

命令行：QNEW。

工具栏：快速访问工具栏→"新建" 🗋。

2)操作步骤

执行上述命令后，系统立即根据所选的图形样板创建新图形，不再显示任何对话框。但想实现此功能，必须提前对系统变量进行如下设置。

(1)将 FILEDIA 系统变量设置为 1，将 STARTUP 系统变量设置为 0。方法如下。

> 命令：FILEDIA↙
>
> 输入 FILEDIA 的新值<1>：↙
>
> 命令：STARTUP↙
>
> 输入 STARTUP 的新值<0>：↙

其余系统变量的设置过程类似，在此不再赘述。

(2)在菜单栏中执行"工具"→"选项"命令，在弹出的"选项"对话框中选择"文件"选项卡，选择"样板设置"，然后选择需要的样板文件路径，如图 1-17 所示。

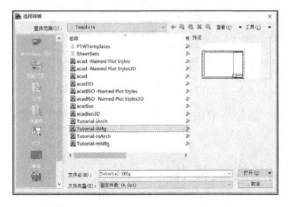

图 1-16 "选择样板"对话框

图 1-17 "选项"对话框中的"文件"选项卡

1.2.2　打开文件

1. 命令执行方式

命令行：OPEN。

菜单栏："文件"→"打开"。

工具栏:快速访问工具栏→"打开" 📂。

2. 操作步骤

执行上述命令后，打开"选择文件"对话框，如图 1-18 所示，在"文件类型"下拉列表框中可选择*.dwg 文件、*.dwt 文件、*.dxf 文件和*.dws 文件等。*.dxf 文件是用文本形式存储的图形文件，能够被其

图 1-18　"选择文件"对话框

他程序读取，许多第三方应用软件都支持 dxf 格式。其余三种文件，前面已经介绍过，此处不再赘述。

1.2.3　保存文件

1. 命令执行方式

命令行：QSAVE(或 SAVE)。

菜单栏："文件"→"保存"。

工具栏：快速访问工具栏→"保存" 💾 。

2. 操作步骤

执行上述命令后，若文件未命名(默认名 Drawing1.dwg)，则系统打开"图形另存为"对话框，如图 1-19 所示，用户可以在"保存于"下拉列表框中指定保存文件的位置(默认位置保存于"我的文档")，在"文件类型"下拉列表框中指定保存文件的类型(默认类型*.dwg)，在"文件名"下拉列表框中输入文件名为绘图文件命名，最后单击"保存"按钮，就可以把创建的文件保存在指定位置。

图 1-19　"图形另存为"对话框

有时候因为操作失误或者计算机系统故障，甚至意外停电而使正在绘制的图形文件丢失，用户可以对当前图形文件设置自动保存，以免造成不必要的损失。操作步骤如下。

(1) 在命令行输入 SAVEFILEPATH，可以设置所有自动保存文件的位置，如 D:\CAD。

(2) 在命令行输入 SAVETIME，可以指定多长时间保存一次图形。

1.2.4　另存为

1. 命令执行方式

命令行：SAVEAS。

菜单栏："文件" → "另存为"。

2. 操作步骤

执行上述命令后，激活"图形另存为"对话框，如图 1-19 所示，进行相应设置后，AutoCAD 将以另外的名称或位置保存当前图形。

1.2.5　退出

1. 命令执行方式

命令行：QUIT 或 EXIT。

菜单栏："文件" → "退出"。

按钮：AutoCAD 操作界面右上角的"关闭"按钮。

2. 操作步骤

命令：QUIT✓（或 EXIT✓）

与大多数视窗软件操作习惯相同，执行上述命令后，若用户尚未保存图形文件，则弹出如图 1-20 所示的对话框。若用户已经保存了图形文件，则直接退出。

图 1-20　"系统警告"对话框

1.3　基本输入操作

本节介绍的方法是进行 AutoCAD 绘图的必备知识，也是深入学习 AutoCAD 的前提。

1.3.1　命令输入的多种方式

除了利用工具栏完成绘图工作，用户也可以输入指令和参数来绘图，下面以画直线为例分别进行介绍。

1. 在命令行窗口中输入完整的命令

命令：LINE✓（不区分大小写）

执行上述命令后，命令行中的提示如下：

命令：LINE✓
指定第一点：（在屏幕上用十字光标指定一点或输入该点的坐标）
指定下一点或[放弃(U)]：

不带括号的选项为默认选项，可以直接输入直线的起点坐标(默认输入二维坐标，X 和 Y 坐标值中间用 "，" 隔开)或在屏幕上随意指定一点。如果要选择其他选项("[ ]" 中的内容为其他选项)，则输入该选项的快捷键，如 "放弃" 选项的快捷键为 U，输入 U 后，系统放弃直线的绘制。在命令选项的后面有时还带有尖括号<>，尖括号内的数值为默认数值，如果直接按 Enter 键，系统就会选择默认数值。

2. 在命令行窗口中输入缩写的命令

读者对软件的操作熟练到一定程度以后，可直接输入缩写的命令，从而提高输入效率。如 A(Arc)、Z(Zoom)、CO(Copy)、E(Erase)等，括号内为完整命令，作用与直接输入完整的命令相同。

3. 利用选择菜单命令完成输入操作

以执行 "修改" → "复制" 命令为例，在命令行窗口可以看到 "COPY 选择对象:"。

4. 单击工具栏中的相应按钮

此种方式最为常用，直接单击相应的按钮，在命令行窗口中也可以看到对应的命令说明。

5. 在命令行中打开快捷菜单

在命令行窗口中右击，弹出如图 1-21 所示的 "最近使用的命令" 菜单，系统可以存储用户最近使用过的若干条命令，对于频繁使用的命令，采用此种方法也能提高绘图效率。

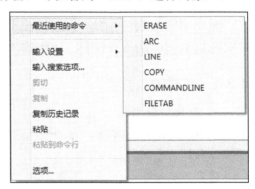

图 1-21 命令行快捷菜单

6. 在绘图区中右击

如果用户重复使用上次用过的命令，可以直接在绘图区中任意位置右击，在弹出的菜单中选择最上面的选项，系统立即重复执行上次使用的命令。系统打印输出选项中也有类似的功能，读者可自行学习体会。

1.3.2 命令的重复、撤销与重做

1. 命令的重复

执行完一个命令后，如果在命令行窗口中按 Enter 键，系统可以自动执行重复的命令。

2. 命令的撤销

用户在执行一个命令的过程中，如果想终止，进行下一个命令时可以对当前正在执行的命令进行撤销操作。

命令执行方式如下。

命令行：UNDO。

菜单栏："编辑" → "放弃"。

快捷键：Esc(该按键位于键盘最左上角)。

推荐优先使用键盘上的 Esc 键，可以迅速撤销命令。

3. 命令的重做

已被撤销的命令还可以恢复重做。

图 1-22　多重放弃或重做

命令执行方式如下。

命令行：REDO。

菜单栏："编辑" → "重做"。

该命令可以一次执行多重放弃和重做操作。单击 UNDO 或 REDO 按钮右侧的下拉按钮，在弹出的下拉列表中可以选择要放弃或重做的操作，如图 1-22 所示。

1.3.3　透明命令

透明命令一般多用于修改图形设置或打开辅助绘图工具。

1.3.2 节中三种命令的执行方式也适用于透明命令的执行。

命令：LINE✓

指定下一点或[放弃(U)]：UNDO✓（透明使用放弃命令 UNDO）

指定下一点或[放弃(U)]：（继续执行原命令）

1.3.4　数据输入方法

1. 常规数据输入

在 AutoCAD 2014 中，点的坐标常用直角坐标和极坐标表示。坐标输入方式有两种：绝对坐标和相对坐标。

1）直角坐标法

绝对坐标输入方式。

例如，在命令行中输入 "100,80"，表示输入了一个 X、Y 坐标值分别为 100、80 的点，该点相对于坐标系原点，X 坐标增加了 100，Y 坐标增加了 80。

相对坐标输入方式。

例如，在命令行中输入 "@50，30"，表示该点的坐标值相对于上一次输入的点的坐标值，X 坐标增加了 50，Y 坐标增加了 30。

2）极坐标法

极坐标与直角坐标有所区别，两个参数分别是长度值和角度值。

绝对坐标输入方式。

例如，在命令行中输入 "200<30"，200 表示该点到坐标系原点直线距离的长度值，30 表示该点与坐标系原点的连线和 X 轴正向夹角的角度值。

相对坐标输入方式。

例如，在命令行中输入 "@50<15"，50 表示该点与上一次输入的点的直线距离的长度值，15 表示该点与上一次输入的点的连线和 X 轴正向夹角的角度值。

2. 动态数据输入

AutoCAD 2006 以后的版本增加了动态数据的输入功能，单击状态栏上的 ⊞ 按钮，或者按 F12 功能键，开启动态数据的输入功能，则可以在屏幕上动态地输入参数数据。

例如，开启动态数据的输入功能后，绘制直线时，"指定第一点"后面第一个坐标框内的数字(蓝色背景)代表第一点的 X 坐标，光标晃动，该坐标值动态改变，也可以手动输入该坐标值，如图 1-23 所示。如果按 Tab 键，可以在两个坐标框之间切换。指定第一点后，随着光标的晃动，系统动态显示直线的长度和角度，此时长度值坐标框内的数字是蓝色背景，表示可以手动输入数据，如图 1-24 所示，如果按 Tab 键，则切换到手动输入角度值。

图 1-23　动态输入坐标值　　　　　　　　图 1-24　动态输入长度值

1.4　图层、线型和颜色的设置

初次使用 AutoCAD 2014 时，我们会发现不管画什么几何图形，线条形状都是系统默认的细实线。那么想画细虚线、细点画线、粗实线之类的线条该怎么办呢？为了解决疑问，本节引入图层的概念。

图层有点像手工绘图中使用的重叠透明图纸，以画零件图为例，三视图及辅助视图画在第一层透明图纸上，尺寸标注及几何公差画在第二层透明图纸上，技术要求、标题栏及明细栏画在第三层透明图纸上，把这些透明图纸叠一块就组成了完整的零件图。其中每一张透明图纸代表一个图层，每一种图层可以定义不同的特性属性，包括颜色、线型、线宽等。

1.4.1　新建图层

1. 命令执行方式

命令行：LAYER。

菜单栏："格式"→"图层"。

工具栏："图层"→"图层特性管理器" （图 1-25）。

功能区："常用"→"图层"→"图层特性管理器" 。

图 1-25　"图层"工具栏

2. 操作步骤

执行上述命令后，系统打开"图层特性管理器"选项板，如图 1-26 所示。

在"图层特性管理器"选项板中单击"新建"按钮 ，可新建图层。

注意：如果要建立不止一个图层，快速按两次 Enter 键，即可建立另一个新的图层。双击图层名称，可以对其进行更改，输入新的名称即可。

1) 设置图层颜色

当图层比较多时，为了便于区分，可以每个图层使用不同的颜色。

在"图层特性管理器"选项板中单击"颜色"图标，弹出如图 1-27 所示的"选择颜色"对话框，即可为图层设置相应的颜色。

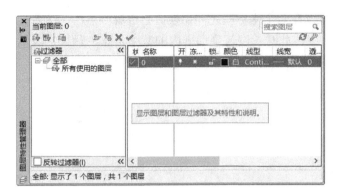

图 1-26 "图层特性管理器"选项板   图 1-27 "选择颜色"对话框

2）设置图层线型

绘制零件图常用的线型包括细实线、粗实线、点画线、虚线等，在"图层特性管理器"中，单击图层所对应的线型图标，弹出如图 1-28 所示的"选择线型"对话框。单击"加载"按钮，打开如图 1-29 所示的"加载或重载线型"对话框，加载所需线型，选定后，再单击"确定"按钮，即可把该线型加载到"选择线型"对话框的"已加载的线型"列表框中。

注意：最后一定要点选新加载的线型，然后单击"确定"按钮，图层线型才算设置成功。此外，按住 Ctrl 键可以同时加载几种线型。

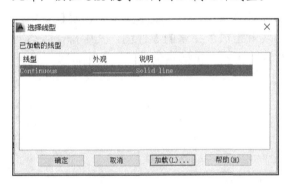

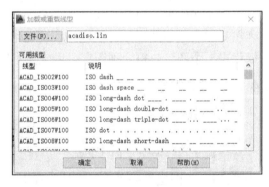

图 1-28 "选择线型"对话框   图 1-29 "加载或重载线型"对话框

图 1-30 "线宽"对话框

3）设置图层线宽

国家标准中对图线宽度有多种定义，例如，三视图的轮廓线使用粗实线，剖面线和尺寸标注使用细实线，国标中规定粗实线宽度一般为 0.5mm，细实线宽度为 0.25mm，手工绘图很难做到绘制如此精确的线宽，但 AutoCAD 可以轻松办到，只需设置图层线宽即可。下面就来演示如何把同一种线型设置成粗实线或细实线。

在"图层特性管理器"中单击图层所对应的线宽图标，弹出如图 1-30 所示的"线宽"对话框，选择 0.25mm，单击"确定"按钮，图层线宽即被设定为细实线宽度标准，若选择 0.5mm，则被设定为粗实线宽度标准。

注意：线宽设置完毕以后，务必要单击状态栏中的"线宽"按钮➕，才会看到线宽设置成功的状态，否则所有线条看起来仍然像细实线，不管是否设置了线宽。

1.4.2　常用的图层控制开关

(1)关闭／打开图层。在"图层特性管理器"选项板中单击 ♀ 图标，"灯泡"呈灰暗色，表示该图层中所有图形都不显示在屏幕上，而且不能打印输出。再次单击该图标，"灯泡" 亮起，该图层中所有图形可以显示在屏幕上或通过打印机输出。该功能在图层众多的零件图中非常好用，常用于单独修改某一图层中的图形文件，避免对其他图层不必要的误操作。

(2)冻结／解冻图层。在"图层特性管理器"选项板中单击 ☼ 图标，可以冻结图层或将图层解冻，该功能与关闭／打开图层功能类似，此处不再赘述，读者自己操作体会。

(3)锁定／解锁图层。在"图层特性管理器"选项板中单击 🔓 图标，可以锁定图层或将图层解锁。锁定图层后，图形依然显示在屏幕上，且可打印输出，此外还可以在该图层上绘制新的图形对象，但用户不能对该图层上的图形进行编辑、修改及删除操作，其目的是防止对锁定图层上图形的意外修改。

1.5　绘图辅助工具

如果读者想在后期绘图工作中又快又准地完成任务，借助绘图辅助工具必不可少。最常用的绘图辅助工具包括精确定位工具、图形显示工具。下面简略介绍这两种非常重要的绘图辅助工具。

1.5.1　精确定位工具

本章前半部分主要介绍了使用直角坐标和极坐标精确定位点的方法，但大多数点(如线段端点、中心点等)的坐标用户是不知道的，也不可能记住，通过输入坐标值找到它们几乎不可能。对此 AutoCAD 2014 有很好的解决方案，利用其提供的精确定位工具，用户可以很容易地在屏幕中捕捉到这些点，从而为精确绘图提供了方便。

1. 栅格

用户在初次使用栅格绘图时会发现与在坐标纸上绘图十分相似，但栅格并不是图形对象，不会被打印出来。单击状态栏上的"栅格"按钮或按 F7 键，即可打开或关闭栅格。为了配合栅格正常使用，还需要单击状态栏上的"捕捉模式"按钮或按 F9 键。启用栅格并设置栅格在 X 轴方向和 Y 轴方向上的间距的方法如下。

1)命令执行方式
命令行：DSETTINGS(或 DS、SE 或 DDRMODES)。
菜单栏："工具"→"绘图设置"。
快捷菜单：右击"栅格"按钮→"设置"。

2)操作步骤
执行上述命令后，将打开如图 1-31 所示的"草图设置"对话框。
勾选"启用栅格"复选框可以显示栅格。在"栅格 X 轴间距"文本框中可以输入栅格点之间的水平距离，单位为 mm。同理，也可以输入栅格点之间的垂直距离。注意：如果间距设置得太小，屏幕上不会显示栅格点。

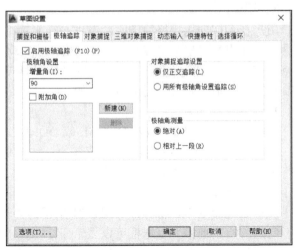

图 1-31 "草图设置"对话框

默认情况下，栅格以图形界限的左下角为起点，沿着与坐标轴平行的方向填充整个由图形界限所确定的区域。

2. 捕捉

系统可以生成一个分布于屏幕上的隐形栅格，光标只能落在其中的一个栅格点上，这种工作模式称为捕捉，单击状态栏上的"捕捉"按钮▥，激活捕捉模式。因捕捉与前面的栅格有相似之处，读者自行学习体会，此处只介绍"等轴测捕捉"模式，此模式是为绘制正等轴测图准备的，如图 1-32 所示。在"等轴测捕捉"模式下，栅格和光标十字线呈绘制等轴测图时的特定角度。

3. 极轴追踪

极轴追踪主要设置追踪的角度增量，可通过"草图设置"对话框的"极轴追踪"选项卡来实现，如图 1-33 所示。

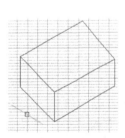

图 1-32 "等轴测捕捉"实例　　　　　　　　　　图 1-33 "极轴追踪"选项卡

（1）极轴角设置。在如图 1-33 所示的"极轴角设置"选项组中，可在"增量角"下拉列表框中选择 90、45、30 等增量角，也可以新建附加角，一共可以新建十个任意角度值。光标移动时，如果接近极轴角，将显示对齐路径和工具栏提示。

（2）对象捕捉追踪设置。如果选择"仅正交追踪"单选按钮，系统仅在水平和垂直方向上显示追踪数据；如果选择"用所有极轴角设置追踪"单选按钮，系统不仅可以在水平和垂直方向上显示追踪数据，还可以在设置的极轴追踪角度与附加角度所确定的一系列方向上显示追踪数据。

（3）极轴角测量。选择"绝对"单选按钮，相对水平方向逆时针测量，选择"相对上一段"单选按钮，以上一段对象为基准进行测量。

4. 对象捕捉

对象捕捉与捕捉有所区别，捕捉更像是对栅格功能的补充，而对象捕捉可以辅助用户完成绝大多数精确绘图的任务。例如，如何让一条直线精确地与一段圆弧相切？如果不借助对象捕捉，仅凭徒手移动光标来完成，如图 1-34 所示，即使看上去两图形对象已经相切，但对图形放大数倍以后，就能看到两者之间其实并没有相切，距离清晰可见，如图 1-35 所示。因此，熟练运用对象捕捉功能至关重要。

图 1-34　直线与圆弧"相切"　　　　　　　图 1-35　放大显示直线与圆弧"相切"

单击状态栏中的"对象捕捉"按钮就可以启用对象捕捉功能，当光标距指定的捕捉点较近时，系统会自动精确地捕捉这些特征点，并显示出相应的标记以及该捕捉的提示。

右击状态栏中的"对象捕捉"按钮，在弹出的菜单中选择"设置"，则出现"草图设置"对话框。在"对象捕捉"选项卡中勾选"启用对象捕捉"复选框，也可启用自动捕捉功能，还可以根据需要，选择相应的对象捕捉模式，如圆心、交点、切点等。切记不要勾选过多不需要的模式，以免误捕捉到不想捕捉的特征点，"草图设置"对话框中的"对象捕捉"选项卡如图 1-36 所示。注意：对象捕捉不可单独使用，必须配合其他绘图命令一起使用，仅当 AutoCAD 提示输入点时，对象捕捉才生效。

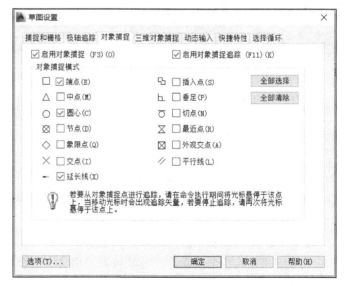

图 1-36　"对象捕捉"选项卡

5. 正交绘图

在"正交"模式下绘图，所有绘制的线段都将平行于 X 轴或 Y 轴，对于绘制水平线和垂直线非常有用，适合绘制构造线。此外，当捕捉模式为"等轴测捕捉"时，还迫使直线平行于三个轴测轴中的一个，适合于绘制轴测图。

单击状态栏中的"正交"按钮，或按 F8 键，即开启正交模式。

注意：不能同时打开"正交"模式和极轴追踪，"正交"模式打开时，AutoCAD 会关闭极轴追踪。如果再次打开极轴追踪，则 AutoCAD 将关闭"正交"模式。

1.5.2　图形显示工具

当读者试图绘制一个较为复杂的图形时，除了经常用到前面所讲的精确定位工具，还需要对局部的图形进行缩放以便绘制一些细小的部分，或为了绘制其他部分对整幅视图进行整体平移操作，下面就重点介绍"缩放"和"平移"的用法。此外，系统还提供了"重生成"命令重新生成图形，例如，用户绘制的圆弧有时会显示成多边形，单击菜单"视图"，选择第二个选项"重生成"，则多边形又恢复成了圆弧。

1. 缩放

缩放命令类似于照相机光学变焦的功能，用户可以根据需要放大图形的一部分以便更清楚地查看该区域的细节，或是缩小图形的显示尺寸，以便查看更大的区域，方便整体浏览。

1）命令执行方式

命令行：ZOOM。

菜单栏："视图"→"缩放"。

工具栏："缩放"工具栏（图 1-37）。

图 1-37　"缩放"工具栏

2）操作步骤

命令：ZOOM
指定窗口的角点，输入比例因子（nX 或 nXP），或者[全部（A）/中心点（C）/动态（D）/范围（E）/上一个（P）/比例（S）/窗口（W）/ 对象（O）]<实时>：

3）选项说明

此处仅介绍部分常用的选项，未介绍部分读者可自行根据系统提示内容操作、体会。

实时：用户可以输入 ZOOM 后直接按 Enter 键，系统将自动调用实时缩放操作，也可以直接滚动鼠标滚轮来进行实时缩放操作。

全部：用户输入 ZOOM 后，接着输入 A，执行"全部"缩放操作。此时，可查看当前视口中的整个图形，适合用户因绘图区太大而找不到所绘图形的情况。

范围：用户输入 ZOOM 后，接着输入 E，执行"范围"缩放操作。此时，图形中所有的对象都尽可能地被放大，并填满当前绘图区。

上一个：在绘制复杂图形时，有时需要放大图形的一部分来对细节进行编辑，编辑完成后，又希望回到前一个视图，此时就可以使用"上一个"选项来实现。

注意：以上操作只改变视图的比例，图形的实际尺寸并不发生变化。

2. 平移

当图形幅面大于当前绘图区窗口时，"平移"命令能将在当前绘图区窗口以外的图形移动进来，便于查看或编辑。

1)命令执行方式

命令行：PAN。

菜单栏："视图"→"平移"。

工具栏："标准"→"平移"。

快捷菜单：在绘图窗口中右击，在弹出的快捷菜单中选择"平移"选项。

快捷命令：直接按压鼠标滚轮，十字光标变成一只"小手"的形状，此时可以对图形进行平移操作，实践证明，此方法最为便捷、有效，推荐优先使用。

2)操作步骤

激活"平移"命令之后，十字光标变成一只"小手"的形状，可以在绘图窗口中任意移动。单击并拖动图形到所需位置后，停止平移图形。

实践证明，"缩放"和"平移"命令交替使用可以为用户带来极大的方便。

本章介绍的方法虽然不全面，但多数都是比较常用的命令，可以满足大部分绘图工作的需要，适合初学者快速入门，如果读者想继续深入了解 AutoCAD 2014，可以借助系统自带的帮助文件，或参考其他书籍，鉴于篇幅所限，本章不再赘述。

第2章 二维绘图命令

二维图形是指在二维平面空间绘制的图形，主要由一些基本图形元素组成，如点、直线、圆弧、圆、椭圆、矩形、多边形等。AutoCAD 提供了大量的绘图工具，可以帮助用户完成二维图形的绘制。

2.1 直线类命令

直线类命令包括直线、射线和构造线命令，这几个命令是 AutoCAD 中最简单的绘图命令。

2.1.1 直线段

不论多么复杂的图形，它们都是由点、直线、圆弧等按不同的粗细、间隔、颜色组合而成的。其中，直线是 AutoCAD 绘图中最简单、最基本的一种图形单元，连续的直线可以组成折线，直线与圆弧的组合又可以组成多段线。下面先简单讲述如何开始绘制一条基本的直线段。

1. 命令执行方式

命令行：LINE。

菜单栏："绘图" → "直线"。

工具栏："绘图" → "直线" /。

功能区："默认" → "绘图" → "直线" /。

2. 操作步骤

命令：LINE↙

指定第一点：（输入直线段的起点，用鼠标指定点或者给定点的坐标）

指定下一点或[放弃(U)]：（输入直线段的端点，也可以用鼠标指定一定角度后，直接输入直线的长度）

指定下一点或[放弃(U)]：（输入下一段直线的端点。输入选项"U"表示放弃前面的输入；右击或按 Enter 键，结束命令）

指定下一点或[闭合(C)/放弃(U)]：（输入下一直线段的端点，或输入选项"C"使图形闭合，结束命令）

3. 选项说明

(1)若用 Enter 键响应"指定第一点"提示，系统会把上次绘线（或弧）的终点作为本次操作的起始点。若上次操作为绘制圆弧，按 Enter 键响应后绘出通过圆弧终点的与该圆弧相切的直线段，该线段的长度由鼠标在屏幕上指定的一点与切点之间线段的长度确定。

(2)在"指定下一点"提示下，用户可以指定多个端点，从而绘出多条直线段，但每一段直线又都是一个独立的对象，可以进行单独的编辑操作。

(3)绘制两条以上的直线段后，若用 C 响应"指定下一点"提示，则系统会自动连接起始点和最后一个端点，从而绘制出封闭的图形。

（4）若用 U 响应提示，则擦除最近一次绘制的直线段。

（5）若设置正交方式（单击状态栏上的"正交"按钮），只能绘制水平直线或垂直线段。

（6）若设置动态数据输入方式（单击状态栏上的 DYN 按钮），则可以动态输入坐标或长度值。下面的命令同样可以设置动态数据输入方式，效果与非动态数据输入方式类似。除了特别需要，以后不再强调，而只按非动态数据输入方式输入相关数据。

2.1.2　实例——矿用调度绞车图形

本实例主要执行"直线"命令，所以只需要利用 LINE 命令就能绘制图形。绘制流程图如图 2-1 所示。

```
命令：_LINE                          //调用直线命令
指定第一个点：                        //在绘图区指定第一个点 A
指定下一个点或[放弃(U)]：@0，-70      //使用相对坐标确定线段的长度 AB
指定下一个点或[放弃(U)]：             //结束直线命令调用
命令：_LINE                          //再次调用直线命令
指定第一个点：@0，10                 //使用相对坐标相对于点 B 确定点 C
指定下一个点或[放弃(U)]：@90，0       //使用相对坐标确定长度 CD
指定下一个点或[放弃(U)]：
命令：_LINE
指定第一个点：@0，-10                //使用相对坐标相对于点 D 确定点 E
指定下一个点或[放弃(U)]：@0，70       //使用相对坐标确定长度 EF
指定下一个点或[放弃(U)]：
命令：_LINE
指定第一个点：@0，-10                //使用相对坐标相对于点 F 确定点 G
指定下一个点或[放弃(U)]：@-90，0      //使用相对坐标确定长度 GH
指定下一个点或[放弃(U)]：
命令：_LINE
指定第一个点：@0，-25                //使用相对坐标相对于点 H 确定点 I
指定下一个点或[放弃(U)]：@-10，0      //使用相对坐标确定长度 IJ
指定下一个点或[放弃(U)]：
命令：_LINE
指定第一个点：@100，0                //使用相对坐标相对于点 J 确定点 K
指定下一个点或[放弃(U)]：@10，0       //使用相对坐标确定长度 KL
指定下一个点或[放弃(U)]：
```

注意： 在 AutoCAD 中通常有两种输入数据的方法，即输入坐标值或用鼠标在屏幕上指定。输入坐标值很精确，但比较麻烦；鼠标指定比较快捷，但不太精确。用户可以根据需要进行选择。

2.1.3　构造线

构造线就是无穷长度的直线，用于模拟手工作图中的辅助作图线。应用构造线作为辅助线绘制机械图中的三视图是构造线的最主要用途，构造线的应用保证了三视图之间"主、俯视图长对正，主、左视图高平齐，俯、左视图宽相等"的对应关系。如图 2-2 所示为应用构造线作为辅助线绘制三视图的绘图示例。图中细实线为构造线，粗实线为三视图轮廓线。

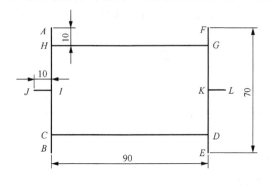

图 2-1　调度绞车

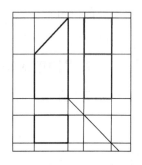

图 2-2　构造线辅助绘制三视图

1. 命令执行方式

命令行：XLINE。

菜单栏："绘图" → "构造线"。

工具栏："绘图" → "构造线" ⬜。

功能区："默认" → "绘图" → "构造线" ⬜。

2. 操作步骤

命令：XLINE↙

指定点或[水平(H)/垂直(V)/角度(A)/二等分(B)/偏移(O)]：（给出点 1）

指定通过点：（给定通过点 2，画一条双向无限长直线）

指定通过点：（继续给点，继续画线，如图 2-3 所示，按 Enter 键结束命令）

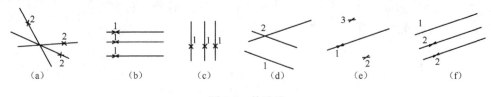

　　(a)　　　　　(b)　　　　　(c)　　　　　(d)　　　　　(e)　　　　　(f)

图 2-3　构造线

3. 选项说明

(1)执行选项中有指定点、水平、垂直、角度、二等分和偏移六种方式绘制构造线，分别如图 2-3(a)～(f)所示。

(2)这种线模拟手工作图中的辅助作图线，用特殊的线型显示，在绘图输出时可不作输出，常用于辅助作图。

2.2　圆类图形命令

圆类命令主要包括圆、圆弧、椭圆、椭圆弧等，这几个命令是 AutoCAD 中最简单的曲线命令。

2.2.1 圆

圆是最简单的封闭曲线，也是在绘制工程图形时经常用到的图形单元。

1. 命令执行方式

命令行：CIRCLE。

菜单栏："绘图"→"圆"。

工具栏："绘图"→"圆"⊙。

功能区："默认"→"绘图"→"圆"⊙。

2. 操作步骤

命令：CIRCLE

指定圆的圆心或[三点(3P)/两点(2P)/切点、切点、半径(T)]：（指定圆心）

指定圆的半径或[直径(D)]：（直接输入半径数值或用鼠标指定半径长度）

3. 选项说明

(1)三点：用指定圆周上三个点的方法画圆。

(2)两点：用指定直径的两端点画圆。

(3)切点、切点、半径：按先指定两个相切对象、后给出半径的方法画圆。如图 2-4 所示，给出了以切点、切点、半径方式绘制圆的各种情形(其中加粗的圆为最后绘制的圆)。

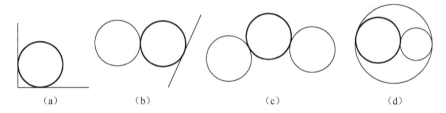

(a)　　　　　(b)　　　　　(c)　　　　　(d)

图 2-4　圆与另外两个对象相切的各种情形

(4)"绘图"→"圆"菜单中多了一种相切、相切、相切的方法，当选择此方式时(图 2-5)，系统提示：

指定圆上的第一个点：_tan 到：（指定相切的第一个圆弧）

指定圆上的第二个点：_tan 到：（指定相切的第二个圆弧）

指定圆上的第三个点：_tan 到：（指定相切的第三个圆弧）

2.2.2 实例——定距环

定距环是机械零件中的一种典型的辅助轴向定位零件，绘制比较简单。它呈管状，主视图呈圆环状，利用圆命令绘制；俯视图呈矩形，利用直线命令绘制；中心线利用直线命令绘制。定距环的绘制流程图如图 2-6 所示。

1. 设置图层

(1)在命令行中输入 LAYER 命令，或者单击"默认"功能区"图层"组中的"图层特性"按钮，或者单击"图层"工

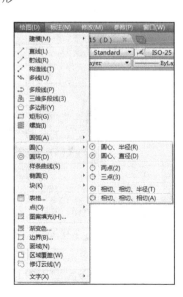

图 2-5　绘制圆的菜单方法

具栏中的"图层特性管理器"按钮，打开"图层特性管理器"选项板，如图 2-7 所示。

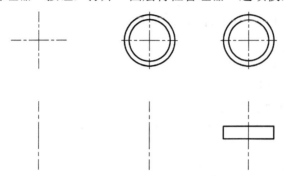

图 2-6　定距环绘制流程图

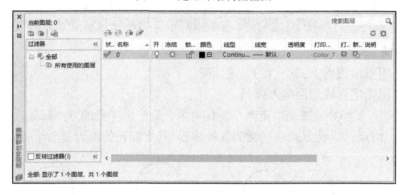

图 2-7　"图层特性管理器"选项板

（2）单击"新建图层"按钮，创建一个新的图层，把该图层的名字由默认的"图层 1"改为"中心线"，如图 2-8 所示。

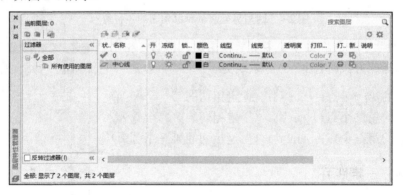

图 2-8　更改图层名

（3）单击"中心线"图层对应的"颜色"选项，打开"选择颜色"对话框，选择红色为该图层颜色，如图 2-9 所示。确定返回"图层特性管理器"选项板。

（4）单击"中心线"图层对应的"线型"选项，打开"选择线型"对话框，如图 2-10 所示。

（5）在"选择线型"对话框中单击"加载"按钮，系统打开"加载或重载线型"对话框，选择 CENTER 线型，如图 2-11 所示，确认退出。在"选择线型"对话框中选择 CENTER（点画线）为该层线型，确认返回"图层特性管理器"选项板。

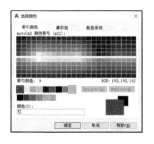

图 2-9 选择颜色 　　　图 2-10 "选择线型"对话框 　　　图 2-11 加载新线型

(6) 单击"中心线"图层对应的"线宽"对话框,选择 0.15mm 线宽,如图 2-12 所示,确认退出。

(7) 采用相同的方法再建立一个新图层,命名为"轮廓线"。"轮廓线"图层的颜色设置为白色,线型为 Continuous(实线),线宽为 0.30mm,并且让两个图层均处于打开、解冻和解锁状态,各项设置如图 2-13 所示。

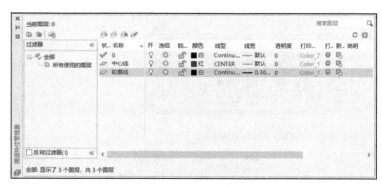

图 2-12 选择线型 　　　　　　　　　　图 2-13 设置图层

(8) 选择"中心线"图层,单击"设置为当前"按钮,将其设置为当前图层,然后确认关闭"图层特性管理器"选项板。

2. 绘制中心线

(1) 绘制中心线。单击"默认"功能区"绘图"组中的"直线"按钮,或者单击"绘图"工具栏中的"直线"按钮,或者在命令行中输入 LINE 命令后按 Enter 键,在命令行提示下输入两点坐标(150,92)和(150,120)绘制中心线。

(2) 使用同样的方法绘制另两条中心线{(100,200)和(200,200)}与{(150,150)和(150,250)}。得到的效果如图 2-14 所示。

图 2-14 绘制中心线

提示: 在命令行输入坐标时,请检查此时的输入法是否是英文状态。如果是中文状态,如输入"150,20",系统会认定该坐标输入无效。这时将输入法改为英文状态即可。

提示: 在绘制某些局部图形时,可能会重复使用同一命令,此时若重复使用菜单命令、工具栏命令或命令行命令,效率很低。AutoCAD 提供了快速重复前一命令的方法:直接按 Enter

键或空格键，即可重复调用前一个命令。

3. 绘制定距环主视图

(1)切换图层。单击"图层"工具栏中的下拉按钮，弹出下拉按钮，弹出下拉列表，如图 2-15 所示。选择"轮廓线"图层，单击即可。

(2)绘制主视图。单击"默认"功能区"绘图"组中的"圆心、半径"按钮，或者单击"绘图"工具栏中的"圆"按钮，以点(150,200)为圆心，绘制半径为 27.5mm 的圆。

使用同样的方法绘制另一个圆：圆心点(150,200),半径为 32mm。得到的效果如图 2-16 所示。

提示：对于圆心点的选择，除了直接输入圆心点(150,200)，还可以利用圆心点与中心线的对应关系，利用对象捕捉的方法选择。单击状态栏中的"对象捕捉"按钮，如图 2-17 所示。命令行中会提示"命令<对象捕捉　开>"。

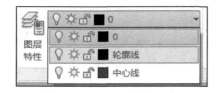

图 2-15　切换图层

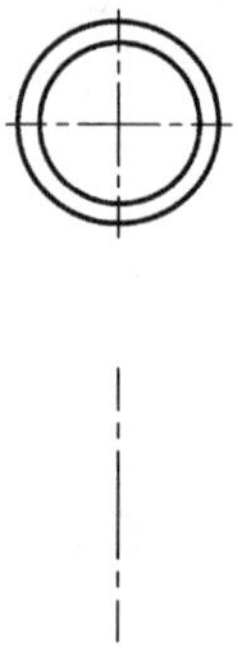

图 2-16　绘制主视图

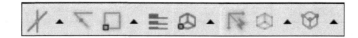

图 2-17　打开对象捕捉功能

提示：重复绘制圆的操作时，当命令行提示"指定圆的圆心或[三点(3P)/两点(2P)/切点、切点、半径(T)]:"时，移动鼠标到中心线交叉点附近，系统会自动在中心线交叉点显示黄色小三角形，此时表明系统已经捕捉到该点，单击确认，命令行会继续提示"指定圆的半径或[直径 D]:"，输入圆的半径值，按 Enter 键完成圆的绘制。

4. 绘制定距环俯视图

图 2-18　绘制俯视图

单击"默认"功能区"绘图"组中的"直线"按钮，或者单击"绘图"工具栏中的"直线"按钮，或者在命令行输入 LINE 命令后按 Enter 键，在命令行提示下依次输入以下点坐标(118,100)、(118,112)、(182,112)、(182,100)后，输入 C 即可，如图 2-18 所示。

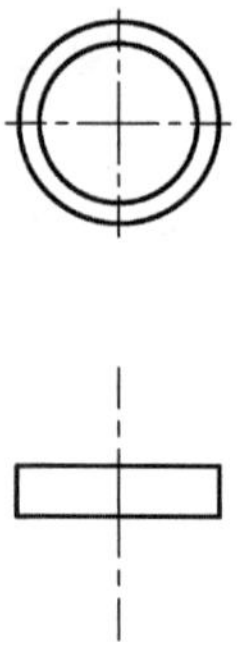

2.2.3　圆弧

圆弧是圆的一部分，在工程造型中，它的使用比圆更普遍。通常强调的"流线形"造型或圆润的造型实际上就是圆弧造型。

1. 命令执行方式

命令行：ARC(缩写名：A)。

菜单栏："绘图"→"圆弧"。

工具栏："绘图"→"圆弧" 。

功能区："默认"→"绘图"→"圆弧" 。

2. 操作步骤

命令：ARC↙

圆弧创建方向：逆时针(按住 Ctrl 键可切换方向)

指定圆弧的起点或[圆心(C)]：(指定起点)

指定圆弧的第二点或[圆心(C)/端点(E)]：(指定第二点)

指定圆弧的端点：(指定端点)

3. 选项说明

(1)用命令行方式画圆弧时，可以根据系统提示选择不同的选项，具体功能和用绘图菜单中的圆弧子菜单提供的 11 种方式相似。这 11 种方式如图 2-19 所示。

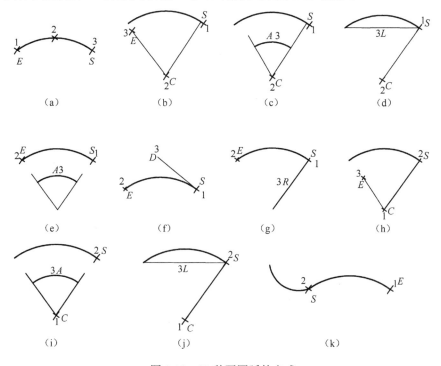

图 2-19　11 种画圆弧的方式

(2)需要强调的是继续方式，绘制的圆弧与上一线段或圆弧相切，因此只需提供端点即可。

2.2.4　圆环

圆环可以看作两个同心圆。利用"圆环"命令可以快速完成同心圆的绘制。

1. 命令执行方式

命令行：DONUT。

菜单栏："绘图"→"圆环"。

功能区："默认"→"绘图"→"圆环"◎。

2. 操作步骤

命令：DONUT↙

指定圆环的内径<默认值>：（指定圆环内径）

指定圆环的外径<默认值>：（指定圆环外径）

指定圆环的中心点或<退出>：（指定圆环的中心点）

指定圆环的中心点或<退出>：（继续指定圆环的中心点，则继续绘制相同内外径的圆环。

用 Enter 键、空格键或右击结束命令，如图 2-20(a)所示）

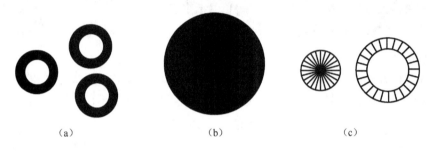

（a）　　　　　　　　　　　　　（b）　　　　　　　　　　　　　（c）

图 2-20　绘制圆环

3. 选项说明

(1)若指定内径为 0，则画出实心填充圆，如图 2-20(b)所示。

(2)用 FILL 命令可以控制圆环是否填充，具体方法如下。

命令：FILL↙

输入模式[开(ON)/关(OFF)]<开>：（选择"开"选项表示填充，选择"关"选项表示不填充，如图 2-20(c)所示）

2.2.5　椭圆与椭圆弧

1. 执行方式

命令行：ELLIPSE。

菜单栏："绘图"→"椭圆"→"圆弧"。

工具栏："绘图"→"椭圆"◎或"绘图"→"椭圆弧"◎。

功能区："默认"→"绘图"→"圆心"◎或"默认"→"绘图"→"轴，端点"◎或"默认"→"绘图"→"椭圆弧"◎。

2. 操作步骤

命令：ELLIPSE↙

指定椭圆的轴端点或[圆弧(A)/中心点(C)]：（指定轴端点 1，如图 2-21(a)所示）

指定轴的另一个端点：（指定轴端点 2，如图 2-21(a)所示）

指定另一条半轴长度或[旋转(R)]：

3. 选项说明

指定椭圆的轴端点：根据两个端点定义椭圆的第一条轴。第一条轴的角度确定了整个椭圆的角度。第一条轴既可定义椭圆的长轴也可定义短轴。

旋转：通过绕第一条轴旋转圆来创建椭圆。相当于将一个圆绕椭圆轴翻转一个角度后的投影视图。

中心点：通过指定的中心点创建椭圆。

圆弧：该选项用于创建一段椭圆弧，与工具栏："绘图"→"椭圆弧"功能相同。其中第一条轴的角度确定了椭圆弧的角度。第一条轴既可定义椭圆弧长轴，也可定义椭圆弧短轴。选择该选项，系统继续提示：

> 指定椭圆弧的轴端点或[中心点(C)]：（指定端点或输入 C）
> 指定轴的另一个端点：（指定另一个端点）
> 指定另一条半轴长度或[旋转(R)]：（指定另一条半轴长度或输入 R）
> 指定起始角度或[参数(P)]：（指定起始角度或输入 P）
> 指定终止角度或[参数(P)/包含角度(I)]：

其中各选项含义如下。

角度：指定椭圆弧端点的两种方式之一，光标与椭圆中心点连线的夹角为椭圆端点位置的角度，如图 2-21(b)所示。

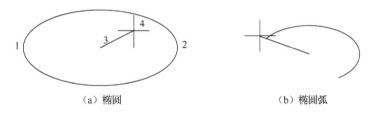

(a) 椭圆   (b) 椭圆弧

图 2-21   椭圆和椭圆弧

参数：指定椭圆弧端点的另一种方式，该方式同样是指定椭圆弧端点的角度，但通过以下矢量参数方程式创建椭圆弧：

$$P(u)=c+a\cos u+b\sin u$$

其中，c 为椭圆的中心点；a 和 b 分别为椭圆的长轴和短轴；u 为光标与椭圆中心点连线的夹角。

包含角度：定义从起始角度开始的包含角度。

2.3   平面图形命令

平面图形包括矩形和正多边形两种基本图形单元。本节学习这两种平面图形的命令和绘制方法。

2.3.1   矩形

1. 命令执行方式

命令行：RECTANG（快捷命令：REC）。

菜单栏："绘图"→"矩形"。

工具栏："绘图" → "矩形" □。

功能区："默认" → "绘图" → "矩形" □。

2. 操作步骤

命令：RECTANG↙

指定第一个角点或[倒角(C)/标高(E)/圆角(F)/厚度(T)/宽度(W)]：

指定另一个角点或[面积(A)/尺寸(D)/旋转(R)]：

3. 选项说明

第一角点：通过指定两个角点确定矩形，如图2-22(a)所示。

倒角：指定倒角距离，绘制带倒角的矩形(图2-22(b))，每一个角点的逆时针和顺时针方向的倒角可以相同，也可以不同，其中第一个倒角距离是指角点逆时针方向的倒角距离，第二个倒角距离是指角点顺时针方向的倒角距离。

标高：指定矩形标高(Z坐标)，即把矩形画在标高为Z且和XOY坐标面平行的平面上，并作为后续矩形的标高值。

圆角：指定圆角半径，绘制带圆角的矩形，如图2-22(c)所示。

厚度：指定矩形的厚度，如图2-22(d)所示。

宽度：指定线宽，如图2-22(e)所示。

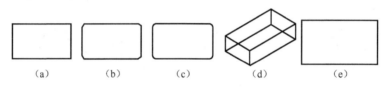

(a)   (b)   (c)   (d)   (e)

图2-22　绘制矩形

面积：指定面积和长或宽创建矩形。选择该选项，系统提示：

输入以当前单位计算的矩形面积<20.0000>：（输入面积值）

计算矩形标注时依据[长度(L)/宽度(W)]<长度>：（按 Enter 键或输入 W）

输入矩形长度<4.0000>：（指定长度或宽度）

指定长度或宽度后，系统将自动计算另一个维度后绘制出矩形。如果矩形被倒角或圆角，则长度或宽度计算中会考虑此设置，如图2-23所示。

尺寸：使用长和宽创建矩形。第二个指定点将矩形定位在与第一角点相关的四个位置之一内。

旋转：旋转所绘制的矩形的角度。选择该选项，系统提示：

指定旋转角度或[拾取点(P)]<135>：（指定角度）

指定另一个角点或[面积(A)/尺寸(D)/旋转(R)]：（指定另一个角点或选择其他选项）

指定旋转角度后，系统按指定角度创建矩形，如图2-24所示。

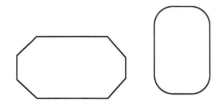 

（a）倒角距离（1,1）　　（b）圆角半径：1.0
面积：20　长度：6　　　面积：20　宽度：6

图 2-23　按面积绘制矩形　　　　　　　图 2-24　按指定旋转角度创建矩形

2.3.2　实例——螺杆头部

根据投影关系，利用矩形、构造线、直线和倒角命令，绘制螺杆三视图。其流程如图 2-25 所示。

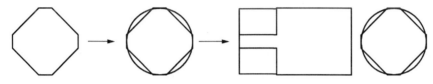

图 2-25　方头平键

1. 绘制左视图正方形

（1）单击"默认"功能区"绘图"组中的"矩形"按钮。

（2）在命令行提示"指定第一个角点或[倒角(C)/标高(E)/圆角(F)/厚度(T)/宽度(W)]："后输入 C。

（3）在命令行提示"指定矩形的第一个倒角距离<0.0000>："后输入 5。

（4）在命令行提示"指定矩形的第二个倒角距离<5.0000>："后按 Enter 键。

（5）在命令行提示"指定第一个角点或[倒角(C)/标高(E)/圆角(F)/厚度(T)/宽度(W)]："后在绘图区拾取一点。

（6）在命令行提示"指定另一个角点或[面积(A)/尺寸(D)/旋转(R)]："后输入 R。

（7）在命令行提示"指定旋转角度或[拾取点(P)]<45>："后输入 45。

（8）在命令行提示"指定另一个角点或[面积(A)/尺寸(D)/旋转(R)]："后输入 D。

（9）在命令行提示"指定矩形的长度<60.0000>："后输入 30。

（10）在命令行提示"指定矩形的宽度<30.0000>："后输入 30，结果如图 2-26 所示。

（11）在命令行提示"指定另一个角点或[倒角(C)/标高(E)/圆角(F)/厚度(T)/宽度(W)]："后在绘图区拾取一点，确定矩形的具体位置。

2. 绘制左视图

单击"默认"功能区"绘图"组中的"圆"按钮，拾取如图 2-27 所示的中心线外接圆，结果如图 2-28 所示。

3. 绘制水平构造线

（1）单击"默认"功能区"绘图"组中的"构造线"按钮，绘制构造线。

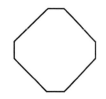

图 2-26　绘制左视图正方向　　　图 2-27　拾取中心点　　　图 2-28　绘制左视图圆

（2）在命令行"指定点或[水平（H）/垂直（V）/角度（A）/二等分（B）/偏移（O）]:"指定左视图上端水平线上的一点。

（3）在命令行提示"指定通过点:"后指定水平线上另一点，绘制构造线 2。

（4）同理，分别绘制其他五条构造线，如图 2-29 所示。

4. 绘制主视图上半部分轮廓

（1）单击"默认"功能区"绘图"组中的"直线"按钮，绘制主视图。

（2）在命令行提示"指定第一个点:"后在最下端的构造线 6 上拾取一点。

（3）在命令行提示"指定下一点或[放弃（U）]:"后在最上端的构造线 1 上拾取正交点。

（4）在命令行提示"指定下一点或[放弃（U）]:"后输入"@-40，0"。

（5）在命令行提示"指定下一点或[闭合（C）/放弃（U）]:"后拾取构造线 2 上的正交点。

（6）在命令行提示"指定下一点或[闭合（C）/放弃（U）]:"后输入"@-20，0"。

（7）在命令行提示"指定下一点或[闭合（C）/放弃（U）]:"后拾取构造线 3 上的正交点。

（8）在命令行提示"指定下一点或[闭合（C）/放弃（U）]:"后输入"@20，0"。

（9）在命令行提示"指定下一点或[闭合（C）/放弃（U）]:"后拾取构造线 2 上的正交点。结果如图 2-30 所示。

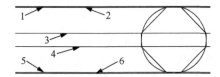
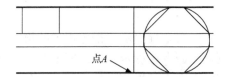

图 2-29　绘制六条水平构造线　　　　　图 2-30　绘制主视图上半部分

5. 绘制主视图下半部分轮廓

（1）单击"默认"功能区"绘图"组中的"直线"按钮，绘制主视图。

（2）在命令行提示"指定第一个点:"后拾取图 2-30 所示 A 点（即垂直线与构造线 6 的交点上）。

（3）在命令行提示"指定下一点或[闭合（C）/放弃（U）]:"后输入"@-40，0"。

（4）在命令行提示"指定下一点或[闭合（C）/放弃（U）]:"后拾取构造线 5 上的正交点。

（5）在命令行提示"指定下一点或[闭合（C）/放弃（U）]:"后输入"@-20，0"。

（6）在命令行提示"指定下一点或[闭合（C）/放弃（U）]:"后拾取构造线 4 上的正交点。

（7）在命令行提示"指定下一点或[闭合（C）/放弃（U）]:"后输入"@20，0"。

（8）在命令行提示"指定下一点或[闭合（C）/放弃（U）]:"后拾取构造线 5 上的正交点。

（9）删除绘制的六条构造线，如图 2-31 所示。

(10)单击"默认"功能区"绘图"组中的"直线"按钮，连接图 2-31 所示点 B 和点 C，结果如图 2-32 所示。

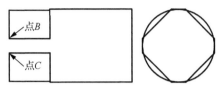

图 2-31 绘制主视图轮廓

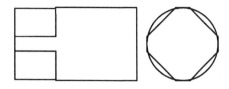

图 2-32 绘制连接线

2.3.3 正多边形

利用 AutoCAD 可以轻松地绘制任意边的正多边形。

1. 命令执行方式

命令行：POLYGON。

菜单栏："绘图"→"多边形"。

工具栏："绘图"→"多边形" ⬠。

功能区："默认"→"绘图"→"多边形" ⬠。

2. 操作步骤

命令：POLYGON

输入侧面数<4>：（指定多边形的边数，默认值为 4）

指定正多边形的中心点或[边(E)]：（指定中心点）

输入选项[内接于圆(I)/外切于圆(C)]<I>：（指定是内接于圆或外切于圆，I 表示内接，如图 2-33(a)所示，C 表示外切，如图 2-33(b)所示）

指定圆的半径：（指定外切圆或内接圆的半径）

3. 选项说明

如果选择"边"选项，则只要指定多边形的一条边，系统就会按逆时针方向创建该正多边形，如图 2-33(c)所示。

(a)

(b)

(c)

图 2-33 画正多边形

2.3.4 实例——一系列正多边形

图 2-34 所示为一系列正多边形。

调用正多边形绘制命令：

命令：_POLYGON

输入侧面数<6>： //确定正多边形边数为 6

指定正多边形的中心点或边[边(E)]: E　　　　//指定正多边形的一条边
指定边的第一个端点:　　　　　　　　　　　//确定正多边形的第一个端点
指定边的第二个端点: @40, 0　　　　　　　//确定正多边形的第二个端点
命令: _POLYGON
输入侧面数<6>: 5　　　　　　　　　　　　//确定正多边形边数为5
指定正多边形的中心点或边[边(E)]: E　　　　//指定正多边形的一条边
指定边的第一个端点:　　　　　　　　　　　//确定正多边形的第一个端点
指定边的第二个端点:　　　　　　　　　　　//确定正多边形的第二个端点
命令: _POLYGON
输入侧面数<5>: 4　　　　　　　　　　　　//确定正多边形边数为4
指定正多边形的中心点或边[边(E)]: E　　　　//指定正多边形的一条边
指定边的第一个端点:　　　　　　　　　　　//确定正多边形的第一个端点
指定边的第二个端点:　　　　　　　　　　　//确定正多边形的第二个端点
命令: _POLYGON
输入侧面数<4>: 3　　　　　　　　　　　　//确定正多边形边数为3
指定正多边形的中心点或边[边(E)]: E　　　　//指定正多边形的一条边
指定边的第一个端点:　　　　　　　　　　　//确定正多边形的第一个端点
指定边的第二个端点:　　　　　　　　　　　//确定正多边形的第二个端点

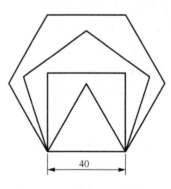

图 2-34　一系列正多边形

2.4　点

点在 AutoCAD 中有多种不同的表示方式，用户可以根据需要进行设置。同时也可以设置等分点和测量点。

2.4.1　绘制点

通常认为，点是最简单的图形单元。在工程图形中，点通常用来标定某个特殊的坐标位置，或者作为某个绘制步骤的起点和基础。为了使点更明显，AutoCAD 为点设置了各种样式，用户可以根据需要来选择。

1. 命令执行方式

命令行: POINT。

菜单栏:"绘图"→"点"→"单点"或"多点"。

工具栏:"绘图"→"点" 。

功能区:"默认"→"绘图"→"多点" 。

2. 操作步骤

命令:POINT✓
指定点:(指定点所在的位置)

3. 选项说明

(1)通过菜单方法操作时(图 2-35),"单点"命令表示只输入一个点,"多点"命令表示可输入多个点。

(2)可以打开状态栏中的"对象捕捉"开关设置点捕捉模式,帮助用户拾取点。

(3)点在图形中的表示样式共有 20 种。可通过 DDPTYPE 命令或选择"格式"→"点样式"选项,弹出如图 2-36 所示的对话框。

图 2-35 "点"子菜单

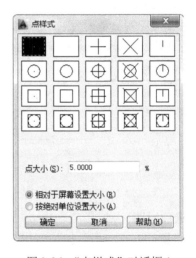

图 2-36 "点样式"对话框 1

2.4.2 等分点

有时需要把某个线段或曲线按一定的份数进行等分。这一点在手工绘图中很难实现,但在 AutoCAD 中可以通过相关命令轻松完成。

1. 命令执行方式

命令行:DIVIDE(快捷命令:DIV)。

菜单栏:"绘图"→"点"→"定数等分"。

功能区:"默认"→"绘图"→"定数等分" 。

2. 操作步骤

命令:DIVIDE✓
选择要定数等分的对象:(选择要等分的实体)
输入线段数目或[块(B)]:(指定实体的等分数,绘制结果如图 2-37(a)所示)

3. 选项说明

(1)等分数范围为 2～32767。

(2)在等分点处，按当前点样式设置画出等分点。

(3)在第二提示行选择"块(B)"选项时，表示在等分点处插入指定的块(BLOCK)。

2.4.3　测量点

和等分点类似，有时需要把某个线段或曲线按给定的长度为单元进行等分。在 AutoCAD 中可以通过相关命令来完成。

1. 命令执行方式

命令行：MEASURE(快捷命令：ME)。

菜单栏："绘图"→"点"→"定距等分"。

功能区："默认"→"绘图"→"定距等分" ⋌。

2. 操作步骤

命令：MEASURE✓

选择要定距等分的对象：(选择要设置测量点的实体)

指定线段长度或[块(B)]：(指定分段长度，绘制结果如图 2-37(b)所示)

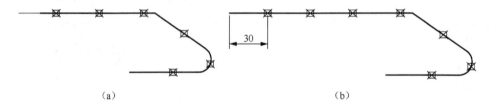

(a)　　　　　　　　　　　　　　　　　　　　(b)

图 2-37　画出等分点和测量点

3. 选项说明

(1)设置的起点一般是指指定线的绘制起点。

(2)在第二提示行选择"块(B)"选项时，表示在测量点处插入指定的块，后续操作与 2.4.2 节等分点类似。

(3)在等分点处按当前点样式设置画出等分点。

(4)最后一个测量段的长度不一定等于指定分段长度。

2.4.4　实例——凸轮

本实例绘制的凸轮，如图 2-38 所示。

从图中可以看出，凸轮的轮廓由不规则的曲线组成。为了准确绘制凸轮轮廓曲线，需要用到样条曲线，并且要利用点的等分来控制样条曲线的范围。

绘制步骤如下。

(1)选取菜单命令"格式"中的"图层"，或者单击"图层"工具栏中的"图层管理器"按钮，新建三个图层。

第一层名称为"粗实线"，线宽设为 0.3mm，其余属性默认。

第二层名称为"细实线"，所有属性默认。

第三层名称为"中心线"，颜色为红色，线型为 CENTER，其余属性默认。

(2)将当前图层设置为中心线图层，单击"绘图"工具栏中的"直线"按钮，指定坐标为 {(-40，0)(40，0)}{(0，40)(0，-40)}绘制中心线。

(3)将当前图层设置为细实线图层，单击"绘图"工具栏中的"直线"按钮，指定坐标为 {(0，0)(@40<30)}{(0,0)(@40<100)}{(0,0)(@40<120)}绘制辅助直线，结果如图 2-39 所示。

(4)单击"绘图"工具栏中的"圆弧"按钮，绘制两端圆弧。圆心坐标为(0，0)，圆弧起点坐标分别为(30<120)和(30<30)，包含角度分别为 60°和 70°。

(5)在命令行输入命令 DDPTYPE，或者选择"格式"→"点样式"选项，弹出如图 2-40 所示对话框，将点格式设为田。

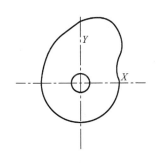

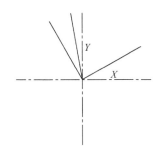

图 2-38　凸轮　　　　　　　　图 2-39　绘制辅助直线　　　　图 2-40　"点样式"对话框 2

(6)选择菜单栏的"画图"→"点"→"定数等分"选项，将左侧圆弧等分为三份，命令行的提示与操作如下。

命令：DIVIDE
选择要定数分等的对象：选择左边的弧线
输入线段数目或[块(B)]：3

采用同样的方法，将另一条圆弧七等分，结果如图 2-41 所示。

连接中心线交点与弧线的等分点，结果如图 2-42 所示。

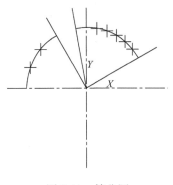

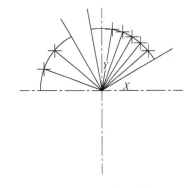

图 2-41　等分圆　　　　　　　　　　　　　　　图 2-42　连接直线

(7)将当前图层设置为粗实线图层，单击"绘图"工具栏中的"圆弧"按钮，圆心坐标为 (0，0)，圆弧起点坐标为(24，0)，包含角度为-180，绘制凸轮下半部分圆弧，结果如图 2-43

所示。

(8)选择菜单栏中的"修改"→"拉长"选项，拉长直线要求的长度，命令行的提示与操作如下。

> 命令：LENGTHEN
> 选择对象或[增量(DE)/百分数(P)/全部(T)/动态(DY)]：T
> 指定总长度或[角度(a)]<1.0000>：26
> 选择要修改的对象或[放弃(U)]：选择最右端直线

重复上述命令，依次将相邻的直线拉直，拉伸长度分别为33.5、38、41、42、40、37.5、34、30、26.5和24.5，结果如图2-44所示。

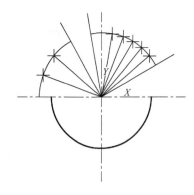

图2-43　凸轮下半部分圆弧

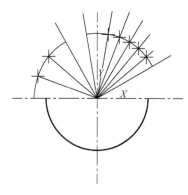

图2-44　拉长直线

(9)单击"绘图"工具栏中的"样条曲线"按钮，绘制样条曲线，命令行的提示与操作如下。

> 命令：SPLINE
> 当前设置：方式=拟合　　　　节点=弦
> 指定第一个点或[方式(M)/节点(K)/对象(O)]：(选择下端圆弧的右端点)
> 输入下一点或[起点切向(T)/公差(L)]：选择右边第一条直线的端点
> 输入下一点或[端点相切(T)/公差(L)/放弃(U)/闭合(C)]：选择右边第二条直线的端点
> 输入下一点或[端点相切(T)/公差(L)/放弃(U)/闭合(C)]：选择右边第三条直线的端点……(依次各直线的端点)
> 输入下一点或[端点相切(T)/公差(L)/放弃(U)/闭合(C)]：T
> 指定端点切向：270

绘制结果如图2-45所示。

(10)将多余的点和辅助线删除掉，结果如图2-46所示。

(11)单击"绘图"工具栏中的"圆"按钮，以坐标原点为圆心绘制R6圆，最终结果如图2-47所示。

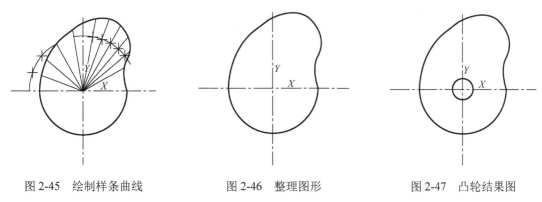

图 2-45　绘制样条曲线　　　　图 2-46　整理图形　　　　图 2-47　凸轮结果图

2.5　高级绘图命令

除了前面介绍的一些绘图命令，还有一些比较复杂的绘图命令，包括图案填充、多段线、样条曲线命令等。

2.5.1　图案填充

在有些图形，尤其是机械工程图中，有时会遇到绘制重复的、有规律的图线的问题，如剖面线，这些图线如果用前面讲述的绘图命令绘制，既烦琐又不准确。因此，AutoCAD 设置了"图案填充"命令来快速完成这种工作。

1. 命令执行方式

命令行：BHATCH。

菜单栏："绘图"→"图案填充"。

工具栏："绘图"→"图案填充" 🔲。

功能区："默认"→"绘图"→"图案填充" 🔲。

2. 选项说明

执行上述命令后，打开如图 2-48 所示的"图案填充和渐变色"对话框，其中各项含义介绍如下。

1)"图案填充"选项卡

此选项卡下的各选项用来确定图案及其参数。选择此选项卡后，弹出如图 2-48 所示的选项组。其中各选项含义介绍如下。

"类型"下拉列表框：用于确定填充图案的类型及图案。点取设置区中的小箭头，弹出如图 2-49 所示下拉列表。在该下拉列表中，"用户定义"选项表示用户要临时定义填充图案，与命令行方式中的 U 选项作用相同；"自定义"选项表示选用 acad.pat 图案文件或其他图案文件(pat 文件)中的图案填充；"预定义"选项表示用 AutoCAD 标准图案文件(acad.pat 文件)中的图案填充。

"图案"按钮：用于确定标准图案文件中的填充图案。在弹出的下拉列表中，用户可选择填充图案。选择所需要的填充图案后，在"样例"中的图案框内会显示出该图案。只有用户在"类型"下拉列表框中选择"预定义"选项，此选项才以正常亮度显示，即允许用户从自己定义的图案文件中选择填充图案。

图 2-48　"图案填充和渐变色"对话框

　　如果用户选择的图案类型是"预定义"，则单击"图案"下拉列表框右侧的按钮 ⋯，将会弹出如图 2-50 所示的对话框。在该对话框中将显示所选类型所具有的图案，用户可从中确定所需要的图案。

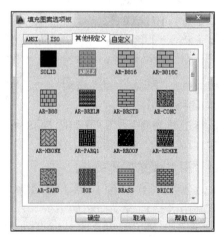

图 2-49　填充图案类型　　　　　　　　　　　　图 2-50　"填充图案选项板"对话框

　　"样例"图案框：此选项用来给出一个样本图案，显示当前用户所选用的填充图案。用户可以通过单击该图案的方式迅速查看或选取已有的填充图案。

　　"自定义图案"下拉列表框：用于从用户定义的填充图案。只有在"类型"下拉列表框中选择"自定义"选项后，该选项才以正常亮度显示，即允许用户从自己定义的图案文件中选取填充图案。

　　"角度"下拉列表框：用于确定填充图案时的旋转角度。每种图案在定义时的旋转角度为

0，用户可在该下拉列表框中输入所希望的旋转角度。

"比例"下拉列表框：用于确定填充图案的比例值。每种图案在定义时的初始比例为 1，用户可以根据需要放大或缩小，方法是在该下拉列表框中输入相应的比例值。

2）"渐变色"选项卡

渐变色是指从一种颜色到另一种颜色的平滑过渡，能产生光的效果，可为图形添加视觉效果。选择该选项卡后，弹出如图 2-51 所示的对话框，其中各选项含义介绍如下。

"单色"单选按钮：应用单色对所选择的对象进行渐变填充。其下方的显示框显示用户所选择的真彩色，单击右侧的小方块按钮，系统将打开如图 2-52 所示对话框。

图 2-51 "渐变色"选项卡　　　　　　　　图 2-52 "选择颜色"对话框

"双色"单选按钮：应用双色对所选择的对象进行渐变填充。填充颜色将从颜色 1 渐变到颜色 2。颜色 1 和颜色 2 的选取与单色选取类似。

"渐变方式"样板：在"渐变色"选项卡的下方有九个"渐变方式"样板，分别表示不同的渐变方式，包括线形、球形和抛物线形等方式。

3）"边界"选项组

"添加：拾取点"按钮：以点取点的形式自动确定填充区域的边界。在填充的区域内任意点取一点，系统会自动确定包围该点的封闭填充边界，并且高亮度显示，如图 2-53 所示。

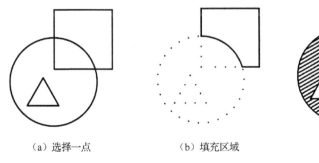

（a）选择一点　　　　　　（b）填充区域　　　　　　（c）填充结果

图 2-53 边界确定

"添加：选择对象"按钮：以选取对象的方式确定填充区域的边界。可以根据需要选取构成填充区域的边界。同样，被选择的边界也会以高亮度显示，如图 2-54 所示。

（a）原始图　　　　　　　（b）选择边界对象　　　　　（c）填充结果

图 2-54　选择边界对象

2.5.2　实例——图形填充

图 2-55 所示为图形填充。

命令：_CIRCLE	//调用圆命令
指定圆的圆心或[三点(3P)/两点(2P)/	
切点、切点、半径(T)]：	//在绘图区指定圆的圆心
指定圆的半径或[直径(D)]<30.0000>：45	//指定圆的半径为 45
命令：_CIRCLE	//调用圆命令
指定圆的圆心或[三点(3P)/两点(2P)/	//指定圆心，圆心位置坐标与上一个圆相同
切点、切点、半径(T)]：	
指定圆的半径或[直径(D)]<45.0000>：30	//指定圆的半径为 30
命令：_DIVIDE	//使用点的定数等分命令
选择要定数等分的对象：	//选取圆作为定数等分对象
输入线段数目或[块(B)]：	//输入线段数目为 6
命令：_DIVIDE	//使用点的定数等分命令
选择要定数等分的对象：	//选取另一个圆作为定数等分对象
输入线段数目或[块(B)]：	//输入线段数目为 6，如图 2-56 所示
命令：_CIRCLE	//调用圆命令
指定圆的圆心或[三点(3P)/两点(2P)/	//指定圆心，圆心位置坐标与上一个圆相同
切点、切点、半径(T)]：	
指定圆的半径或[直径(D)]<30.0000>：15	//指定圆的半径为 15

重复使用圆命令，画出六个半径为 15 的圆，画出图形如图 2-57 所示。

命令：_HATCH	//选择图案填充命令
拾取内部点或[选择对象(S)/放弃/设置(T)]：_T	//选择 SOLID 图案，颜色为黑色，比
例 1，	角度 0

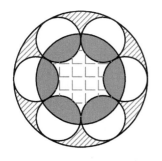 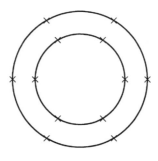 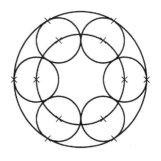

图 2-55　图案填充　　　　　图 2-56　圆的定距等分　　　　图 2-57　绘制六个半径为 15 的圆

拾取内部点或[选择对象(S)/放弃(U)/设置(T)]: //使用"添加：拾取点"选项确定填

正在选取所有对象　　　　　　　　　　　充区域

正在选择所有可见对象

正在分析所选数据

正在分析内部孤岛

拾取内部点或[选择对象(S)/放弃/设置(T)]: //继续拾取被填充区域的内部点，连

　　　　　　　　　　　　　　　　　　续使用六次，如图 2-58 所示

命令：_HATCH

拾取内部点或[选择对象(S)/放弃(U)/设置 //选择 ANGLE 图案，颜色为黑色，

(T)]: _T 　　　　　　　　　　　　　比例 1，角度 0

拾取内部点或[选择对象(S)/放弃 //使用"添加：拾取点"选项确定填

(U)/设置(T)]: 正在选取所有对象　　　充区域

正在选择所有可见对象

正在分析所选数据

正在分析内部孤岛

拾取内部点或[选择对象(S)/放弃/设置(T)]: //填充结果如图 2-59 所示

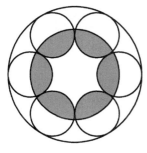 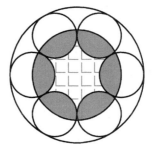

图 2-58　图形第一次填充　　　　　　　　图 2-59　图形第二次填充

2.5.3　多段线

多段线是一种由线段和圆弧组合而成的不同线宽的多线，这种线组合形式多样，线宽变化弥补了直线或圆弧功能的不足，适合绘制各种复杂的图形轮廓，因此得到广泛应用。

1. 命令执行方式

命令行：PLINE。

菜单栏："绘图" → "多段线"。

工具栏："绘图" → "多段线" 🖙。

功能区："默认" → "绘图" → "多段线" 🖙 。

2. 操作步骤

命令：PLINE✓

指定起点：（指定多段线起始点）

当前线宽为 0.0000：（提示当前多段线的宽度）

指定下一个点或[圆弧(A)/半宽(H)/长度(L)/放弃(U)/宽度(W)]：✓

指定下一个点或[圆弧(A)/闭合(C)/半宽(H)/长度(L)/放弃(U)/宽度(W)]：

3. 选项说明

指定下一个点：确定另一端点绘制一条直线段，是系统的默认项。

圆弧：使系统变为绘圆弧方式。当选择了该选项后，系统会提示：

指定圆弧的端点或[角度(A)/圆心(CE)/闭合(CL)/方向(D)/半宽(H)/直线(L)

半径(R)/第二个点(S)/放弃(U)/宽度(W)]：

圆弧的端点：绘制弧线段，此为系统的默认项。弧线段从多段线上一段的最后一点开始并与多段线相切。

角度：指定弧线段从起点开始包含的角度。若输入的角度值为正值，则按逆时针方向绘制弧线段；反之，按顺时针方向绘制弧线段。

圆心：指定所绘制弧线段的圆心。

闭合：用一段弧线段封闭所绘制的多段线。

方向：指定弧线段的起始方向。

半宽：指定从多段线线段的中心到其一边的宽度。

直线：退出绘制圆弧功能项并返回到 PLINE 命令的初始提示信息状态。

半径：指定所绘制弧线段的半径。

第二个点：利用三点绘制圆弧。

放弃：撤销上一步操作。

宽度：指定下一条直线段的宽度。与"半宽"相似。

如图 2-60 所示为利用多段线命令绘制的图形。

图 2-60　绘制多段线

2.5.4　实例——多段线图形

绘制如图 2-61 所示的多段线图形。

图 2-61　多段线绘制的图形

命令：_PLINE　　　　　　　　　　　　　　//调用多段线命令
指定起点：<正交开>　　　　　　　　　　//正交打开
指定下一点或[圆弧(A)/半宽(H)/长度(L)　　//选择"圆弧"选项
/放弃(U)/宽度(W)]：A
指定圆弧的端点(按住 Ctrl 键以切换方向)或　//选择"宽度"选项，确定构造线的宽度
[角度(A)/圆心(CE)/方向(D)/半径(H)/直径(L)
/半径(R)/第二个点(S)/放弃(U)/宽度(W)]：W
起止起点宽度<10.0000>：0　　　　　　　//指定起点宽度为 0
指定端点宽度<0.0000>：10　　　　　　　//指定端点宽度为 10
指定圆弧的端点(按住 Ctrl 键以切换方向)或　//选择"方向"选项
[角度(A)/圆心(CE)/闭合(CL)/方向(D)/半径(H)
/直径(L)/半径(R)/第二个点(S)/放弃(U)/宽度(W)]：D
指定圆弧的起点切向：　　　　　　　　　//指定圆弧的起点切向为垂直向上方向
指定圆弧的端点(按住 Ctrl 键以切换方向)：5　//圆弧端点位置在起点左侧，距离 5
指定圆弧的端点(按住 Ctrl 键以切换方向)或　//选择"宽度"选项，确定构造线的宽度
[角度(A)/圆心(CE)/方向(D)/半径(H)/直径(L)
/半径(R)/第二个点(S)/放弃(U)/宽度(W)]：W
指定起点宽度<10.0000>：0　　　　　　　//指定起点宽度为 0
指定端点宽度<0.0000>：10　　　　　　　//指定端点宽度为 10
指定圆弧的端点(按住 Ctrl 键以切换方向)或　//选择"方向"选项
[角度(A)/圆心(CE)/闭合(CL)/方向(D)/半径(H)
/直径(L)/半径(R)/第二个点(S)/放弃(U)/宽度(W)]：D
指定圆弧的起点切向：　　　　　　　　　//指定圆弧的起点切向为垂直向下方向
指定圆弧的端点(按住 Ctrl 键以切换方向)：5　//圆弧端点位置在起点右侧，距离 5

2.5.5　样条曲线

AutoCAD 使用一种称为非一致有理 B 样条(NURBS)曲线的特殊样条曲线类型。NURBS

曲线在控制点之间产生一条光滑的曲线，如图 2-62 所示。样条曲线可用于创建形状不规则的曲线，例如，为地理信息系统(GIS)应用或汽车设计绘制轮廓线。

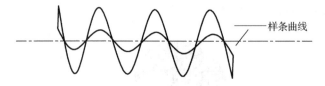

图 2-62　样条曲线

1. 命令执行方式

命令行：SPLINE。

菜单栏："绘图" → "样条曲线"。

工具栏："绘图" → "样条曲线" ∿。

功能区："默认" → "绘图" → "样条曲线" ∿。

2. 操作步骤

> 命令：SPLINE↙
>
> 当前设置：方式=拟合　　节点=弦
>
> 指定第一个点或[方式(M)/节点(K)/对象(O)]：(指定一点或选择"对象"选项)
>
> 输入下一个点或[起点相切(T)/公差(L)]：(指定一点)
>
> 输入下一个点或[端点相切(T)/公差(L)/放弃(U)]：
>
> 输入下一个点或[端点相切(T)/公差(L)/放弃(U)/闭合(C)]：

3. 选项说明

方式：通过指定拟合点来绘制样条曲线。更改方式将更新 SPLMETHOD 系统变量。

节点：指定节点参数化，会影响曲线在通过拟合点时的形状。

对象：将二维或三维的二次或三次样条曲线拟合多段线转换为等价的样条曲线，然后(根据 DELOBJ 系统变量的设置)删除该多段线。

起点切向：基于切向创建样条曲线。

公差：指定距样条曲线必须经过的指定拟合点的距离。公差应用于除起点和端点外的所有拟合点。

端点相切：停止基于切向创建曲线。可通过指定拟合点继续创建样条曲线。选择"端点相切"后，将提示用户指定最后一个输入拟合点的切点。

闭合：通过将最后一个点定义为与第一个点重合并使其在连接处相切，闭合样条曲线。

2.5.6　多线

多线是一种复合线，由连续的直线段复合组成。多线的一个突出优点是能够提高绘图效率，保证图线之间的统一性。

1. 命令执行方式

命令行：MLINE。

菜单栏："绘图" → "多线"。

2. 操作步骤

命令：MLINE↙

当前设置：对正=上，比例=20.00，样式= STANDARD

指定起点或[对正(J)/比例(S)/样式(ST)]：(指定起点)

指定下点：(给定下一点)

指定下一点或[(放弃(U)]：(继续给定下一点绘制线段。输入 U 则放弃前一段的绘制；右击或按 Enter 键，结束命令)

指定下点或[闭合(C)/放弃(U)]：(继续给定下一点绘制线段。输入 C 则闭合线段，结束命令)

第3章　二维编辑命令

3.1　选 择 对 象

AutoCAD 2014 提供了两种编辑图形的途径：①先执行编辑命令，然后选择要编辑的对象；②先选择要编辑的对象，然后执行编辑命令。

这两种途径的执行效果是相同的，但选择对象是进行编辑的前提。AutoCAD 2014 提供了多种对象选择方法，如点取法、用选择窗选择对象、用选择线选择对象、用对话框选择对象等。

无论使用哪种方法，AutoCAD 2014 都将提示用户选择对象，并且光标的形状由十字光标变为拾取框。

下面结合 SELECT 命令说明选择对象的方法。

SELECT 命令可以单独使用，也可以在执行其他编辑命令时自动调用。此时屏幕提示：

> 选择对象：

等待用户以某种方式选择对象作为回答。AutoCAD 2014 提供了多种选择方式，可以输入"？"查看这些选择方式。此时将出现如下提示：

> 需要点或窗口(W)/上一个(L)/窗交(C)/框(BOX)/全部(ALL)/栏选(F)/圈围(WP)/圈交(CP)/编组(G)/添加(A)/删除(R)/多个(M)/前一个(P)/放弃(U)/自动(AU)/单个(SI)/子对象(SU)/对象(O)
> 选择对象：

此处仅挑选常用选项做简单介绍。

点：直接通过点取的方式选择对象。用鼠标或键盘移动拾取框，使其框住要选取的对象，然后单击选择该对象并高亮显示。

窗口：利用由两个对角顶点确定的矩形窗口选取位于其范围内的所有图形，与边界相交的对象不会被选择。指定对角顶点时应该按照从左向右的顺序，如图 3-1 所示。

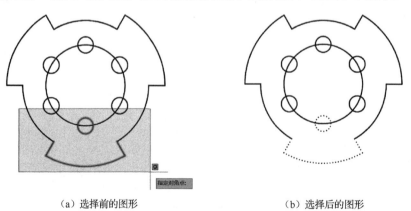

（a）选择前的图形　　　　　　　　　　　（b）选择后的图形

图 3-1　"窗口"对象选择方式

窗交：该方式与上述"窗口"方式类似，区别在于它不但选择矩形窗口内部的对象，也选择与矩形窗口边界相交的对象，如图 3-2 所示。

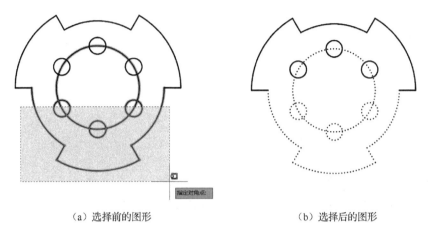

（a）选择前的图形   （b）选择后的图形

图 3-2 "窗交"选择对象方式

3.2 删除与恢复类命令

这一类命令主要用于删除图形的某部分或对已被删除的部分进行恢复，包括删除、恢复、清除等。

3.2.1 "删除"命令

如果所绘制的图形不符合要求或不小心绘错了图形，可以使用"删除"命令将其删除。

1. 命令执行方式

命令行：ERASE。

菜单栏："修改"→"删除"。

工具栏："修改"→"删除" 🖉。

快捷菜单：选择要删除的对象，在绘图区右击，在弹出的快捷菜单中选择"删除"选项。

功能区："默认"→"修改"→"删除" 🖉。

2. 操作步骤

可以先选择对象，然后调用"删除"命令；也可以先调用"删除"命令，然后再选择对象。选择对象时，可以使用前面介绍的各种对象选择方法。

当选择多个对象时，多个对象都将被删除；若选择的对象属于某个对象组，则该对象组的所有对象都将被删除。

3.2.2 "恢复"命令

若不小心误删除了图形，可以使用"恢复"命令将其恢复。

1. 命令执行方式

命令行：OOPS 或 U。

工具栏："标准"→"放弃" ↰ 或快速访问工具栏→"放弃" ↰。

快捷键：Ctrl+Z。

2. 操作步骤

在命令行窗口中输入 OOPS 后，按 Enter 键。

3.2.3 "清除"命令

此命令与"删除"命令功能完全相同。

1. 命令执行方式

菜单栏："编辑"→"删除"。

快捷键：Delete。

2. 操作步骤

执行上述命令后，系统提示：

选择对象：（选择要清除的对象，按 Enter 键执行"清除"命令）

3.3　复制类命令

本节详细介绍 AutoCAD 的复制类命令，利用这些命令，可以方便地编辑所绘制的图形。

3.3.1　灵活利用剪贴板

剪贴板是一个通用工具，适用于大多数软件，自然也适用于 AutoCAD。下面对其简要介绍。

1. "剪切"命令

1）命令执行方式

命令行：CUTCLIP。

菜单栏："编辑"→"剪切"。

工具栏："标准"→"剪切"。

快捷菜单：在绘图区右击，在弹出的快捷菜单中选择"剪切"选项。

快捷键：Ctrl+X。

功能区："默认"→"剪贴板"→"剪切"。

2）操作步骤

命令：CUTCLIP✓
选择对象：（选择要剪切的实体）

执行上述命令后，所选择的实体从当前图形被剪切到剪贴板上，同时从原图形中消失。

2. "复制"命令

1）命令执行方式

命令行：COPYCLIP。

菜单栏："编辑"→"复制"。

工具栏："标准"→"复制"。

快捷菜单：在绘图区右击，在弹出的快捷菜单中选择"复制"选项。

快捷键：Ctrl+C。

功能区："默认"→"剪贴板"→"复制"。

2)操作步骤

> 命令：COPYCLIP↙
> 选择对象：(选择要复制的实体)

执行上述命令后，所选择的实体从当前图形被剪切到剪贴板上，原图形保持不变。

使用"剪切"和"复制"功能复制对象时，已复制到目的文件的对象与源对象毫无关系，源对象的改变不会影响复制得到的对象。

3."带基点复制"命令

1)命令执行方式

命令行：COPYBASE。

菜单栏："编辑"→"带基点复制"。

快捷菜单：在绘图区右击，在弹出的快捷菜单中选择"带基点复制"选项。

快捷键：Shift+Ctrl+C。

2)操作步骤

> 命令：COPYBASE↙
> 指定基点：(指定基点)
> 选择对象：(选择要复制的实体)

执行上述命令后，所选择的实体从当前图形被剪切到剪贴板上，原图形保持不变。该命令与"复制"命令相比，具有明显的优越性，因为有基点信息，所以在粘贴插入时，可以根据基点找到准确的插入点。

4."粘贴"命令

1)命令执行方式

命令行：PASTECLIP。

菜单栏："编辑"→"粘贴"。

工具栏："标准"→"粘贴"。

快捷菜单：在绘图区右击，在弹出的快捷菜单中选择"粘贴"选项。

快捷键：Ctrl+V。

功能区："默认"→"剪贴板"→"粘贴"。

2)操作步骤

> 命令：PASTECLIP↙

执行上述命令后，保存在剪贴板上的实体被粘贴到当前图形中。

3.3.2　复制链接对象

1.命令执行方式

命令行：COPYLINK。

菜单栏："编辑"→"复制链接"。

2. 操作步骤

命令：COPYLINK

对象链接和嵌入的操作过程与使用剪贴板粘贴的操作类似，但其内部运行机制却有很大的差异。链接对象与其创建的应用程序始终保持联系。例如，Word 文档中包含一个 AutoCAD 图形对象，在 Word 中双击该对象，Windows 自动将其装入 AutoCAD 中，以供用户进行编辑。如果对原始 AutoCAD 图形进行了修改，则 Word 文档中的图形也会发生相应的变化。如果是用剪贴板粘贴的图形，则它只是 AutoCAD 图形的一个备份，粘贴之后，就不再与 AutoCAD 图形保持任何联系，原始图形的变化不会对它产生任何影响。

3.3.3 "复制"命令

1. 命令执行方式

命令行：COPY。

菜单栏："修改"→"复制"。

工具栏："修改"→"复制"。

快捷菜单：选择要复制的对象，在绘图区右击，在弹出的快捷菜单中选择"复制"选项，如图 3-3 所示。

功能区："默认"→"修改"→"复制"。

2. 操作步骤

命令：COPY

选择对象：（选择要复制的对象）

用前面介绍的对象选择方法选择一个或多个对象，按 Enter 键结束选择操作。系统继续提示：

当前设置：复制模式 = 多个

指定基点或 [位移(D)/模式(O)] <位移>：（指定基点或位移）

指定第二个点或 [阵列(A)] <使用第一个点作为位移>：

指定第二个点或 [阵列(A)/退出(E)/放弃(U)] <退出>：

图 3-3　在快捷菜单中
选择"复制"命令

3. 选项说明

（1）指定基点。指定一个坐标点后，AutoCAD 2014 把该点作为复制对象的基点，并提示：

指定位移的第二点或<用第一点作位移>：

指定第二个点后，系统将根据这两点确定的位移矢量把选择的对象复制到第二点处。如果此时直接按 Enter 键，即选择默认的"用第一点作位移"，则第一个点被当作相对于 X、Y、Z 的位移。例如，如果指定基点为(2,3)并在下一个提示下按 Enter 键，则该对象从它当前的位置开始在 X 方向上移动两个单位，在 Y 方向上移动三个单位。复制完成后，系统会继续提示：

指定位移的第二点：

这时，可以不断指定新的第二点，从而实现多重复制。

(2)位移。直接输入位移值，表示以选择对象时的拾取点为基准，以拾取点坐标为移动方向，纵横比移动指定位移后确定的点为基点。例如，选择对象时拾取点坐标为(2,3)，输入位移为 5，则表示以(2,3)点为基准，沿纵横比为 3∶2 的方向移动五个单位所确定的点为基点。

3.3.4 "镜像"命令

镜像对象是指把选择的对象围绕一条镜像线进行对称复制。镜像操作完成后，可以保留源对象，也可以将其删除。

1. 命令执行方式

命令行：MIRROR。

菜单栏："修改"→"镜像"。

工具栏："修改"→"镜像"。

功能区："默认"→"修改"→"镜像"。

2. 操作步骤

命令：MIRROR

选择对象：(选择要镜像的对象)

指定镜像线的第一点：(指定镜像线的第一个点)

指定镜像线的第二点：(指定镜像线的第二个点)

要删除源对象吗？[是(Y)/否(N)] <N>：(确定是否删除源对象)

这两点确定一条镜像线，被选择的对象以该线为对称轴进行镜像。包含该线的镜像平面与用户坐标系的 XY 平面垂直，即镜像操作的实现在与用户坐标系的 XY 平面平行的平面上。

3.3.5 "偏移"命令

偏移对象是指保持所选对象的形状，在不同的位置以不同的尺寸新建一个对象。

1. 命令执行方式

命令行：OFFSET。

菜单栏："修改"→"偏移"。

工具栏："修改"→"偏移"。

功能区："默认"→"修改"→"偏移"。

2. 操作步骤

命令：OFFSET

当前设置：删除源=否　图层=源　OFFSETGAPTYPE=0

指定偏移距离或 [通过(T)/删除(E)/图层(L)] <通过>：(指定距离值)

选择要偏移的对象，或 [退出(E)/放弃(U)] <退出>：(选择要偏移的对象，按 Enter 键结束操作)

指定要偏移的那一侧上的点，或 [退出(E)/多个(M)/放弃(U)] <退出>：(指定偏移方向)

3. 选项说明

(1)指定偏移距离。输入一个距离值或按 Enter 键，系统将把该距离值作为偏移距离，如图 3-4 所示。

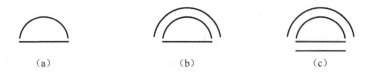

图 3-4　指定距离偏移对象

（2）通过。指定偏移的通过点。选择该选项后将出现如下提示。

指定要偏移的那一侧上的点，或 [退出(E)/多个(M)/放弃(U)] <退出>：（选择要偏移的对象，按 Enter 键结束操作）
指定通过点或 [退出(E)/多个(M)/放弃(U)] <退出>：（指定偏移对象的一个通过点）

操作完毕后，系统将根据指定的通过点绘出偏移对象，如图 3-5 所示。

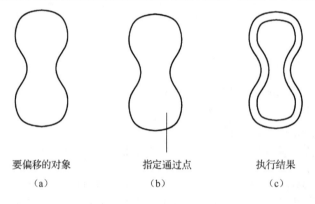

要偏移的对象　　　　　指定通过点　　　　执行结果
（a）　　　　　　　　（b）　　　　　　（c）

图 3-5　指定通过点偏移对象

3.3.6　实例——挡圈

本实例主要介绍"偏移"命令的使用方法，绘制挡圈的流程如图 3-6 所示。

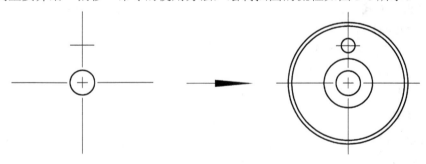

图 3-6　挡圈

（1）设置图层选择菜单栏中的"格式"→"图层"选项，打开"图层特性管理器"选项板，在其中创建两个图层："粗实线"图层，线宽 0.3mm，其余属性默认；"中心线"图层，线型为 CENTER，其余属性默认。

（2）绘制中心线。设置"中心线"图层为当前图层，然后单击"绘图"工具栏中的"直线"按钮，绘制中心线。

（3）绘制挡圈内孔。设置"粗实线"图层为当前图层，然后单击"绘图"工具栏中的"圆"

按钮，以半径为 8 绘制一个圆，如图 3-7 所示。

　　单击"修改"工具栏中的"偏移"按钮，偏移绘制的圆。命令行提示与操作如下。

> 命令：_OFFSET
> 指定偏移距离或 [通过(T)] <1.0000>：6↙
> 选择要偏移的对象或<退出>：(指定绘制的圆)
> 指定点以确定偏移所在一侧：(指定圆外侧)
> 选择要偏移的对象或<退出>：↙

　　(4)绘制挡圈轮廓。单击"修改"工具栏中的"偏移"按钮，以初始绘制的圆为对象，向外偏移 38 和 40，如图 3-8 所示。

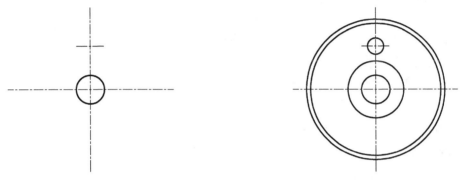

图 3-7　绘制内孔　　　　　　　　　　　图 3-8　绘制轮廓线

　　(5)绘制小孔。单击"绘图"工具栏中的"圆"按钮，以半径为 4 绘制圆，最终结果如图 3-6 所示。

3.3.7　"阵列"命令

　　建立阵列是指多重复制选择的对象并把这些副本按矩形或环形排列。把副本按矩形排列称为建立矩形阵列，把副本按环形排列称为建立环形阵列。建立环形阵列时，应该控制复制对象的次数和对象是否被旋转，建立矩形阵列时，应该控制行和列的数量以及对象副本之间的距离。

　　利用 AutoCAD 2014 提供的 ARRAY 命令可以建立矩形阵列、环形阵列和路径阵列。

1. 命令执行方式

命令行：ARRAY。

菜单栏："修改"→"阵列"→"矩形阵列"或"环形阵列"或"路径阵列"。

工具栏："修改"→"矩形阵列"或"环形阵列"或"路径阵列"。

功能区："默认"→"修改"→"矩形阵列"或"环形阵列"或"路径阵列"。

2. 操作步骤

> 命令：ARRAY
> 选择对象：(使用对象选择方法)
> 输入阵列类型[矩形(R)/路径(PA)/极轴(PO)/]<矩形>：PA
> 选择路径曲线：(使用一种对象选择方法)

选择夹点以编辑阵列或[关联(AS)/方法(M)/基点(B)/切向(T)/项目(I)/行(R)/层(L)/对齐项目(A)/方向(Z)/退出(X)]<退出>：I

指定沿路径的项目之间的距离或[表达式(E)]<125.3673>：（指定项目间距）

最大项目数=250

指定项目数或[填写完整路径(F)/表达式(E)]<250>：（指定项目数）

选择夹点以编辑阵列或[关联(AS)/方法(M)/基点(B)/切向(T)/项目(I)/行(R)/层(L)/对齐项目(A)/方向(Z)/退出(X)]<退出>：B

指定基点或[关键点(K)]<路径曲线的终点>：（指定基点或输入选项）

选择夹点以编辑阵列或[关联(AS)/方法(M)/基点(B)/切向(T)/项目(I)/行(R)/层(L)/对齐项目(A)/方向(Z)/退出(X)]<退出>：R

输入行数或[表达式(E)]<1>：

指定行数之间的距离或[总计(T)/表达式(E)]<187.9318>：10

指定行数之间的标高增量或表达式(E)]<0>：

选择夹点以编辑阵列或[关联(AS)/方法(M)/基点(B)/切向(T)/项目(I)/行(R)/层(L)/对齐项目(A)/方向(Z)/退出(X)]<退出>：M

输入路径方法[定数等分(D)/定距等分(M)]<定距等分>：

3. 选项说明

关联：指定是否在阵列中创建项目作为关联阵列对象，或作为独立对象。

基点：指定阵列的基点。

切向：控制选定对象是否将相对于路径的起始方向重定向（旋转），然后再移动到路径的起点。

项目：编辑阵列中的项目数。

行：指定阵列中的行数和行间距，以及它们之间的增量标高。

层：指定阵列中的层数和层间距。

对齐项目：指定是否对齐每个项目以与路径的方向相切。对齐相对于第一个项目的方向。

方向：控制是否保持项目的原始 Z 方向或沿三维路径自然倾斜项目。

退出：退出命令。

表达式：使用数学公式或方程式获取值。

定数等分：沿整个路径长度平均定数等分项目。

3.3.8　实例——间歇轮

本例绘制间歇轮。根据图形的特点，首先利用圆、直线、圆弧和修剪命令，绘制一个轮片，再利用环形阵列命令进行圆周阵列，最后利用修剪命令完成此图，绘制间歇轮的流程如图 3-9 所示。

1）新建文件

选择菜单栏中的"文件"→"新建"选项，弹出"选择样板"对话框，单击"打开"按钮，创建一个新的图形文件。

2）设置图层

选择菜单栏中的"格式"→"图层"选项，弹出"图层特性管理器"选项板。在该选项板中依次创建"轮廓线"、"中心线"和"剖面线"三个图层，并设置"轮廓线"图层的线宽为 0.5mm，设置"中心线"图层线型为 CENTER2。

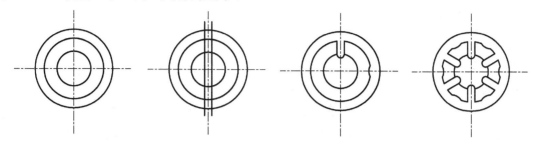

图 3-9　绘制间歇轮

3）绘制中心线

将"中心线"图层设置为当前图层，单击"绘图"工具栏中的"直线"按钮，分别沿水平方向和竖直方向绘制中心线，效果如图 3-10 所示。

4）绘制轮廓线

将"轮廓线"图层设置为当前图层，单击"绘图"工具栏中的"圆"按钮，选择图 3-10 中两中心线的交点为圆心，绘制半径为 32、24.5 和 14 的同心圆，效果如图 3-11 所示。

5）绘制键齿

单击"修改"工具栏中的"偏移"按钮，将图 3-11 中竖直中心线向左右各偏移 3，并将偏移后的直线转换到"轮廓线"层，效果如图 3-12 所示。

图 3-10　绘制中心线　　　　　　图 3-11　绘制圆　　　　　　图 3-12　偏移结果

单击"绘图"工具栏中的"圆弧"按钮，绘制圆弧。命令行提示与操作如下。

> 命令：ARC
> 指定圆弧的起点或[圆心(C)]：（选取 1 点）
> 指定圆弧的第二点[圆心(C)/端点(E)]：E
> 指定圆弧的端点：（选取 2 点）
> 指定圆弧的圆心或[圆角(A)/方向(D)/半径(R)]：R
> 指定圆弧的半径：3

单击"绘图"工具栏中的"圆"按钮，绘制以大圆与水平直线的交点为圆心，半径为 9 的圆。

单击"修改"工具栏中的"修剪"按钮,修剪掉多余的直线,效果如图 3-13 所示。

单击"修改"工具栏中的"环形阵列"按钮,设置项目总数为 6,填充角度为 360°。命令行提示与操作如下。

> 命令:ARRAYPOLAR
>
> 选择对象:(选择刚修剪的圆弧与图 3-13 修剪的两竖线及其右侧的圆弧)
>
> 选择对象:
>
> 指定阵列的中心点或[基点(B)/旋转轴(A)]:(选择圆中心线交点)
>
> 指定夹点以编辑阵列或[关联(AS)/基点(B)/项目(I)/项目间角度(A)/填充角度(F)/行(ROW)/层(L)/旋转项目(ROT)/退出(X)]<退出>:I
>
> 输入阵列中的项目数或[表达式(E)]<6>:6
>
> 指定夹点以编辑阵列或[关联(AS)/基点(B)/项目(I)/项目间角度(A)/填充角度(F)/行(ROW)/层(L)/旋转项目(ROT)/退出(X)]<退出>:F
>
> 指定填充角度(+=逆时针、−=顺时针)或[表达式(EX)]<360>:
>
> 指定夹点以编辑阵列或[关联(AS)/基点(B)/项目(I)/项目间角度(A)/填充角度(F)/行(ROW)/层(L)/旋转项目(ROT)/退出(X)]<退出>:I

阵列结果如图 3-14 所示。单击"修改"工具栏中的"修剪"按钮,修剪多余的直线,效果如图 3-15 所示。

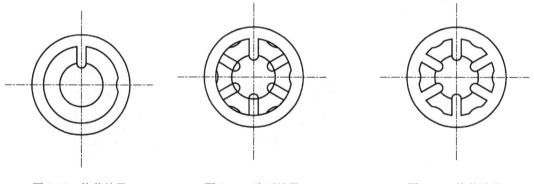

图 3-13　修剪结果　　　　　图 3-14　阵列结果　　　　　图 3-15　修剪结果

3.3.9 "旋转"命令

1. 命令执行方式

命令行:ROTATE。

菜单栏:"修改"→"旋转"。

工具栏:"修改"→"旋转"。

功能区:"默认"→"修改"→"旋转"。

快捷菜单:选择要旋转的对象,在绘图区域右击,在弹出的快捷菜单中选择"旋转"选项。

2. 操作步骤

命令：ROTATE

UCS 当前的正角方向：ANGDIR=逆时针　ANGBASE=0.00

选择对象：(选择要旋转的对象)

指定基点：(指定旋转的基点，在对象内部指定一个坐标点)

指定旋转角度，或[复制(C)/参照(R)]<0.00>：(指定旋转角度或其他选项)

3. 选项说明

(1)复制。选择该选项，旋转对象的同时保留源对象，如图 3-16 所示。

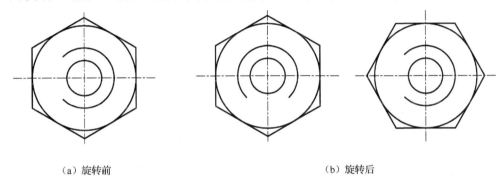

　　　(a) 旋转前　　　　　　　　　　　　　　　　　　　　(b) 旋转后

图 3-16　复制旋转

(2)参照。采用参考方式旋转对象时，系统提示：

指定参照角<0.00>：(指定要参照的角度，默认值为 0)

指定新的角度或[点(P)]<0>：(输入旋转后的角度值)

操作完毕后，对象被旋转至指定的角度位置。

注意：可以用拖动的方法旋转对象。选择对象并指定基点后，从基点到当前光标位置会出现一条连线。移动鼠标，选择的对象会动态地随着该连线与水平方向的夹角的变化而旋转，最后按 Enter 键确认旋转操作，如图 3-17 所示。

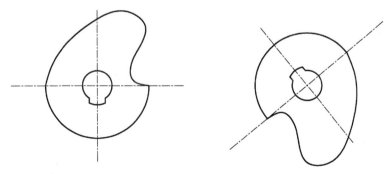

图 3-17　拖动旋转对象

3.4　改变几何特性类命令

这一类编辑命令在对指定对象进行编辑后，将使对象的几何特性发生改变。其中主要包括倒角、圆角、断开、修剪、延伸、拉长、分解、合并、移动和缩放等命令。

3.4.1　"修剪"命令

1. 命令执行方式

命令行：TRIM。

菜单栏："修改"→"修剪"。

工具栏："修改"→"修剪"。

功能区："默认"→"修改"→"修剪"。

2. 操作步骤

命令：TRIM

当前设置：投影=UCS，边=无

选择剪切边...：（选择用作修剪边界的对象）

选择对象或<全部选择>：

按 Enter 键结束对象选择，系统提示：

选择要修剪的对象，或按住 Shift 键选择要延伸的对象，或[栏选(F)/窗交(C)/投影(P)/边(E)/删除(R)/放弃(U)]：

3. 选项说明

(1)在选择对象时，如果按住 Shift 键，系统会自动将"修剪"命令转换成"延伸"命令。有关"延伸"命令的具体用法将在后面介绍。

(2)选择"边"选项时，可以选择对象的修剪方式。

延伸：延伸边界进行修剪。在此方式下，如果剪切边没有与要修剪的对象相交，则系统会延伸剪切边直至与对象相交，然后再修剪，如图 3-18 所示。

不延伸：不延伸边界修剪对象。只修剪与剪切边相交的对象。

(3)选择"栏选"选项时，系统以栏选的方式选择被修剪的对象，如图 3-19 所示。

(4)选择"窗交"选项时，选择矩形区域(由两点确定)内部或与之相交的对象，如图 3-20所示。

选择剪切边　　　　选择要修剪的对象　　　　修剪后的结果

图 3-18　延伸方式修剪对象

选择剪切边　　　　　使用栏选选定要修剪的对象　　　　　修剪结果

图 3-19　栏选修剪对象

（5）被选择的对象可以互为边界和被修剪对象，此时系统会在选择的对象中自动判断边界，如图 3-20 所示。

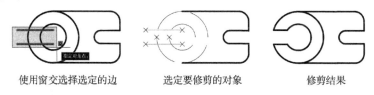

使用窗交选择选定的边　　　　选定要修剪的对象　　　　　修剪结果

图 3-20　窗交选择修剪对象

3.4.2　实例——密封垫

本实例主要介绍"修剪"命令的使用方法，绘制密封垫的流程如图 3-21 所示。

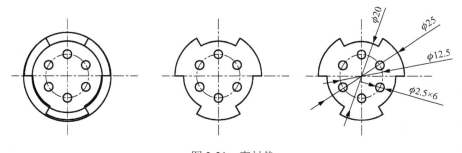

图 3-21　密封垫

（1）设置图层。选择菜单栏中的"格式"→"图层"选项，弹出"图层特性管理器"选项板。在该选项板中依次创建"轮廓线"、"中心线"和"剖面线"三个图层，并设置"轮廓线"图层的线宽为 0.3mm，设置"中心线"图层线型为 CENTER2，颜色为红色，其余属性默认。

（2）绘制中心线。将"中心线"图层设置为当前图层，单击"绘图"工具栏中的"直线"按钮，绘制图形的对称中心线。

（3）绘制图形。设置"轮廓线"图层为当前图层，单击"绘图"工具栏中的"圆"按钮和"多线段"按钮，绘制图形的右上部分，如图 3-22 所示。

单击"修改"工具栏中的"镜像"按钮，分别以水平中心线和竖直中心线为对称轴，镜像所绘制的图形。

单击"修改"工具栏中的"修剪"按钮，修剪所绘制的图形。命令行提示与操作如下。

命令：TRIM

当前设置：投影=UCS，边=无

选择剪切边...

选择对象或者<全部选择>：

找到 1 个，总计 6 个

选择要修剪的对象，或按住 Shift 键选择要延伸的对象，或[栏选（F）/窗交（C）/投影（P）/边（E）/删除（R）/放弃（U）]：分别选择修剪的圆弧

最终绘制的图形效果如图 3-23 所示。

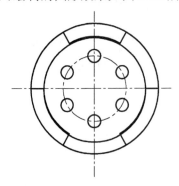

图 3-22 绘制完成结果

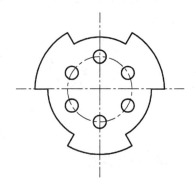

图 3-23 修剪结果

3.4.3 "倒角"命令

倒角是指用斜线连接两个不平行的线型对象。可以用斜线连接直线段、双向无限长线、射线和多段线。

系统采用两种方法确定连接两个线型对象的斜线：指定斜线距离；指定斜线角度、一个对象与斜线的距离。下面分别介绍这两种方法。

（1）指定斜线距离。斜线距离是指从被连接的对象与斜线的交点到被连接的两对象可能的交点之间的距离，如图 3-24 所示。

（2）指定斜线角度、一个对象与斜线的距离。采用这种方法连接对象时需要输入两个参数：斜线与一个对象的斜线距离、斜线与该对象的夹角，如图 3-25 所示。

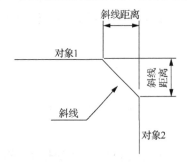

图 3-24 斜线距离

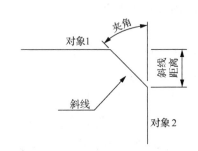

图 3-25 斜线距离与夹角

1. 执行方式

命令行：CHAMFER。

菜单栏："修改"→"倒角"。

工具栏："修改"→"倒角"。

功能区："默认"→"修改"→"倒角"。

2. 操作步骤

命令：CHAMFER

("修剪"模式)当前倒角距离 1 = 0.0000，距离 2 = 0.0000

选择第一条直线或[放弃(U)/多段线(P)/距离(D)/角度(A)/修剪(T)/方式(E)/多个(M)]：(选择第一条直线或其他选项)

选择第二条直线，或按住 Shift 键选择直线以应用角点或[距离(D)/角度(A)/方法(M)]：(选择第二条直线)

注意：有时在执行"圆角"和"倒角"命令时，发现命令不执行或执行后没有什么变化，是因为系统默认圆角半径和倒角距离为 0，所以必须事先设置圆角半径或倒角距离。

3. 选项说明

多段线：对多段线的各个交叉点进行倒角。为了得到最好的连接效果，一般设置斜线是相等的值。系统根据指定的斜线距离把多段线的每个交叉点都作斜线连接，连接的斜线成为多段线新添加的构成部分，如图 3-26 所示。

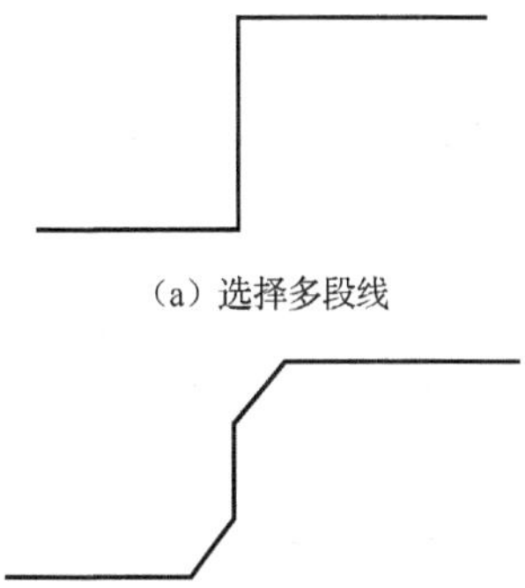

距离：选择倒角的两个斜线距离。这两个斜线距离可以相同，也可以不同；若二者均为 0，则系统不绘制连接的斜线，而是把两个对象延伸至相交并修剪超出的部分。

角度：选择第一条直线的斜线距离和第一条直线的倒角角度。

修剪：与圆角连接命令 FILLET 相同，该选项决定连接对象后是否剪切源对象。

方式：决定采用距离方式还是角度方式进行倒角。

多个：同时对多个对象进行倒角编辑。

(a) 选择多段线

(b) 倒角结果

图 3-26　斜线连接多段线

3.4.4 "移动"命令

1. 命令执行方式

命令行：MOVE。

菜单栏："修改"→"移动"。

工具栏："修改"→"移动"。

快捷菜单：选择要复制的对象，在绘图区右击，在弹出的快捷菜单中选择"移动"选项。

功能区："默认"→"修改"→"移动"。

2. 操作步骤

命令：MOVE

选择对象：(选择对象)

用前面介绍的对象选择方法选择要移动的对象，按 Enter 键结束选择。系统会继续提示：

指定基点或 [位移(D)] <位移>：(指定基点或位移)
指定第二个点或<使用第一个点作为位移>：

其余各选项功能与"复制"命令类似。

3.4.5 "分解"命令

1. 命令执行方式

命令行：EXPLODE。
菜单栏："修改"→"分解"。
工具栏："修改"→"分解"。
功能区："默认"→"修改"→"分解"。

2. 操作步骤

命令：EXPLODE
选择对象：(选择要分解的对象)

选择一个对象后，该对象会被分解。系统继续提示该行信息，允许分解多个对象。

3.4.6 "合并"命令

利用 AutoCAD 2014 提供的合并功能可以将直线、圆、椭圆弧和样条曲线等独立的线段合并为一个对象，如图 3-27 所示。

1. 命令执行方式

命令行：JOIN。
菜单栏："修改"→"合并"。
工具栏："修改"→"合并"。
功能区："默认"→"修改"→"合并"。

2. 操作步骤

命令：JOIN
选择源对象或要一次合并的多个对象：(选择一个对象)找到 1 个
选择要合并的对象：(选择另一个对象)找到 1 个，总计 2 个
选择要合并的对象：
2 条直线已合并为 1 条直线

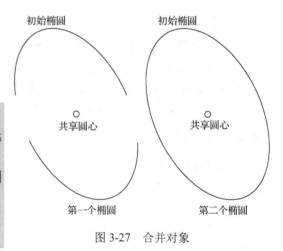

图 3-27　合并对象

3.4.7 实例——调节板

本实例将结合偏移、修剪、旋转、圆角等命令绘制调节板(图 3-28)，具体流程如图 3-29 所示。

1)新建文件

选择菜单栏中的"文件"→"新建"选项，弹出"选择样板"对话框，单击"打开"按钮，创建一个新的图形文件。

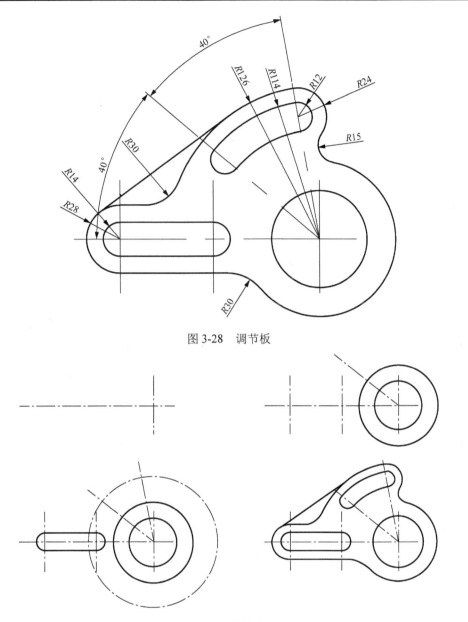

图 3-28　调节板

图 3-29　绘图流程

2）设置图层

选择菜单栏中的"格式"→"图层"选项，弹出"图层特性管理器"选项板。在该选项板中依次创建"轮廓线"、"中心线"和"剖面线"三个图层，其中"轮廓线"的线宽为 0.3mm，"中心线"线型为 CENTER2，颜色为红色，"剖面线"参数默认。

3）绘制图形

将"中心线"图层设置为当前图层。单击"绘图"工具栏中的"直线"按钮，绘制一条竖直中心线。

单击"绘图"工具栏中的"直线"按钮，绘制一条水平中心线。效果如图 3-30 所示。

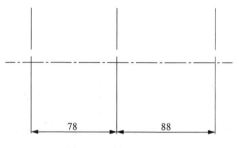

图 3-30　绘制中心线

单击"修改"工具栏中的"偏移"按钮，选择竖直中心线，给定偏移距离 88，单击竖直中心线的右侧。命令行提示与操作如下。

命令：_OFFSET
当前设置：删除源=否　图层=源　OFFSETGAPTYPE=0
指定偏移距离或 [通过(T)/删除(E)/图层(L)] <通过>：88
选择要偏移的对象，或 [退出(E)/放弃(U)] <退出>：(选择竖直中心线)
指定要偏移的那一侧上的点，或 [退出(E)/多个(M)/放弃(U)] <退出>：(选择左侧的任意一点)
选择要偏移的对象，或 [退出(E)/放弃(U)] <退出>：E

单击"修改"工具栏中的"偏移"按钮，选择竖直中心线，给定偏移距离 78，选择上一步偏移后的中心线。命令行提示与操作如下。

命令：_OFFSET
当前设置：删除源=否　图层=源　OFFSETGAPTYPE=0
指定偏移距离或 [通过(T)/删除(E)/图层(L)] <通过>：78
选择要偏移的对象，或 [退出(E)/放弃(U)] <退出>：(选择上一步绘制的中心线)
指定要偏移的那一侧上的点，或 [退出(E)/多个(M)/放弃(U)] <退出>：(选择左侧的任意一点)
选择要偏移的对象，或 [退出(E)/放弃(U)] <退出>：E

单击"修改"工具栏中的"偏移"按钮，将图 3-30 中的竖直中心线，偏移两次，效果如图 3-31 所示。

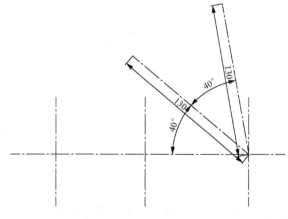

图 3-31　偏移竖直中心线

单击"绘图"工具栏中的"直线"按钮，绘制两个 40°直线，效果如图 3-32 所示。

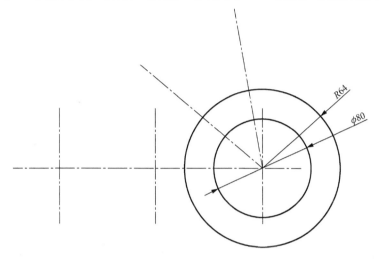

图 3-32　绘制直线

命令行提示与操作如下。

命令：_LINE
指定第一点：
指定下一点或 [放弃(U)]：@130<140
指定下一点或 [放弃(U)]：*取消*
命令：_LINE
指定第一点：
指定下一点或 [放弃(U)]：@130 <100
指定下一点或 [放弃(U)]：*取消*

单击"绘图"工具栏中的"圆"按钮，以图形的中心点为圆心，绘制半径为 40 和 64 的圆。命令行提示与操作如下。

命令：_CIRCLE
指定圆的圆心或 [三点(3P)/两点(2P)/相切、相切、半径(T)]：
指定圆的半径或 [直径(D)]：64
命令：_CIRCLE
指定圆的圆心或 [三点(3P)/两点(2P)/相切、相切、半径(T)]：
指定圆的半径或 [直径(D)] <64.0000>：40

单击"绘图"工具栏中的"圆"按钮，以图 3-32 中偏移后的直线和水平中心线的交点为圆心，绘制半径为 14 的圆，效果如图 3-33 所示。

单击"绘图"工具栏中的"直线"按钮，连接两个水平圆上端和下端的相切点，绘制切线，效果如图 3-34 所示。

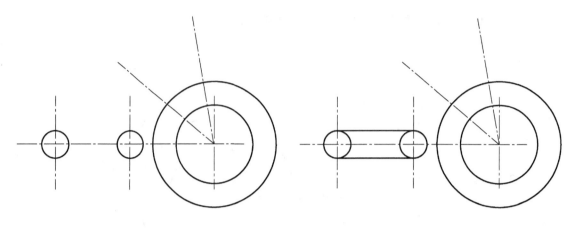

図 3-33　绘制同心圆　　　　　　　　　　　図 3-34　绘制切线

单击"修改"工具栏中的"修剪"按钮，修剪多余的线条，效果如图 3-35 所示。

单击"绘图"工具栏中的"圆"按钮，选择线型为中心线，绘制半径为 102 的圆，效果如图 3-36 所示。

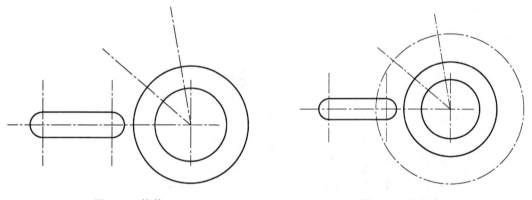

图 3-35　修剪　　　　　　　　　　　　　图 3-36　绘制中心圆

单击"绘图"工具栏中的"圆"按钮，以两条 40°的直线与半径为 102 的圆的交点为圆心，绘制半径为 12 的圆，效果如图 3-37 所示。命令行提示与操作如下。

```
命令：_CIRCLE
指定圆的圆心或 [三点(3P)/两点(2P)/相切、相切、半径(T)]：
指定圆的半径或 [直径(D)] <2.0000>：12
命令：CIRCLE
指定圆的圆心或 [三点(3P)/两点(2P)/相切、相切、半径(T)]：
指定圆的半径或 [直径(D)] <12.0000>：12
命令：*取消*
```

单击"绘图"工具栏中的"圆"按钮，以图形的原点圆为中心，绘制半径为 90 和 114 的圆，然后修剪，效果如图 3-38 所示。

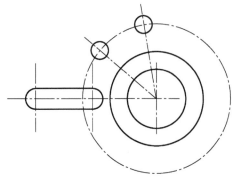

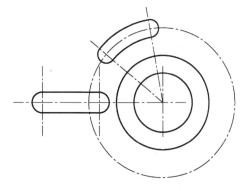

图 3-37　绘制圆　　　　　　　　　　　　　图 3-38　绘制内切圆和外切圆后修剪

单击"绘图"工具栏中的"圆"按钮，以半径为 12 圆的圆心为中点，绘制一个半径为 24 的圆，以图形的中点为圆心，绘制一个半径为 126 的圆。

单击"绘图"工具栏中的"圆"按钮，使用"相切、相切、半径"命令后剪切，命令行提示和操作如下。

命令：_CIRCLE
指定圆的圆心或 [三点(3P)/两点(2P)/相切、相切、半径(T)]：T
指定对象与圆的第一个切点：(选择半径 40 的圆)
指定对象与圆的第二个切点：(选择半径 24 的圆)
指定圆的半径 <24.0000>：15
命令：*取消*

单击"修改"工具栏中的"修剪"按钮，修剪多余的线条；效果如图 3-39 所示。

单击"绘图"工具栏中的"圆"按钮，以半径为 14 的圆的圆心绘制一个半径为 28 的圆。

单击"绘图"工具栏中的"直线"按钮，在半径为 28 的圆上绘制两条水平切线分别与半径为 126 和 64 的圆相交，效果如图 3-40 所示。

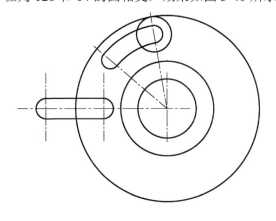

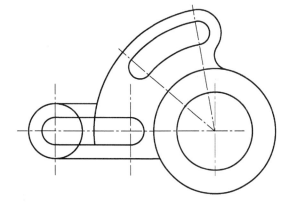

图 3-39　绘制圆　　　　　　　　　　　　　　图 3-40　绘制两条水平直线

单击"绘图"工具栏中的"圆"按钮，使用"相切、相切、半径"命令绘制相切圆后剪切，效果如图 3-41 所示。命令行提示与操作如下。

命令: _CIRCLE
指定圆的圆心或 [三点(3P)/两点(2P)/相切、相切、半径(T)]: T
指定对象与圆的第一个切点:
指定对象与圆的第二个切点:
指定圆的半径 <28.0000>: 30
命令: *取消*
命令: _CIRCLE
指定圆的圆心或 [三点(3P)/两点(2P)/相切、相切、半径(T)]: T
指定对象与圆的第一个切点:
指定对象与圆的第二个切点:
指定圆的半径 <28.0000>: 30
命令: *取消*

单击"绘图"工具栏中的"直线"按钮,绘制半径为 28 和 126 的圆的切线,效果如图 3-41 所示。

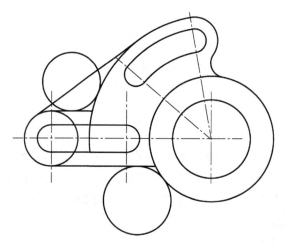

图 3-41 绘制直线

单击"修改"工具栏中的"修剪"按钮,修剪多余的线条,效果如图 3-28 所示。

3.4.8 "拉伸"命令

拉伸对象是指拖拉选择的对象,使其形状发生改变,如图 3-42 所示。拉伸对象时应指定拉伸的基点和移至点。利用一些辅助工具如捕捉、钳夹功能及相对坐标等可以提高拉伸的精度。

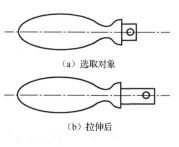

(a) 选取对象

(b) 拉伸后

图 3-42 拉伸

1. 命令执行方式

命令行: STRETCH。
菜单栏: "修改" → "拉伸"。
工具栏: "修改" → "拉伸"。

功能区："默认"→"修改"→"拉伸"。

2. 操作步骤

> 命令：STRETCH
> 以交叉窗口或交叉多边形选择要拉伸的对象...
> 选择对象：C
> 指定第一个角点：指定对角点：找到两个(采用交叉窗口的方式选择要拉伸的对象)
> 选择对象：
> 指定基点或 [位移(D)] <位移>：(指定拉伸的基点)
> 指定第二个点或<使用第一个点作为位移>：(指定拉伸的移至点)

此时，若指定第二个点，系统则会根据这两点决定的矢量拉伸对象，或者直接按 Enter 键，则系统会把第一个点作为 X 和 Y 轴的分量值。

STRETCH 拉伸完全包含在交叉窗口内的顶点和端点，部分包含在交叉选择窗口内的对象将被拉伸，如图 3-42 所示。

注意：用交叉窗口选择拉伸对象后，落在交叉窗口内的端点被拉伸，而落在外部的端点保持不动。

3.4.9 "拉长"命令

1. 命令执行方式

命令行：LENGTHEN。

菜单栏："修改"→"拉长"。

功能区："默认"→"修改"→"拉长"。

2. 操作步骤

> 命令：LENGTHEN
> 选择对象或 [增量(DE)/百分数(P)/全部(T)/动态(DY)]：(选定对象)
> 当前长度：100.00(给出选定对象的长度，如果选择圆弧将还会给出圆弧的包含角)
> 选择对象或 [增量(DE)/百分数(P)/全部(T)/动态(DY)]：DE(选择拉长或缩短的方式)
> 输入长度增量或 [角度(A)] <0.0000>：10(输入长度增量数值，如果选择圆弧段，则可以输入选项 A，给定角度增量)
> 选择要修改的对象或 [放弃(U)]：(选择要修改的对象进行拉长操作)
> 选择要修改的对象或 [放弃(U)]：(继续选择，按 Enter 键结束命令)

3. 选项说明

增量：用指定增量的方法改变对象的长度或者角度。

百分数：用指定占总长度百分比的方法改变直线或者圆弧的长度。

全部：用指定新的总长度或总角度值的方法来改变对象的长度或者角度。

动态：打开动态拖拉模式。在这种模式下，可以使用拖动的方法来动态地改变对象的长度或者角度。

3.4.10 "缩放" 命令

1. 命令执行方式

命令行：SCALE。

菜单栏："修改" → "缩放"。

工具栏："修改" → "缩放"。

功能区："默认" → "修改" → "缩放"。

2. 操作步骤

命令：SCALE

选择对象：（选择要缩放的对象）

指定基点：（指定缩放操作的基点）

指定比例因子或 [复制(C)/参照(R)]<1.0000>：

3. 选项说明

(1) 采用参考方向缩放对象时，系统提示：

指定参照长度<1>：（指定参考长度值）

指定新的长度或[点(P)]<1.0000>：（指定新长度）

若新长度值大于参考长度值，则放大对象；否则，缩小对象。操作完毕后，系统以指定的基点按照指定的比例因子缩放对象。如果选择 "点" 选项，则指定两点来定义新的长度。

(2) 可以采用拖动的方法缩放对象。选择对象并指定基点后，从基点到当前光标位置会出现一条连线，线段的长度即为比例大小。移动光标时，选择的对象会动态地随着该连线的长度变化而缩放，按 Enter 键确认缩放操作。

(3) 选择 "复制" 选项时，可以复制缩放对象，即缩放对象时，保留源对象，如图 3-43 所示。

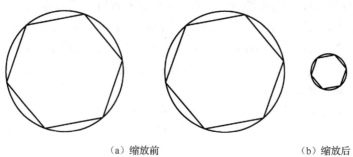

(a) 缩放前　　　　　　　　　　(b) 缩放后

图 3-43　复制缩放

3.4.11 "延伸" 命令

"延伸" 命令是指延伸对象直至另一个对象的边界线，如图 3-44 所示。

1. 命令执行方式

命令行：EXTEND。

菜单栏："修改" → "延伸"。

工具栏："修改"→"延伸"。

功能区："默认"→"修改"→"延伸"。

2. 操作步骤

命令：EXTEND

当前设置：投影=UCS，边=无

选择边界的边…

选择对象或<全部选择>：（选择边界对象）

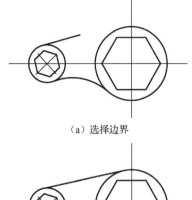

（a）选择边界

此时可以选择对象来定义边界。若直接按 Enter 键，则选择所有对象作为可能的边界对象。

系统规定可以用作边界对象的对象有直线段、射线、双向无限长线、圆弧、圆、椭圆、二维和三维多段线、样条曲线、文本、浮动的视口和区域。如果选择二维多段线作为边界对象，则系统会忽略其宽度而把对象延伸至多段线的中心线。

选择边界对象后，系统会继续提示：

（b）执行结果

图 3-44 延伸

选择要延伸的对象，或按住 Shift 键选择要修剪的对象，或[栏选(F)/窗交(C)/投影(P)/边(E)/放弃(U)]：

"延伸"命令与"修剪"命令操作方式类似。

3.4.12 "圆角"命令

圆角是指用指定的半径决定一段平滑的圆弧连接两个对象。系统规定可以圆滑连接一对直线段、非圆弧的多段线、样条曲线、双向无限长线、射线、圆、圆弧和椭圆。可以在任何时刻圆滑连接多段线的每个节点。

1. 命令执行方式

命令行：FILLET。

菜单栏："修改"→"圆角"。

工具栏："修改"→"圆角"。

功能区："默认"→"修改"→"圆角"。

2. 操作步骤

命令：FILLET

当前设置：模式 = 修剪，半径 = 0.0000

选择第一个对象或 [放弃(U)/多段线(P)/半径(R)/修剪(T)/多个(M)]：（选择第一个对象或者其他选项）

选择第二个对象，或按住 Shift 键选择对象以应用角点或 [半径(R)]：（选择第二个对象）

3. 选项说明

多段线：在一条二维多段线的两段直线段的节点处插入圆滑的弧。选择多段线后，系统会根据指定的圆弧半径把多段线各顶点用圆滑的弧连接起来。

　　修剪：决定在连接两条边时，是否修剪这两条边，如图 3-45 所示。

　　　　　（a）修剪方式　　　　　　　　　　（b）不修剪方式

图 3-45　圆角

　　多个：同时对多个对象进行圆角编辑，而不必重新调用命令。

　　按住 Shift 键并选择两条直线，可以快速创建零距离倒角或零半径圆角。

3.4.13　实例——齿轮

　　本实例将结合偏移、修剪、倒角、圆角、镜像等命令绘制齿轮，具体流程如图 3-46 所示。

　　(1) 新建文件。选择菜单栏中的"文件"→"新建"选项，弹出"选择样板"对话框，单击"打开"按钮，创建一个新的图形文件。

　　(2) 设置图层。选择菜单栏中的"格式"→"图层"选项，弹出"图层特性管理器"选项板。在该选项板中依次创建"轮廓线"、"中心线"和"剖面线"三个图层，并设置"轮廓线"图层的线宽为 0.3mm，设置"中心线"图层线型为 CENTER2，颜色为红色，其余属性默认。

　　(3) 绘制轮廓线。将"中心线"图层设置为当前图层，然后单击"绘图"工具栏中的"直线"按钮，沿水平方向绘制一条中心线；然后单击"修改"工具栏中的"偏移"按钮，将绘制的水平中心线向上偏移，偏移距离分别为 20、80、106.5、120、216、230、261、279、297，并将偏移的直线转换到"轮廓线"图层，效果如图 3-47 所示。

　　将"轮廓线"图层设置为当前图层；单击"绘图"工具栏中的"直线"按钮，沿竖直方向绘制一条直线；然后单击"修改"工具栏中的"偏移"按钮，将刚绘制的竖直直线向右偏移，偏移距离分别为 67.5、45、67.5，效果如图 3-48 所示。

　　(4) 单击"修改"工具栏中的"修剪"按钮，修剪多余的线条。修剪结果如图 3-49 所示。

　　(5) 倒角和倒圆角。单击"修改"工具栏中的"倒角"按钮，设置倒角距离为 2，对齿轮图形进行倒角，效果如图 3-50 (a) 所示。

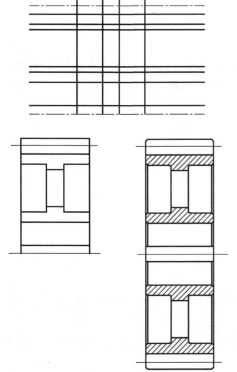

图 3-46　齿轮

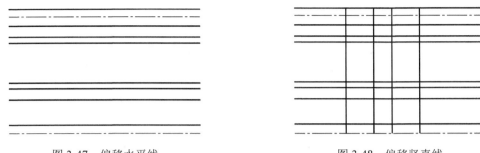

图 3-47 偏移水平线   图 3-48 偏移竖直线

单击"绘图"工具栏中的"直线"按钮和"修改"工具栏中的"修剪"按钮,绘制倒角线,并进一步修剪完善图形,效果如图 3-50(b)所示。

单击"修改"工具栏中的"圆角"按钮,命令行提示与操作如下。

命令:FILLET
当前设置:模式 = 不修剪,半径 = 0.0000
选择第一个对象或 [放弃(U)/多段线(P)/半径(R)/修剪(T)/多个(M)]:T
输入修剪模式选项 [修剪(T)/不修剪(N)] <不修剪>:T
选择第一个对象或 [放弃(U)/多段线(P)/半径(R)/修剪(T)/多个(M)]:R
指定圆角半径<0.0000>:2
选择第一个对象或 [放弃(U)/多段线(P)/半径(R)/修剪(T)/多个(M)]:(选择图 3-50(b)中的中间两条竖线中任意一条)
选择第二个对象,或按住 Shift 键选择对象以应用角点或 [半径(R)]:(选择图 3-50(b)中的与第一条相交的横线)

使用同样的方法对其他角点进行倒圆角,得到的结果如图 3-51 所示。

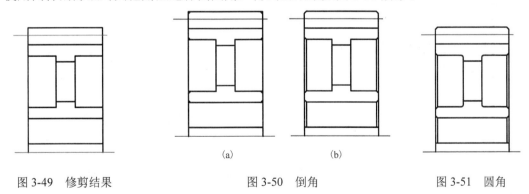

(a)   (b)

图 3-49 修剪结果   图 3-50 倒角   图 3-51 圆角

(6)镜像齿轮。单击"修改"工具栏中的"镜像"按钮,对图 3-51 中的图形进行镜像,水平中心线为镜像线,镜像结果如图 3-52 所示。

(7)图案填充。将当前图层设置为"剖面线"图层;单击"绘图"工具栏中的"图案填充"按钮,在弹出的"图案填充和渐变色"对话框中选择填充图案为 ANSI31,将"角度"设置为0,比例设置为1,其他为默认值。单击"添加:拾取点"按钮,暂时回到绘图窗口中进行选择。选择主视图上相关区域,按 Enter 键返回到"图案填充和渐变色"对话框;单击"确定"按钮,完成剖面线的绘制,效果如图 3-53 所示。

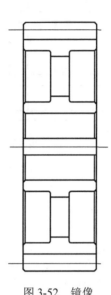

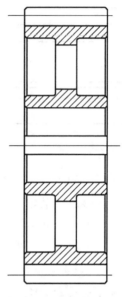

图 3-52　镜像　　　　　　　　图 3-53　图案填充

3.4.14　"打断"命令

1. 命令执行方式
命令行：BREAK。
菜单栏："修改"→"打断"。
工具栏："修改"→"打断"。
功能区："默认"→"修改"→"打断"。

2. 操作步骤

命令：BREAK
选择对象：(选择要打断的对象)
指定第二个打断点或 [第一点(F)]：(指定第二个断开点或输入 F)

3. 选项说明
如果选择"第一点"，则系统将丢弃前面的第一个选择点，重新提示用户指定两个断开点。

3.4.15　"打断于点"命令

"打断于点"命令与"打断"命令类似，是指在对象上指定一点，从而把该对象在此点拆分成两部分。

1. 命令执行方式
工具栏："修改"→"打断于点"。
功能区："默认"→"修改"→"打断于点"。

2. 操作步骤

命令：BREAK
选择对象：(选择要打断的对象)

指定第二个打断点或 [第一点(F)]：F（系统自动执行"第一点"选项）
指定第一个打断点：（选择打断点）
指定第二个打断点：（选择打断点）

3.4.16 "光顺曲线"命令

在两条选定直线或曲线之间的间隙中创建样条曲线。

1. 命令执行方式

命令行：BLEND。

菜单栏："修改"→"光顺曲线"。

工具栏："修改"→"光顺曲线"。

2. 操作步骤

命令：BLEND

连续性 = 相切

选择第一个对象或 [连续性(CON)]：CON

输入连续性 [相切(T)/平滑(S)] <切线>：

选择第一个对象或 [连续性(CON)]：

选择第二个点：

3. 选项说明

连续性：在两种过渡类型中指定一种。

相切：创建一条 3 阶样条曲线，在选定对象的端点处具有相切(G1)连续性。

平滑：创建一条 5 阶样条曲线，在选定对象的端点处具有曲率(G2)连续性。如果选择"平滑"选项，则不要将显示从控制点切换为拟合点，否则会将样条曲线更改为 3 阶，从而改变样条曲线的形状。

3.5 对象特性修改命令

在编辑对象时，还可以对图形对象本身的某些特性进行编辑，从而方便地进行图形绘制。

3.5.1 钳夹功能

利用钳夹功能可以快速、方便地编辑对象。AutoCAD 在图形对象上定义了一些特殊点，称为夹点，利用它们可以灵活地控制对象，如图 3-54 所示。

要使用钳夹功能编辑对象，必须先打开钳夹功能。打开方法是：选择"工具"→"选项"→"选择"选项，在弹出的对话框中选择"选择集"选项卡。在"夹点选择组"中选择"启用夹点"复选框即可。

提示：在该选项卡中还可以设置代表夹点的小方格的尺寸和颜色。

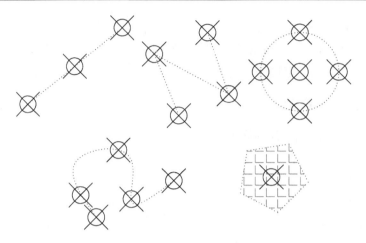

图 3-54　夹点

3.5.2　"特性"选项板

1. 命令执行方式

命令行：DDMODIFY 或 PROPERTIES。

菜单栏："修改"→"特性"。

工具栏："标准"→"特性"。

功能区："视图"→"选项板"→"特性"。

快捷键：Ctrl+1。

2. 操作步骤

命令：DDMODIFY

利用 AutoCAD 2014 提供的"特性"选项板（图 3-55），可以方便地设置或修改对象的各种属性。不同的对象具有不同类型的属性和不同的属性值，当修改属性值后，对象将改变为新的属性。

3.5.3　特性匹配

图 3-55　"特性"选项板

利用特性匹配功能可以将目标对象的属性与源对象的属性进行匹配，使目标对象变为与源对象相同。该功能常用于快捷、方便地修改对象属性，并保持不同对象的属性相同。

1. 命令执行方式

命令行：MATCHPROP。

菜单栏："修改"→"特性匹配"。

工具栏："标准"→"特性匹配"。

功能区："视图"→"选项板"→"特性匹配"。

2. 操作步骤

命令：MATCHPROP

选择源对象：（选择源对象）

选择目标对象或[设置(S)]：（选择目标对象）

如图 3-56(a)所示为两个不同属性的对象，以矩形为源对象，对圆进行属性匹配，结果如图 3-56(b)所示。

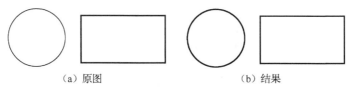

（a）原图　　　　　　　　　　（b）结果

图 3-56　特性匹配

3.6　实践与操作

通过本章的学习，读者对本章知识也有了大体的了解，本节通过两个实践操作帮助读者进一步掌握本章的知识要点。

3.6.1　绘制连接部件

1. 目的要求

本例主要利用基本二维绘图命令将连接部件的外轮廓绘出，利用直线、圆命令，并配合修剪命令完成整个图形的绘制，如图 3-57 所示。

2. 操作提示

(1)新建图层。

(2)绘制辅助线和圆。

(3)绘制两圆的切线。

(4)修剪图形。

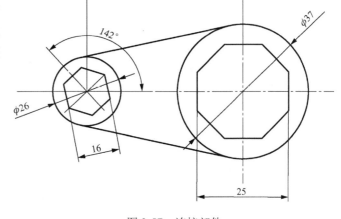

图 3-57　连接部件

3.6.2　绘制挂轮架

1. 目的要求

该挂轮架主要由直线、相切的圆及圆弧组成，因此可利用直线、圆及圆弧命令，并配合修剪命令来绘制图形；挂轮架的上部是对称的结构，可以利用"镜像"命令对其进行操作；对于其中的圆角均采用圆角命令绘出，如图 3-58 所示。

2. 操作提示

(1)设置新图层。

(2)绘制辅助线和中心线。

(3)绘制挂轮架中部图形。

(4)绘制挂轮架右部图形。

(5)绘制挂轮架上部图形。

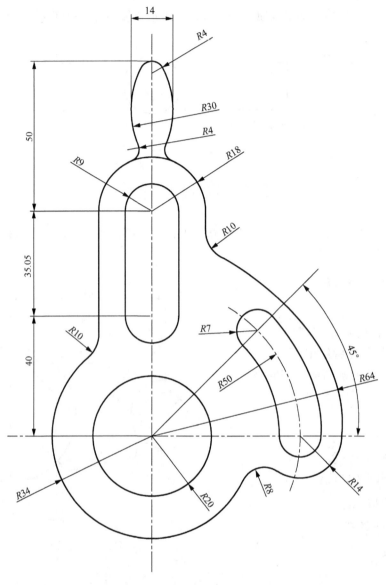

图 3-58　挂轮架

第4章 文字、尺寸与快速绘图工具

在我们绘制的工程图纸中，除了图形还需要添加一定数量的文字，如技术说明、标题栏等。下面主要介绍初学者最常用的文字输入方法：多行文字输入。除多行文字输入外，AutoCAD还有单行文字输入功能，现在已不常用，感兴趣的读者可以查阅其他书籍，本章不再赘述。除文字外，尺寸标注是绘图设计过程中相当重要的一个环节，AutoCAD提供了非常方便、准确的尺寸标注功能。为了方便绘图和提高绘图效率，AutoCAD还提供了一些快速绘图工具，包括图块及其属性、设计中心、工具选项板与样板图等。这些工具的一个共同特点是可以将分散的图形通过一定的方式组织成一个单元，在绘图时将这些单元插入图形中，达到提高绘图速度和图形标准化的目的。

4.1 文 字 输 入

1. 命令执行方式

命令行：MTEXT。

菜单栏："绘图"→"文字"→"多行文字"。

工具栏："绘图"工具栏 **A**。

2. 操作步骤

激活上述命令后，按照要求选择一个矩形区域放置文字。矩形区域选定后，会出现如图 4-1 所示的对话框。在该对话框中可以选择文字的字体、字高、对齐方式、倾斜角度等格式。文字输入完毕后，单击"确定"按钮。

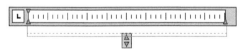

图 4-1　文字格式设置

3. 文字编辑

当我们输入文字并单击"确定"按钮以后，如果想对文字进行编辑修改，可以有如下命令格式。

命令行：DDEDIT。

菜单栏："修改"→"对象"→"文字"→"编辑"。

对于文字编辑，还有一种更快捷的方式：直接将光标放置于文本框上，快速双击即可激活如图 4-1 所示的对话框，然后进行修改编辑。

4. 选项说明

除常见的文字输入外，AutoCAD 还提供了一些特殊符号的控制码，在文字输入过程中，输入这些控制码就会显示对应的特殊符号。常见的控制码有：%%d 代表°，%%c 代表 φ，%%p 代表±，%%% 代表%。

4.2　尺　寸　标　注

在日常使用 AutoCAD 的过程中，建议读者右击任意浮动工具栏来激活"标注"浮动工具栏(图 4-2)，并将其拖拽至菜单栏下方。

图 4-2　"标注"工具栏

4.2.1　设置尺寸样式

1. 命令执行方式

命令行：DIMSTYLE。

菜单栏："格式"→"标注样式"或"标注"→"标注样式"。

工具栏："标注"→"标注样式"。

功能区："标注"→"标注样式"。

2. 操作步骤

执行上述命令后，出现如图 4-3 所示对话框。用户可以对尺寸样式进行修改，如修改尺寸数字大小、尺寸箭头大小及样式、尺寸界线与轮廓线的间距以及文本的显示样式等。

3. 选项说明

"置为当前"按钮：可以把 "样式"列表框中选择的样式，如 ISO-25 设置为当前样式。

"新建"按钮：单击此按钮后，系统打开如图 4-4 所示对话框，单击"继续"按钮，系统打开如图 4-5 所示对话框，该对话框中各部分的功能将在后面介绍。

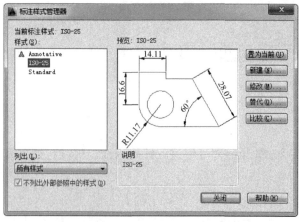

图 4-3　"标注样式管理器"对话框　　　　　　图 4-4　"创建新标注样式"对话框

"修改"按钮：用于修改一个已存在的尺寸标注样式，如修改尺寸箭头、数字、尺寸界线。

"替代"按钮：用户可改变选项的设置覆盖原来的设置，但这种修改只对指定的尺寸标注起作用，而不影响当前尺寸变量的设置。

"比较"按钮：单击此按钮，系统打开如图 4-6 所示的对话框，两种尺寸参数的对比一目了然。

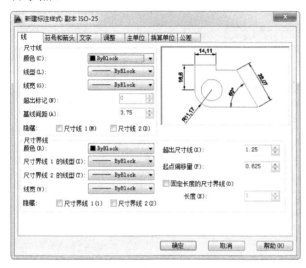

图 4-5　"新建标注样式"对话框

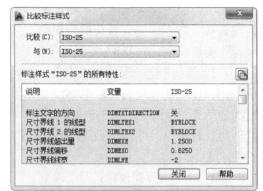

图 4-6　"比较标注样式"对话框

在图 4-5 所示对话框中有七个选项卡，分别说明如下。

1)线

如图 4-5 所示对话框中的第一个选项卡是"线"选项卡，该选项卡用于设置尺寸线、尺寸界线的形式和特性。下面分别进行说明。

(1)"尺寸线"选项组。设置尺寸线的特性。其中部分选项的含义介绍如下。

"颜色"下拉列表框：可单独从下拉列表中选择尺寸线的颜色，也可与图层颜色设置保持一致。

"线宽"下拉列表框：可单独从下拉列表中选择尺寸线的线宽，也可与图层线宽设置保持一致。

"超出标记"微调框：可设置尺寸线超出尺寸界线的距离，尤其适合尺寸箭头为非箭头形状的情况，如工程制图中常用的"短斜线"。

"基线间距"微调框：主要用于以基线方式标注尺寸，可调整两相邻尺寸线之间的距离。

"隐藏"复选框组：勾选哪一个，则隐藏哪一段尺寸线。

(2)"尺寸界线"选项组。该选项组用于确定尺寸界线的形式。其中部分选项的含义介绍如下。

"颜色"下拉列表框：可单独从下拉列表中选择尺寸界线的颜色，也可与图层颜色设置保持一致。

"线宽"下拉列表框：可单独从下拉列表中选择尺寸界线的线宽，也可与图层线宽设置保持一致。

"超出尺寸线"微调框：调整尺寸界线超出尺寸线的距离。

"起点偏移量"微调框：可以调整尺寸界线与被标注图形轮廓线的距离，默认为 0.625mm。

"固定长度的尺寸界线"复选框：一般不常用，如若使用，可勾选后在其下方文本框中输入数值。

"隐藏"复选框组：勾选哪一个，则隐藏哪一段尺寸界线。

（3）尺寸样式显示框。该显示框位于如图 4-5 所示对话框的右上方，以缩略图的形式展现尺寸格式。

2）符号和箭头

"新建标注样式"对话框中的第二个选项卡，如图 4-7 所示。主要用于设置箭头、圆心标记、弧长符号和半径标注折弯的形式与特性。

（1）"箭头"选项组。在该选项组中，用户可以从下拉列表框选择尺寸箭头的形式，也可以采用自定义形式，甚至可以对两个尺寸箭头采用不同的设置。

"第一个"下拉列表框：用于设置第一个尺寸箭头的形式，第一个箭头形式确定后，第二个箭头形式自动与其一致。若不想两箭头形式一致，可在"第二个"下拉列表框中设定。

图 4-7　"符号和箭头"选项卡

如果选择了"用户箭头"，系统自动打开如图 4-8 所示对话框。可以使用事先定义好的箭头图块。

"第二个"下拉列表框：若不想两箭头形式一致，可在此处单独选择第二个箭头的形式。

"引线"下拉列表框：用来确定引线箭头的形式。

"箭头大小"微调框：可以设置箭头的大小。

（2）"圆心标记"选项组。

"标记"按钮：圆心显示为一个记号。

"直线"按钮：圆心显示为中心线。

"无"按钮：圆心不显示任何标记。

以上三种情况如图 4-9 所示。

"大小"微调框：用来调整圆心标记和中心线，可改大小，也可改粗细。

图 4-8　"选择自定义箭头块"对话框

图 4-9　圆心标记

（3）"弧长符号"选项组。该选项组用来调整弧长标注中圆弧符号的显示。

"标注文字的前缀"按钮：弧长符号作为标注文字的前缀，如图 4-10(a)所示。

"标注文字的上方"按钮：弧长符号位于标注文字的上方，如图 4-10(b)所示。

"无"按钮：只有标注文字，不显示弧长符号，如图 4-10(c)所示。

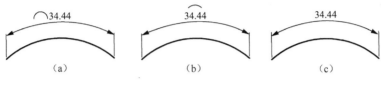

图 4-10　弧长符号

（4）"半径折弯标注"选项组。当圆心位于页面外部时，才使用半径折弯标注。连接半径标注的尺寸界线和尺寸线折线之间的角度可以在文本框中输入，如图 4-11 所示。

（5）"线性折弯标注"选项组。通过形成折弯的角度的两个顶点之间的距离确定折弯高度。

（6）"折断标注"选项组。显示和设定用于打断标注的间隙大小。

3）文字

"新建标注样式"对话框中的第三个选项卡，如图 4-12 所示，用于设置尺寸文本的形式、布置和对齐方式等。

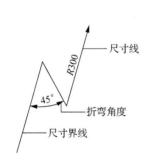

图 4-11　折弯角度

图 4-12　"文字"选项卡

（1）"文字外观"选项组。

"文字样式"下拉列表框：可以单击下拉菜单选择当前尺寸文本的文本样式，也可单击 按钮，创建新的文本样式或对当前文本样式进行修改。

"文字颜色"下拉列表框：可以选择尺寸文本的颜色。

"文字高度"微调框：如果选用的文本样式中已设置了大于 0 的字高，则此处的设置无效；如果文本样式中的字高设置为 0，则以此处的设置为准。

"分数高度比例"微调框：用来更改尺寸文本的比例数值，一般不常用。

"绘制文字边框"复选框：勾选后，尺寸文本周围会出现边框。

（2）"文字位置"选项组。

"垂直"下拉列表框：决定尺寸文本相对于尺寸线在垂直方向上的对齐方式，有以下四种。

居中：尺寸文本将处于尺寸线的中间，尺寸线被尺寸文本打断。

上：从垂直方向观察，尺寸文本位于尺寸线的上方。

外部：尺寸文本和所标注的对象分列于尺寸线的两侧，且远离第一条尺寸界线起点的位置。

JIS：采用日本工业标准放置尺寸文本，一般不常用。

上述几种文本对齐方式如图 4-13 所示。

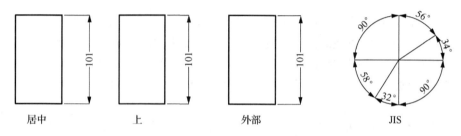

图 4-13　尺寸文本在垂直方向的放置

"水平"下拉列表框：决定尺寸文本相对于尺寸线在水平方向上的对齐方式。有五种：居中、第一条尺寸界线、第二条尺寸界线、第一条尺寸界线上方和第二条尺寸界线上方。此处不再赘述，标注示例如图 4-14 所示。

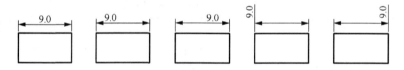

图 4-14　尺寸文本在水平方向的放置

"从尺寸线偏移"微调框：当尺寸文本放置于断开的尺寸线中间时，可以用此微调框设置尺寸文本与尺寸线之间的距离。

（3）"文字对齐"选项组。该选项组主要用来控制尺寸文本排列的方向。

"水平"按钮：选择该选项后，无论标注什么方向的尺寸，尺寸文本永远保持水平。

"与尺寸线对齐"按钮：不管何种情况，尺寸文本一直沿尺寸线方向放置。

"ISO 标准"按钮：尺寸文本位于尺寸界线之间时，其沿尺寸线方向放置；位于尺寸界线之外时，沿水平方向放置。

4）调整

"新建标注样式"对话框中的第四个选项卡，如图 4-15 所示。该选项卡主要用来协调尺寸文本、尺寸箭头与尺寸界线之间的位置关系。

（1）"调整选项"选项组。

"文字或箭头（最佳效果）"按钮：选择此按钮，按照最佳效果将文本或箭头移动到尺寸界线外，具体效果请用户实操体会。

"箭头"按钮：选择此按钮，先将箭头移动到尺寸界线外，若位置不够，则再移动文字。

"文字"按钮：此按钮的效果与"箭头"按钮相反。

"文字和箭头"按钮：选择此按钮，如果位置够，尺寸文本和箭头两者都放在两尺寸界线之间，否则都放在尺寸界线之外。

"文字始终保持在尺寸界线之间"按钮：选择此按钮后，效果如按钮标题所述。

"若箭头不能放在尺寸界线内，则将其消除"复选框：如果尺寸界线内位置不够，则不显示箭头。

（2）"文字位置"选项组。

"尺寸线旁边"按钮：尺寸文本位于尺寸线的旁边，如图 4-16(a)所示。

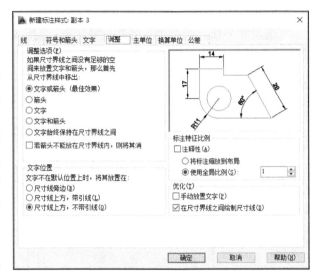

图 4-15 "调整"选项卡

"尺寸线上方，带引线"按钮：尺寸文本位于尺寸线上方的引线上，引线与尺寸线相连，如图 4-16(b)所示。

"尺寸线上方，不带引线"按钮：尺寸文本位于尺寸线的正上方，如图 4-16(c)所示。

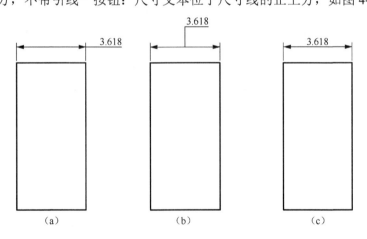

图 4-16 尺寸文本的位置

（3）"标注特征比例"选项组。

"注释性"复选框：指定标注为注释性。

"将标注缩放到布局"按钮：根据当前模型空间视口和图纸空间之间的比例确定比例因子，默认值为 1。

"使用全局比例"按钮：可利用其后面的"比例值"微调框为所有标注样式设定一个比例，该缩放比例并不更改标注的测量值。

（4）"优化"选项组。

包含两个与尺寸文本布置有关的选项。

"手动放置文字"复选框：勾选此复选框后，在标注尺寸时由用户选择尺寸文本的放置位置。

"在尺寸界线之间绘制尺寸线"复选框：勾选此复选框后，无论箭头放在测量点之内还是之外，AutoCAD 均在测量点之间绘制尺寸线。

5）主单位

"新建标注样式"对话框中的第五个选项卡，如图 4-17 所示。本选项卡包含五个选项组，分别对长度型标注和角度型标注进行设置。

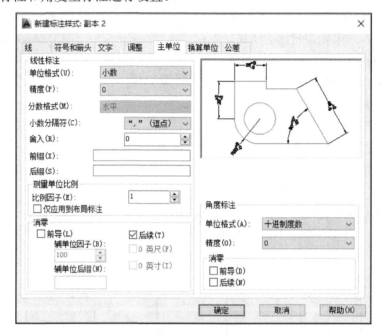

图 4-17　"主单位"选项卡

（1）"线性标注"选项组。

"单位格式"下拉列表框：设定除角度之外的所有标注类型的当前单位格式。该下拉列表框提供了包含科学、小数在内的六种单位制，可供用户选择。

"分数格式"下拉列表框：设置分数的形式，系统提供了三种形式供用户选用，"水平"为默认选项。

"小数分隔符"下拉列表框：用来选择十进制单位的分隔符形式，系统提供了三种形式，逗点（,）为默认选项。

"舍入"微调框：确定除角度之外的尺寸数值的圆整规则，0 为默认值。

"前缀"文本框：可以输入文本，也可以输入控制代码，如%%c，这些新输入的文本将会作为所有尺寸文本的前缀。

"后缀"文本框：作用与"前缀"基本相同。

（2）"测量单位比例"选项组。可以自由输入比例因子数值，例如，输入比例因子数值为3，标注尺寸时则把实际测量为 1mm 的尺寸标注为 3mm。

（3）"消零"选项组。用于设置是否省略标注尺寸时的 0。

"前导"复选框：勾选此复选框，不输出所有十进制标注中的前导零。例如，0.50000 变为.50000。

"后续"复选框：勾选此复选框，不输出所有十进制标注中的后续零。例如，12.5000 变为 12.5，而 30.0000 变为 30。

（4）"角度标注"选项组。用来调整"角度标注"的单位格式和精度。

"单位格式"下拉列表框：设置角度单位制，常用的有十进制度数、度/分/秒。

"精度"下拉列表框：可以调整尺寸标注的精度，默认是 0。

（5）"消零"选项组。用来控制是否输出尺寸标注中的前导零或后续零。

6）换算单位

"新建标注样式"对话框中的第六个选项卡，如图 4-18 所示，可以设置替换单位。

（1）"显示换算单位"复选框。勾选此复选框，替换单位的尺寸值会出现在尺寸数字后方。

（2）"换算单位"选项组。用于对替换单位进行设置。

"单位格式"下拉列表框：设定换算单位的单位格式。

"精度"下拉列表框：设定换算单位中的小数位数。

"换算单位倍数"微调框：指定一个乘数，作为主单位和换算单位之间的转换因子。

"舍入精度"微调框：设定除角度之外的所有标注类型的换算单位的舍入规则。

"前缀"文本框：在换算标注文字中包含前缀。

"后缀"文本框：在换算标注文字中包含后缀。

（3）"消零"选项组。用来控制是否输出十进制标注中的前导零或后续零。

（4）"位置"选项组。设置换算单位与主单位之间的相对位置。

"主值后"单选按钮：将换算单位放在标注文字中的主单位之后。

"主值下"单选按钮：将换算单位放在标注文字中的主单位下面。

7）公差

"新建标注样式"对话框中的第七个选项卡，如图 4-19 所示。可用来确定公差标注的方式。

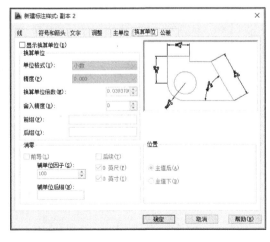

图 4-18　"换算单位"选项卡

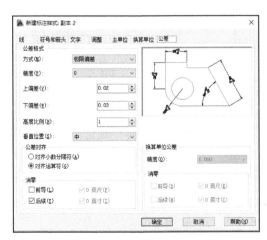

图 4-19　"公差"选项卡

（1）"公差格式"选项组。

"方式"下拉列表框：设定标注公差的方式。有五种标注公差的方式可以选择。除了"无"表示不标注公差，其余四种标注情况如图 4-20 所示。

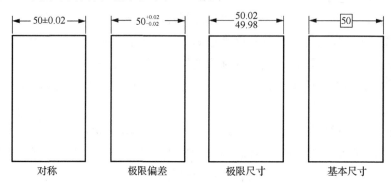

图 4-20　公差标注的方式

"精度"下拉列表框：设定公差数值小数位数。

"上偏差"微调框：设置尺寸的最大公差或上偏差。

"下偏差"微调框：设置尺寸的最小公差或下偏差。

"高度比例"微调框：设定相对于标注文字的分数比例。

"垂直位置"下拉列表框：控制"对称公差"和"极限公差"的文字对正。

三种垂直位置对齐方式如图 4-21 所示。

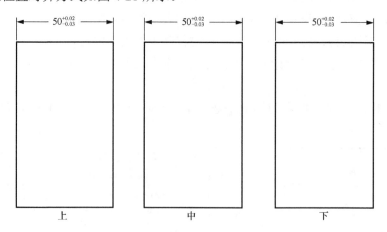

图 4-21　公差文本的对齐方式

（2）"消零"选项组。设置是否省略公差标注中的前导零或后续零。

（3）"换算单位公差"选项组。可以对几何公差标注的替换单位进行设置，默认处于灰色不激活状态。

4.2.2　尺寸标注方法

1. 线性标注

1）执行方式

命令行：DIMLINEAR。

菜单栏："标注"→"线性"。

工具栏："标注"→"线性" ⊢⊣。

功能区："默认"→"注释"→"标注"→"线性" ⊢⊣。

2)操作步骤

命令：DIMLINEAR

指定第一个尺寸界线原点或<选择对象>：

指定第二条尺寸界线原点：

在此提示下有两种选择，直接按 Enter 键选择要标注的对象或确定尺寸界线的起始点，或者按 Enter 键并选择要标注的对象或指定两条尺寸界线的起始点后，系统继续提示：

指定尺寸线位置或[多行文字(M)/文字(T)/角度(A)/水平(H)/垂直(V)/旋转(R)]：

3)选项说明

指定尺寸线位置：用户可移动鼠标选择合适的尺寸线位置，然后单击，系统自动测量所标注线段的长度并标注出尺寸数字。

多行文字：用多行文字编辑器输入尺寸数字等文本信息。

文字：与多行文字功能类似，但精简不少功能。在对话框中输入 T 后，系统提示：

输入标注文字<默认值>：

若直接按 Enter 键，则采用系统测量出的长度值，若输入其他数值，则代替默认值。

角度：设定尺寸文本的倾斜角度。

水平：不论标注什么方向的线段，尺寸线总水平放置。

垂直：不论被标注线段沿什么方向，尺寸线总保持垂直。

旋转：可以输入角度值，旋转尺寸标注。

除线性标注外，工具栏还有对齐标注、弧长标注、坐标标注、角度标注等，这几种尺寸标注与线性标注类似，此处不再赘述。

2. 基线标注

基线标注用于产生一系列以同一条尺寸界线为基准的尺寸标注，在使用基线标注方式之前，应该先标注出一个相关的尺寸，如图 4-22 所示。

1)执行方式

命令行：DIMBASELINE。

菜单栏："标注"→"基线"。

工具栏："标注"→"基线" ⊢⊣。

功能区："注释"→"标注"→"连续"→"基线" ⊢⊣。

2)操作步骤

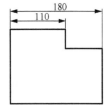

图 4-22　基线标注

命令：DIMBASELINE↙

指定第二条尺寸界线原点或[放弃(U)/选择(S)]<选择>：

选择下一段需要标注的轮廓边界，系统将以上次标注的尺寸界线为基准，标注出相应尺寸。

直接按 Enter 键，系统提示：

选择基准标注：（选取作为基准的尺寸标注）

连续标注用于产生一系列首尾相连的尺寸标注，与基线标注类似，在使用前，应先标注出一个相关的尺寸，如图 4-23 所示。

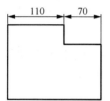

图 4-23　连续标注

3. 快速标注

快速标注可以同时选择多个待标注的几何图形，如直线段、圆弧等，选择完成后，直接按 Enter 键，即可快速标注出多个尺寸。

1）执行方式

命令行：QDIM。

菜单栏："标注" → "快速标注"。

工具栏："标注" → "快速标注" 。

功能区："注释" → "标注" → "快速标注" 。

2）操作步骤

命令：QDIM✓

关联标注优先级 = 端点

选择要标注的几何图形：（选择要标注尺寸的多个对象后按 Enter 键）

指定尺寸线位置或[连续(C)/并列(S)/基线(B)/坐标(O)/半径(R)/直径(D)/基准点(P)/编辑(E)/设置(T)]<连续>：

3）选项说明

指定尺寸线位置：几何图形选择完成后，直接按 Enter 键，用鼠标指定尺寸线放置位置。

连续：执行此命令后，产生一系列连续标注的尺寸，与系统默认设置相同。

并列：执行此命令后，产生一系列交错的尺寸标注。

基线：执行此命令后，产生一系列类似基线标注的连续尺寸。后面的坐标、半径、直径选项含义与此类同。

基准点：执行此命令后，指定一个新的基准点，则变为基线标注。

编辑：选择要删除或添加的标注点，执行此命令后，AutoCAD 提示：

指定要删除的标注点或[添加(A)/退出(X)]<退出>：

选择要删除的标注点按 Enter 键，系统对尺寸标注进行删减操作。

4. 引线标注

1）执行方式

命令行：QLEADER。

2）操作步骤

命令：QLEADER

指定第一个引线点或[设置(S)] <设置>：

指定下一点：（输入指引线的第二点）

指定下一点：（输入指引线的第三点）
指定文字宽度<0.000>：（输入多行文本的宽度）
输入注释文字的第一行<多行文字(M)>：（输入单行文本或按 Enter 键打开多行文字编辑器输入多行文本）
输入注释文字的下一行：（输入另一行文本）
输入注释文字的下一行：（输入另一行文本或按 Enter 键）

可以在上述操作过程中选择"设置"选项，打开如图 4-24 所示对话框。

5．几何公差标注

1）执行方式

命令行：TOLERANCE。

菜单栏："标注"→"公差"。

工具栏："标注"→"公差"

功能区："注释"→"标注"→"公差"。

图 4-24　"引线设置"对话框

2）操作步骤

执行上述命令后，系统打开如图 4-25 所示对话框(为与软件保持一致，图中不作修改)。单击"符号"下方黑方块，打开如图 4-26 所示对话框，里面有常用的几何公差符号可供选取。"公差 1"和"公差 2"白色文本框左侧的黑方块用来控制是否在公差值之前加一个直径符号，单击出现一个直径符号，再次单击，直径符号消失，白色文本框用于输入公差值。右侧黑方块用于插入"包容条件"符号，单击打开如图 4-27 所示对话框。

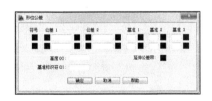

图 4-25　"几何公差"对话框

图 4-26　"特征符号"对话框

图 4-27　"附加符号"对话框

4.2.3　尺寸编辑

1．编辑尺寸

1）执行方式

命令行：DIMEDIT。

菜单栏："标注"→"对齐文字"→"默认"。

工具栏："标注"→"编辑标注"。

2）操作步骤

命令：DIMEDIT

输入标注编辑类型 [默认(H)/新建(N)/旋转(R)倾斜(O)] <默认>:

3)选项说明

默认：按默认位置和方向放置尺寸文本，如图 4-28(a)所示。

新建：可利用多行文字编辑器对尺寸文本进行修改。

旋转：可以设置尺寸文本行的倾斜角度，如图 4-28(b)所示。

倾斜：可以控制尺寸界线，使其倾斜一定的角度，如图 4-28(c)所示。

2. 编辑尺寸文字

1)执行方式

命令行：DIMTEDIT。

菜单栏："标注"→"对齐文字"→除"默认"命令外的其他命令。

工具栏："标注"→"编辑标注文字" 。

2)操作步骤

命令：DIMTEDIT✓

选择标注：（选择一个尺寸标注）

为标注文字指定新位置或 [左对齐(L)/右对齐(R)/居中(C)/默认(H)/角度(A)]:

3)选项说明

为标注文字指定新位置：可以用鼠标把尺寸文本拖动到新的位置。

左对齐(右对齐)：使尺寸文本沿尺寸线左(右)对齐，如图 4-28(d)、(e)所示。

居中：尺寸文本居中布置，如图 4-28(a)所示。

默认：尺寸文本放于默认位置。

角度：设置尺寸文本行的倾斜角度。

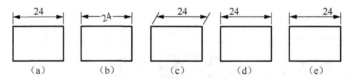

图 4-28　尺寸标注的编辑

4.3　尺　寸　约　束

尺寸约束是 AutoCAD 2014 新增加的功能，可以通过改变参数化的尺寸来间接改变图形对象的大小，更有利于用户对设计数据的驾驭。

4.3.1　建立尺寸约束

建立尺寸约束与在草图上标注尺寸相似，可以限制图形几何对象的大小，不同的是可以在后续的编辑工作中对尺寸进行参数化驱动，从而灵活变更设计数据。"标注约束"面板及工具栏如图 4-29 所示。

在生成尺寸约束时，用户可以选择草图曲线、边、基准平面或基准轴上的点，以生成水平、竖直、平行、垂直和角度尺寸。此时系统会生成一个表达式，其名称和数值显示在如

图 4-30 所示的区域中，可以对其进行编辑。

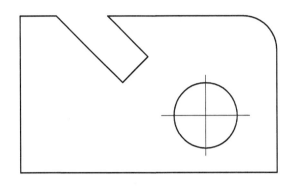

图 4-29 "标注约束"面板及工具栏   图 4-30 "尺寸约束编辑"示意图

生成尺寸约束时，只要选择了几何对象，其尺寸及其延伸线和箭头就会全部显示。完成尺寸约束后，用户还可以随时更改尺寸约束。

4.3.2 尺寸约束设置

绘图时，可以使用"约束设置"对话框内的"标注"选项卡来控制约束栏的显示，如图 4-31 所示。

1. 执行方式

命令行：CONSTRAINTSETTINGS。

菜单栏："参数"→"约束设置"。

功能区："参数化"→"标注"→"约束设置" ↘。

工具栏："参数化"→"约束设置" 📷。

2. 操作步骤

命令：CONSTRAINTSETTINGS

执行上述命令后，系统打开"约束设置"对话框，选择"标注"选项卡，如图 4-31 所示。该选项卡可以控制约束栏上约束类型的显示。

图 4-31 "标注"选项卡

3. 选项说明

"标注名称格式"下拉列表框：可以指定标注约束时显示文字的格式。

"为注释性约束显示锁定图标"复选框：显示已应用注释性约束对象的锁定图标。

"为选定对象显示隐藏的动态约束"复选框：显示选定时已设置为隐藏的动态约束。

4.3.3 实例——利用尺寸驱动更改方头平键尺寸

本实例主要介绍尺寸约束命令的使用方法，可以利用尺寸驱动更改方头平键的尺寸，步骤如图 4-32 所示。

(1) 绘制方头平键(键 B18×100，其中键长为 100mm)，如图 4-33 所示。

(2) 在任意工具栏上右击，打开"几何约束"工具栏，单击"共线"按钮，使左端和右端各竖直直线建立起共线的几何约束。

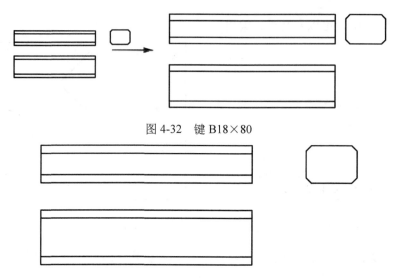

图 4-32　键 B18×80

图 4-33　键 B18×100

（3）单击"几何约束"工具栏中的"相等"按钮，使最上端水平线与下面各条水平线建立起相等的几何约束。

（4）在任意工具栏上右击，打开"标注约束"工具栏，然后单击"标注约束"工具栏中的"水平"按钮，或选择菜单栏中的"参数"→"标注约束"→"水平"选项，更改水平尺寸。命令行提示与操作如下。

命令：_DCHORIZONTAL
指定第一个约束点或 [对象(O)] <对象>：（单击最上端直线左端）
指定第二个约束点：（单击最上端直线右端）
指定尺寸线位置（在合适位置单击）
标注文字 = 100（输入长度 80，然后按 Enter 键）

（5）系统自动将原来长度为 100 的平键调整为长度 80，最终结果如图 4-32 所示。

4.4　图块及其属性

图块可以把松散的几何图形凝聚为一个整体，图块能以任意比例和旋转角度插入图中任意的位置，甚至缩放操作都不会影响图块文件尺寸标注中尺寸文本的大小，对于打印输出非常方便，也可以提高绘图速度和工作效率。

4.4.1　图块操作

1. 定义图块

1）执行方式

命令行：BLOCK。

菜单栏："绘图"→"块"→"创建"。

工具栏："绘图"→"创建块"。

功能区："默认"→"块"→"创建" 。

2）操作步骤

执行上述命令，系统打开如图 4-34 所示对话框，可以用来定义图块的参数以及命名图块。

2．保存图块

1）执行方式

命令行：WBLOCK。

2）操作步骤

执行上述命令，系统打开如图 4-35 所示对话框，可把选择好的图形保存为图块。

图 4-34　"块定义"对话框　　　　　　　图 4-35　"写块"对话框

注意：以 BLOCK 命令定义的图块只能现场操作现场使用，而以 WBLOCK 保存的图块可以现场使用，也可以下次打开 CAD 文件插入图块使用。

3．插入图块

1）执行方式

命令行：INSERT。

菜单栏："插入"→"块"。

工具栏："插入"→"插入块"

或"绘图"→"插入块" 。

功能区："默认"→"块"→"插入" 。

2）操作步骤

执行上述命令，系统打开如图 4-36 所示对话框，可以选定插入图块的位置、比例以及旋转角度。

图 4-36　"插入"对话框

4.4.2　图块属性

1. 属性定义

1)执行方式

命令行：ATTDEF。

菜单栏："绘图"→"块"→"定义属性"。

功能区："默认"→"块"→"定义属性" 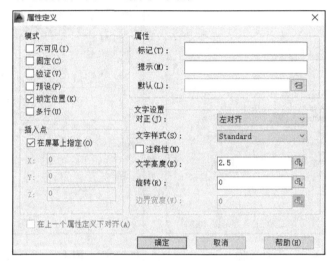。

2)操作步骤

执行上述命令，系统打开如图 4-37 所示对话框。

图 4-37　"属性定义"对话框

3)选项说明

(1)"模式"选项组。

"不可见"复选框：勾选此复选框，插入图块并输入属性值后，属性值不显示。

"固定"复选框：勾选此复选框，插入图块时赋予属性固定值。

"验证"复选框：勾选此复选框，插入图块时系统验证属性值是否正确。

"预设"复选框：勾选此复选框，插入包含预设属性值的图块时，将属性设定为默认值。

"锁定位置"复选框：勾选此复选框，锁定块参照中属性的位置。解锁后，属性可以相对于使用夹点编辑的图块的其他部分移动，并且可以调整多行文字属性的大小。

"多行"复选框：指定属性值可以包含多行文字。勾选此复选框后，可以指定属性的边界宽度。

(2)"属性"选项组。

"标记"文本框：标识图形中每次出现的属性。使用任何字符组合输入属性标记，小写字母会自动转换为大写字母。

"提示"文本框：指定在插入包含该属性定义的块时显示的提示。如果不输入提示，属性标记将用作提示。如果在"模式"区域选择"常数"模式，"属性提示"选项将不可用。

"默认"文本框：指定默认的属性值。

其他各选项组用户在使用过程中可以自行体会，此处不再赘述。

2. 修改属性定义

1）执行方式

命令行：DDEDIT。

菜单栏："修改"→"对象"→"文字"→"编辑"。

2）操作步骤

命令：DDEDIT↙

选择注释对象或[放弃(U)]：

在此提示下选择要修改的属性定义，系统打开"编辑属性定义"对话框，可以在该对话框中修改属性定义，如果图块没有可编辑的属性，则不弹出对话框。

3. 图块属性编辑

1）执行方式

命令行：EATTEDIT。

菜单栏："修改"→"对象"→"属性"→"单个"。

工具栏："修改 II"→"编辑属性" 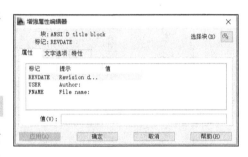。

2）操作步骤

命令：EATTEDIT↙

选择块：选择块后，系统打开如图 4-38 所示对话框，可以编辑属性的文字选项、图层、线型、颜色等特性值。

图 4-38　"增强属性编辑器"对话框

4.5　设计中心与工具选项板

设计中心类似于 Windows 资源管理器，可管理图块、外部参照、光栅图像以及来自其他源文件或应用程序的内容，将位于本地计算机、局域网或因特网上的图块、图层、外部参照和用户自定义的图形内容复制并粘贴到当前绘图区中。同时，如果在绘图区打开多个文档，在多文档之间也可以通过简单的拖放操作来实现图形的复制和粘贴。粘贴内容除了包含图形本身，还包含图层定义、线型、字体等。这样资源可得到再利用和共享，提高了图形管理和图形设计的效率。

工具选项板包含很多子选项板，系统在机械、建筑、电力、结构等工具选项板中内置了一些图块，直接单击就可以插入当前图形中，用户也可以根据需求自行添加图块。当然，工具选项板不仅可以添加图块，也可以添加包括几何对象、标注、填充、块、外部参照、光栅图像、表格、灯光、相机、视觉样式和材质，还可以添加命令，功能非常强大，如果利用得当，可以极大地提高绘图效率。

4.5.1　设计中心

1. 启动设计中心

1）执行方式

命令行：ADCENTER。

菜单栏："工具"→"选项板"→"设计中心"。

工具栏："标准"→"设计中心" 。

快捷键：Ctrl+2。

2）操作步骤

第一次启动设计中心时，默认打开的选项卡为"文件夹"，如图 4-39 所示。其搜索资源的方法与 Windows 资源管理器类似。

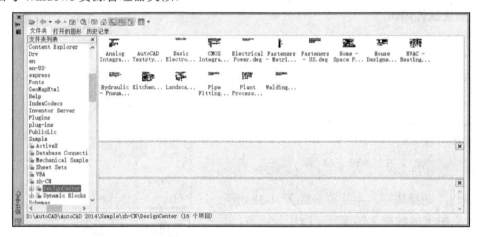

图 4-39　AutoCAD 2014 设计中心的资源管理器和内容显示区

2. 利用设计中心插入图形

把本地 DWG 文件当成图块直接插入当前打开的 CAD 图形中，这是设计中心最大的优势。插入图形的过程分成以下三步。

(1) 从文件夹列表选择要插入的对象，拖动对象到打开的 CAD 图形。

(2) 右击，从弹出的快捷菜单中选择"缩放"选项，如图 4-40 所示。

(3) 选择"缩放"选项后，输入"比例"数值对图块进行修改。将被选择的图块对象根据指定的参数插入图形中。

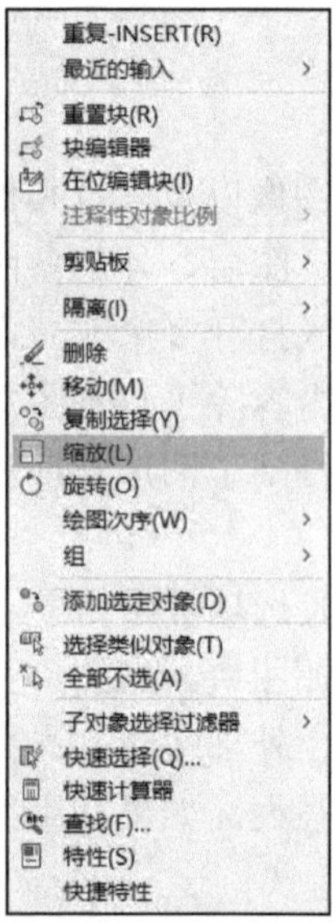

4.5.2　工具选项板

1. 打开工具选项板

1）执行方式

命令行：TOOLPALETTES。

菜单栏："工具"→"选项板"→"工具选项板"。

工具栏："标准"→"工具选项板窗口" 。

快捷键：Ctrl+3。

图 4-40　快捷菜单(1)

2）操作步骤

系统打开的工具选项板，如图 4-41 所示。右击选择"新建选项板"选项，如图 4-42 所示，可以命名该新建的选项卡，如图 4-43 所示。

2．将设计中心内容添加到工具选项板

在图 4-39 所示的内容显示区中的一个文件夹上右击，选择"创建块的工具选项板"选项，如图 4-44 所示，则设计中心中储存的图元就出现在工具选项板中新建的选项卡上，如图 4-45 所示。以上内容就是一个自定义工具选项板的范例。

3．利用工具选项板绘图

此处为一个操作范例，用户随后可自行体会。将工具选项板"机械"选项卡中的"滚珠轴承—英制"图块直接拖到当前图形中，并进行缩放、填充等操作，效果如图 4-46 所示。

图 4-41　工具选项板　　　　图 4-42　快捷菜单(2)　　　　图 4-43　新建选项卡

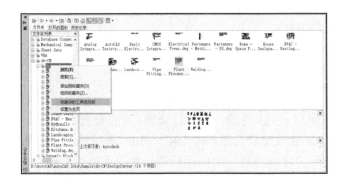

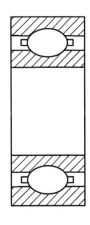

图 4-44　快捷菜单(3)　　　　图 4-45　创建工具　图 4-46　滚珠轴承图
选项板

第5章 实践项目

前四章已对 AutoCAD 2014 的所有常用命令做了介绍，本章一共包含七个训练项目，从易到难，涵盖了前几章大部分的命令。读者可以边学边练，也可以自学，作为检验学习效果的手段。

5.1 扳　　手

1. 目的和要求

(1)熟悉圆 CIRCLE、直线 LINE、正多边形 POLYGON 等绘图命令。

(2)熟悉修剪 TRIM、偏移 OFFSET 和圆角 FILLET 等修改命令。

(3)掌握平面图形中常见的辅助线的使用方法和技巧。

(4)掌握对象捕捉的设置和使用方法。

(5)掌握图层的设置和使用方法。

2. 上机操作

绘制如图 5-1 所示的扳手平面图。

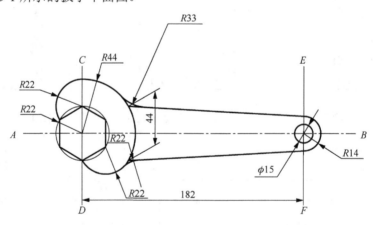

图 5-1　扳手平面图

1)分析

(1)本例的环境设置应包括图形界限、图层(包括线型、颜色、线宽)等的设置。按照如图 5-1 所示的图形大小，图纸界限设置成 A4 横放比较合适，即 297×210。图层至少应包括各种线型(点画线层、粗实线层、细实线层和尺寸标注层，本例不标注尺寸，可以先不设)。

(2)本例中的绘图基准是图形中的中心线，首先应将三条中心线绘制正确。其他图线要分析清楚先后顺序和互相依赖的关系，否则无法继续。

(3)绘制头部的圆弧也应该先绘制成圆，再修剪成指定大小的弧。绘制本例时要注意圆弧圆心的正确位置、圆弧和圆弧相切的关系。

(4) 正六边形可以使用正多边形命令 POLYGON 直接绘制。

(5) 绘制手柄部分时同样要注意直线两端的定位。尺寸 44 可以采用偏移命令来确定位置，另一端要保证与圆弧相切，应使用对象捕捉模式。

(6) 连接圆弧（R33 和 R22）应首先利用"切点、切点、半径"方式绘制成圆，然后再修剪成圆弧。

2) 开始准备工作

选择"开始"→"程序"→"AutoCAD 2014"选项，进入 AutoCAD 2014 中文版。

(1) 设置图形界限。按照图形大小和 1:1 的作图原则，设置图形界限为 A4 横放比较合适。

命令：LIMITS↓   //输入图形界限命令
重新设置模型空间限制：
指定左下角点或[开(ON)/关(OFF)]<0.0000,0.0000>：↓   //接受默认值
指定右上角点<297.0000，210.0000>：297,210 ↓   //设置成 A4 大小

(2) 显示图形界限。设置了图形界限后，一般需要通过显示缩放命令将整个图形范围显示成当前的屏幕大小。

命令：Z↓   //输入显示缩放命令缩写
ZOOM   //显示全名
指定窗口的角点，输入比例因子(nX 或 nPX)，或者
[全部(A)/中心(C)/动态(D)/范围(E)/上一个(P)/比
例(S)/窗口(W)/对象
(O)]<实时>：A↓   //显示图形界限
正在重生成模型

3) 设置图层

绘制该图形需要使用粗实线、细实线和点画线，根据线型设置相应的图层。

(1) 进入"图层特性管理器"对话框。

(2) 选择"格式"→"图层"菜单，弹出如图 5-2 所示对话框。开始时只有 0 层。

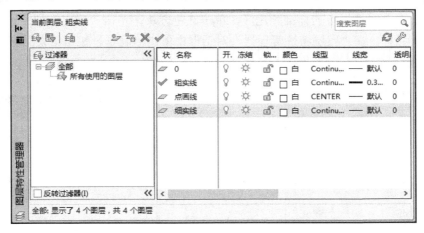

图 5-2 "图层特性管理器"对话框

(3)单击"新建图层"按钮，在图层列表中将增加新的图层。连续单击三次，增加三个图层。默认的名称分别为图层 1、图层 2 和图层 3。分别选择新建的三个图层，在详细信息区的图层名文本框中将名称修改成粗实线、细实线和点画线。

(4)加载线型。单击"点画线"图层线型名称，弹出如图 5-3 所示对话框，初始时只有 Continuous 一种线型，需要加载 CENTER 线型。

单击"加载"按钮，弹出如图 5-4 所示对话框。选择 CENTER 线型并单击"确定"按钮加载。退回"选择线型"对话框。

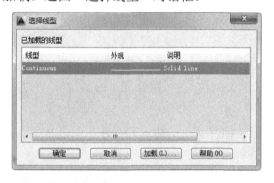

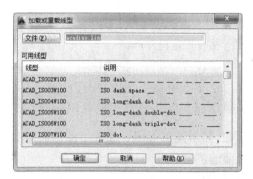

图 5-3 "选择线型"对话框　　　　　　　　图 5-4 "加载或重载线型"对话框

在"选择线型"对话框中选择 CENTER 线型，并单击"确定"按钮，此时 CENTER 线型被赋予"点画线"层。

(5)设置线宽。粗实线具有一定的宽度，通过线宽的设置来设定其宽度大小。单击"图层特性管理器"对话框中"粗实线"层后的"线宽"选项(初始时为"默认")，弹出如图 5-5 所示对话框。

单击"0.30mm"线宽值，并单击"确定"按钮，退回"图层特性管理器"对话框。此时"粗实线"层后的线宽变成了"0.30mm"。

(6)设置颜色。为了在屏幕上清楚显示不同的图线，除了设置合适的线型，还应充分利用色彩来醒目地区分不同的线型。

在"图层特性管理器"对话框中的"点画线"层后的颜色小方框上单击，弹出如图 5-6 所示对话框。在该对话框中的标准颜色区，单击红色方块，单击"确定"按钮退回"图层特性管理器"对话框。在"图层特性管理器"对话框中单击"确定"按钮结束图层设置。

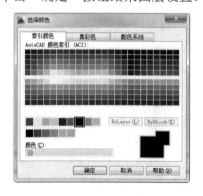

图 5-5 "线宽"对话框　　　　　　　　图 5-6 "选择颜色"对话框

4）设置对象捕捉方式

为了精确绘制图形必须捕捉对象的交点和切点。
对象捕捉的方式既可临时设置，也可预先设置。如果
是偶尔需要则采用临时设置比较合适，如果在绘图过
程中大多数情况下都需要使用捕捉方式，则应预先设
置并启用。

选择"工具"→"绘图设置"→"对象捕捉"菜
单，弹出如图 5-7 所示对话框。

5）绘制中心线

一般首先绘制基准线。图形中的主要基准线为中
间的水平中心线和左侧的垂直中心线。右侧的垂直中
心线为辅助（间接）基准线。

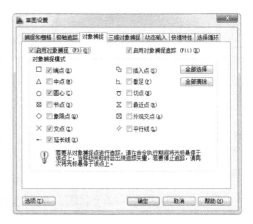

图 5-7　"草图设置"对话框

（1）设置当前图层。中心线为点画线，应绘制在"点画线"层上。有两种处理办法，一种
是直接在"点画线"层上绘制；另一种是绘制在其他层上，再通过特性修改到"点画线"层
上。下面采用直接在"点画线"层上绘制的方式。选择"格式"→"图层"选项，打开"图
层特性管理器"对话框，选择"中心线"层并单击"当前"按钮，然后单击"确定"按钮退
出。也可以通过"特性"工具条直接设置当前图层。

（2）绘制左侧中心线。单击"绘图"工具条中的"直线"按钮，绘制直线，命令行提示与
操作如下。

命令：_LINE
按 F8 键<正交　开>　　　　　　　　　　　　//打开正交模式绘制水平和垂直线
指定第 1 点：在屏幕左侧中部单击　　　　　//确定 A 点
指定下一点或[放弃(U)]：在屏幕右侧中部单击　//确定 B 点
指定下一点或[放弃(U)]：↓　　　　　　　　　//结束水平线绘制

同样绘制左侧垂直线 CD。

（3）偏移复制左侧中心线。右侧垂直中心线和左侧的垂直中心线相距 182，采用偏移命令
复制该垂直线。

单击"修改"工具条中的"偏移"按钮下达偏移命令。

命令：_OFFSET
当前设置：删除源=否　图层=源　OFFESTGAPTYPE=0
指定偏移距离或[通过(T)/删除(E)/图层(L)]<通过>：182↓
选择要偏移的对象，或[退出(E)/放弃(U)]<退出>：单击直线 CD
指定要偏移的那一侧上的点，或[退出(E)/多个(M)/放弃(U)]<退出>：在 CD 的右侧任意
　　　　　　　　　　　　　　　　　　　　　　　　　　　　　　点单击
选择要偏移的对象，或[退出(E)/放弃(U)]<退出>：按 Esc*取消*　　//退出偏移命令

结果如图 5-8 所示。

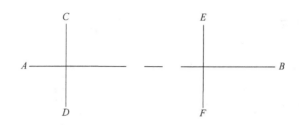

图 5-8　绘制中心线

6) 绘制辅助圆

半径为 22 的圆为细实线，是辅助线，表示正六边形的大小及方向。

选择"细实线"层绘制圆，如图 5-9 所示。

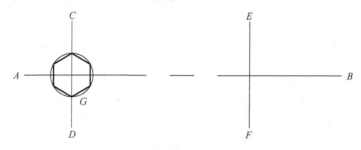

图 5-9　绘制辅助圆和正六边形

单击"绘图"工具条中的"圆"按钮，命令行提示与操作如下。

命令：_CIRCLE
指定圆的圆心或[三点(3P)/两点(2P)/相切、相切、半径(T)]：单击 AB 和 CD 的交点
指定圆的半径或[直径(D)]：22↓

7) 绘制正六边形

首先将当前图层改成"粗实线"图层。

单击"绘图"工具条中的"正多边形"按钮，命令行提示与操作如下。

命令：_POLYGON
输入边的数目<4>：6↓
指定多边形的中心点或[边(E)]：点取 AB 和 CD 的交点
输入选项[内接于圆(I)/外切于圆(C)]<I>：↓
指定圆的半径：单击圆和垂直中心线的交点

8) 修剪正六边形

将正六边形左下侧的两条边剪去，形成扳手的缺口。

单击"修改"工具条中的"修剪"按钮，命令行提示与操作如下。

命令：TRIM
当前设置：投影=UCS 边=延伸
选择剪切边…
选择对象：单击正六边形 找到 1 个　　　　　　//以正六边形为界剪切自身

选择对象：↓　　　　　　　　　　　　　　　　　　　　　　//结束对象选择
选择要修剪的对象，或按住 Shift 键选择要延伸的对象，或
[栏选(F)/窗交(C)/投影(P)/边(E)/删除(R)/放弃(U)]：单击需要修剪掉的部分
选择要修剪的对象，或按住 Shift 键选择要延伸的对象，或
[栏选(F)/窗交(C)/投影(P)/边(E)/删除(R)/放弃(U)]：单击需要修剪掉的部分
选择要修剪的对象，或按住 Shift 键选择要延伸的对象，或
[栏选(F)/窗交(C)/投影(P)/边(E)/删除(R)/放弃(U)]：↓　　　//结束修剪命令

结果如图 5-10 所示。

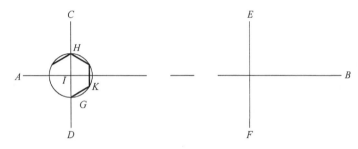

图 5-10　修剪正六边形

9) 绘制圆弧轮廓线（圆）

以图 5-10 所示 I 点为圆心，半径 44 绘制一个圆。分别以 H、K 点为圆心，半径 22 绘制两个圆。结果如图 5-11 所示。

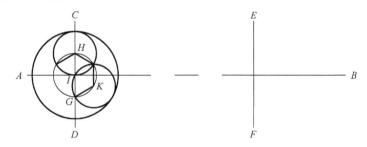

图 5-11　绘制圆弧轮廓线

10) 修剪成圆弧

将绘制的圆修剪成圆弧，生成扳手的弧形轮廓线。

单击"修改"工具条中的"修剪"按钮。

(1) 以正六边形为界，剪去两个半径为 22 的圆在六边形内部的部分。

(2) 以半径为 44 的圆为边界，剪去两个半径为 22 的圆弧的右上侧部分。

(3) 以半径为 22 的两个圆弧为边界，剪去半径为 44 的圆左下侧部分。

结果如图 5-12 所示。

11) 绘制右侧圆

以 EF 和 AB 的交点为圆心，半径为 7.5 和 14 绘制两个圆，如图 5-12 所示。

12) 偏移复制辅助线

要绘制和右侧半径为 14 的圆相切的两条直线，首先应找到垂直距离为 44 的两个点。可

以通过偏移复制获取。

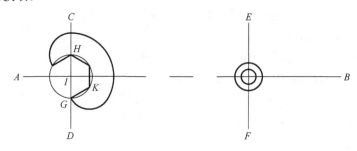

图 5-12   修剪成圆弧

单击"修改"工具条中的"偏移"按钮下达偏移命令。

命令：_OFFSET
指定偏移距离或[通过(T)/删除(E)/图层(L)]<通过>：22↓
选择要偏移的对象，或[退出(E)/放弃(U)]<退出>：单击直线 AB
指定要偏移的那一侧上的点，或[退出(E)/多个(M)/放弃(U)]<退出>：在 AB 的上方任意点单击
选择要偏移的对象，或[退出(E)/放弃(U)]<退出>：单击直线 AB
指定要偏移的那一侧上的点，或[退出(E)/多个(M)/放弃(U)]<退出>：在 AB 的下方任意点单击
选择要偏移的对象，或[退出(E)/放弃(U)]<退出>：按 Esc*取消*   //退出偏移命令

结果如图 5-13 所示。

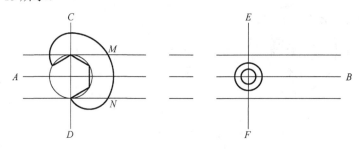

图 5-13   偏移复制辅助线

13）绘制两条切线

单击"绘图"工具条中的"直线"按钮，命令行提示与操作如下。

命令：LINE
指定第一点：单击 M 点
指定下一点或[放弃(U)]：移动光标到半径为 14 的圆周周围，且应故意移动至圆弧和 EF 的交点附近，有利于迅速捕捉成功，当出现"切点"提示后单击即可。
指定下一点或[放弃(U)]：↓

用同样的方法绘制另一条切线。

结果如图 5-14 所示。

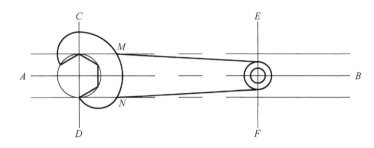

图 5-14　绘制切线

14) 修剪右侧半径为 14 的圆

以两条切线为边界，将半径为 14 的圆的左侧部分剪去。

15) 修剪圆并删除辅助线

单击"修改"工具条中的"删除"按钮下达删除命令。

命令：_ERASE
选择对象：单击偏移 22 复制的那一条直线　找到一个
选择对象：单击偏移 22 复制的另一条直线　找到一个，总计 2 个
选择对象：↓　　　　　　　　　　　　　　　　　//按 Enter 键结束删除操作

结果如图 5-15 所示。

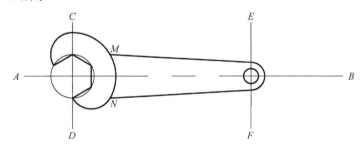

图 5-15　修剪圆并删除辅助线

16) 倒圆角

切线和半径为 44 的圆弧之间有圆弧连接，直接采用圆角命令产生该圆弧。

单击"修改"工具条中的"圆角"按钮下达圆角命令。

命令：FILLET
当前模式：模式=修剪，半径=10.0000　　　　　　　//提示当前圆角模式
选择第一个对象或[放弃(U)/多段线(P)/半径(R)/修剪(T)/多个(M)]：R ↓
修改圆角半径
指定圆角半径<10.0000>：22 ↓　　　　　　　　　　//按空格键
命令：FILLET
当前模式：模式=修剪，半径=22.0000
选择第一个对象或[放弃(U)/多段线(P)/半径(R)/修剪(T)/多个(M)]：单击切线
选择第二个对象，或按住 Shift 键选择要应用圆角点的对象：单击半径为 44 的圆弧
//拾取点应在切线的上方，以同样方法倒另一个圆角，结果如图 5-16 所示

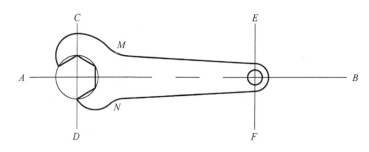

图 5-16   倒圆角

17) 延伸圆弧

倒圆角后半径为 44 的圆弧被剪去一部分，需要延伸到与圆角相交。

单击"修改"工具条中的"延伸"按钮下达延伸命令。

命令：_EXTEND

当前位置：投影=UCS, 边=延伸   //提示当前模式

选择边界的边...

选择对象或<全部选择>：如图 5-17 所示，单击 *T* 点处的圆弧 找到 1 个

选择对象：↓

选择要延伸的对象，或按住 Shift 键选择要修剪的对象，或

[栏选(F)/窗交(C)/投影(P)/边(E)/放弃(U)]：单击 *Q* 点处的圆弧

选择要延伸的对象，或按住 Shift 键选择要修剪的对象，或

[栏选(F)/窗交(C)/投影(P)/边(E)/放弃(U)]：↓   //结束延伸操作

结果如图 5-17 所示。

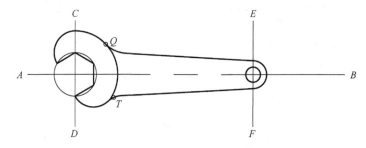

图 5-17   延伸圆弧

18) 修改中心线长度

中心线长度应超出轮廓线 2mm 左右，要将中心线修改到合适的长度。

在"命令"提示下单击水平中心线，出现夹点，单击左侧夹点，移到合适的位置，同样处理右侧的夹点。用同样的方法处理垂直中心线，如果在移动的目标点上出现对象捕捉的"交点"或"切点"，在状态栏中单击"对象捕捉"按钮，禁用对象捕捉功能。

19) 打开线宽显示

单击状态栏的"线宽"按钮，打开线宽显示，结果如图 5-17 所示。

20) 保存文件

选择 "文件" → "另存为" 菜单，弹出 "图形另存为" 对话框，在 "文件名" 下拉列表中输入 "项目一 扳手" 并单击 "保存" 按钮保存。

5.2 垫 片

1. 目的和要求

(1) 熟悉圆 CIRCLE、直线 LINE 等绘图命令。

(2) 熟悉修剪 TRIM、偏移 OFFSET、旋转 ROTATE、倒角 CHAMFER、打断 BREAK、复制 COPY 以及通过 "特性" 工具栏修改图形特性等编辑命令。

(3) 掌握夹点编辑方法。

(4) 掌握平面图形中辅助线的画法。

(5) 掌握平面图形的绘制方法和技巧。

(6) 综合应用对象捕捉的辅助功能。

(7) 掌握利用管理图形的方法。

2. 上机操作

绘制如图 5-18 所示垫片的图形。

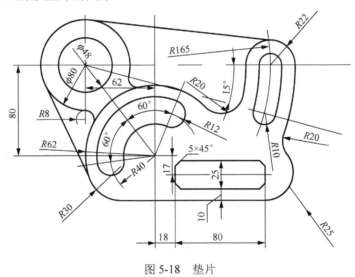

图 5-18　垫片

1) 分析

本例的环境设置应包括图纸界限、图层(包括线型、颜色、线宽)的设置。按照如图 5-18 所示的图形的大小，图纸界限设置成 A4 横放比较合适，即 297×210。图层至少包括各种线型(点画线层、粗实线层和尺寸标注层，本例不标注尺寸，可以先不设)。

本例所示图形尺寸比较复杂，顺利绘制的前提是对图形的正确分析。尤其是注意绘制图形的前后顺序。一般的原则是首先绘制已知线段，然后绘制中间线段，最后绘制连接线段。

绘制该图形应充分利用编辑命令，尤其应使用偏移 OFFSET、旋转 ROTATE 命令来分别确定线性尺寸和角度尺寸的相对位置，也可以使用圆作为辅助线来确定位置。

本例绘制时应首先绘制基准线，得到主要基准和辅助基准。绘制系列圆，通过修剪 TRIM 命令和倒圆角 FILLET 命令进行必要的编辑。圆弧连接也可以通过"切点、切点、半径"方式绘制圆再剪成相切的圆弧。

2）设置图形界限

首先根据图形的大小设置合适的图形界限。按照如图 5-18 所示的图形尺寸大小，将图形界限设置成 A4（297×210）大小。

3）对象捕捉设置

绘制图形，应使用"交点"和"切点"对象捕捉模式。如果要标注尺寸，还应设置"端点"捕捉模式（尺寸暂不标注）。

右击状态栏的 ▯ 按钮，选择快捷菜单中的"设置"选项，弹出"草图设置"对话框，在"对象捕捉"选项卡中选择"交点"和"切点"并启用对象捕捉模式。单击"确定"按钮退出。

4）图层设置

根据图 5-18 所示的图形，按照图 5-19 所示设置图层，其中的"尺寸线"层目前不是必需的，在标注尺寸时应设置（定义点层无需设置，该层是标注尺寸或插入块时自动产生的）。

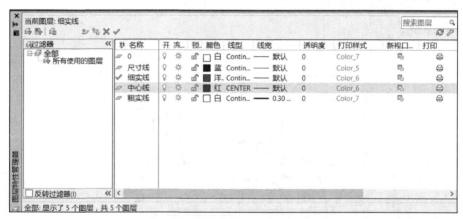

图 5-19　设置图层

5）绘制中心线

将当前图层切换为"中心线"层，先在绘图区绘制一横一竖两条中心线 *AB*、*CD*，并以此作为基准线，如图 5-20 所示。

6）偏移复制中心线

从图 5-18 可知，在图 5-20 中垂直中心线 *GH* 和水平中心线 *EF* 距离中心线 *CD* 和 *AB* 分别为 62，80，单位为 mm。采用偏移命令以距离为 62 向右偏移复制 *CD* 成另一端中心线 *GH*，以距离为 80 向下偏移复制 *AB* 成另一段中心线 *EF*，结果如图 5-20 所示。

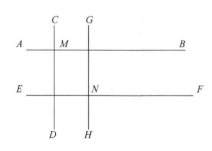

图 5-20　绘制、偏移复制中心线

选择"修改"→"偏移"菜单，命令行提示与操作如下。

命令：_OFFSET

当前设置：删除源=否　图层=源　OFFSETGAPTYPE=0

指定偏移距离或 [通过(T)/删除(E)/图层(L)] <0.0000>：62

选择要偏移的对象，或 [退出(E)/放弃(U)] <退出>：单击中心线 CD

指定要偏移的那一侧上的点，或 [退出(E)/多个(M)/放弃(U)] <退出>：在 CD 的右侧任意点单击

选择要偏移的对象，或 [退出(E)/放弃(U)] <退出>：

偏移 EF 的过程与上面类似，不再赘述。

7) 绘制直径为 48、80 和半径为 62 的圆

绘制直径为 48、80 和半径为 62 的圆的步骤如下。

将当前层切换为"粗实线"层。

执行 LAYER 命令，弹出"图层特性管理"对话框，选择"粗实线"层单击 ✔ 按钮，单击 ✖ 按钮退出。

绘制直径为 48、80 和半径为 62 的圆。

选择"绘图"→"圆"菜单，命令行提示与操作如下。

命令：_CIRCLE

指定圆的圆心或 [三点(3P)/两点(2P)/切点、切点、半径(T)]：单击 M 点

指定圆的半径或 [直径(D)]：24

同样以 M 点为圆心，半径为 40 绘制一个圆。以 N 点为圆心，半径为 62 绘制一个圆。结果如图 5-21 所示。

8) 倒半径为 8 的圆角

选择"修改"→"圆角"菜单，命令行提示与操作如下。

命令：_FILLET

当前设置：模式 = 修剪，半径 = 8.0000

选择第一个对象或 [放弃(U)/多段线(P)/半径(R)/修剪(T)/多个(M)]：R

指定圆角半径 <0.0000>：8

选择第一个对象或 [放弃(U)/多段线(P)/半径(R)/修剪(T)/多个(M)]：单击直径为 80 的圆

选择第二个对象，或按住 Shift 键选择对象以应用角点或 [半径(R)]：单击半径为 62 的圆

用同样的方法对另一侧倒圆角，结果如图 5-22 所示。

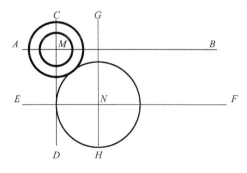

图 5-21　绘制圆

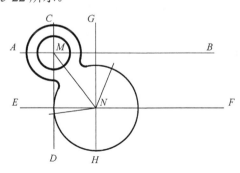

图 5-22　倒圆角，复制 60°中心线

9) 修剪圆

选择"修改→修剪"菜单，命令行提示与操作如下。

命令：_TRIM
当前设置：投影=UCS，边=无
选择剪切边...
选择对象或 <全部选择>：单击半径为 8 的圆角，找到 1 个
选择对象：单击半径为 8 的另一个圆角，找到 1 个，总计 2 个
选择对象：Enter 键
选择要修剪的对象，或按住 Shift 键选择要延伸的对象，或[栏选(F)/窗交(C)/投影(P)/边(E)/删除(R)/放弃(U)]：单击两个圆角中间半径为 62 的圆弧段
选择要修剪的对象，或按住 Shift 键选择要延伸的对象，或[栏选(F)/窗交(C)/投影(P)/边(E)/删除(R)/放弃(U)]：单击两个圆角中间直径为 80 的圆弧段
选择要修剪的对象，或按住 Shift 键选择要延伸的对象，或[栏选(F)/窗交(C)/投影(P)/边(E)/删除(R)/放弃(U)]：

结果如图 5-22 所示。

10) 绘制两个圆弧中心连接线

将当前层切换为"中心线"层。

利用直线命令，并开启交点捕捉模式，绘制中心线 *MN*。

11) 复制并旋转中心连线到 60° 位置

如图 5-22 上标注了 60° 的两条斜线。

选择"修改"→"旋转"菜单，命令行提示与操作如下。

命令：_ROTATE
UCS 当前的正角方向：ANGDIR=逆时针　ANGBASE=0
选择对象：单击直线 *MN*，找到 1 个，按 Enter 键
ROTATE 指定基点：单击 *N* 点
ROTATE 指定旋转角度，或 [复制(C)/参照(R)] <60>：C
旋转一组选定对象
指定旋转角度，或 [复制(C)/参照(R)] <60>：-60

继续重复以上步骤，最后一步指定角度时输入 60，得到如图 5-22 所示的图形。

12) 绘制半径为 40、12 以及与之相切的圆

绘制半径为 40、12 以及与之相切的圆的步骤如下。

(1) 采用画圆命令，以 *N* 点为圆心，绘制半径为 40 的圆，并将该圆改到"中心线"层上，如图 5-23 所示。

(2) 分别以 *S* 点和 *T* 点为圆心，以 12 为半径，绘制两个圆。

(3) 以 *N* 点为圆心，以半径为 12 的圆和直线 *NS* 的两个交点分别到 *N* 点的距离为半径(此过程可以利用交点捕捉)，绘制两个圆，结果如图 5-23 所示。

13) 修剪圆到正确的大小

以 *NT* 和 *NS* 为剪切边，剪切两个圆成为如图 5-24 所示结果，修剪命令同"修剪图"部分内容。

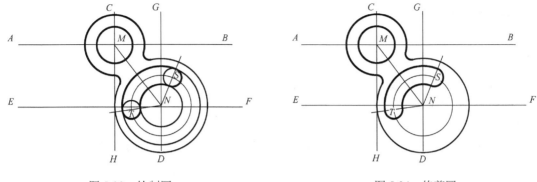

图 5-23 绘制圆   图 5-24 修剪圆

14) 偏移复制水平线 *EF*、*GD*，得到六条粗实线和一条中心线

向下偏移复制中心线 *EF*，偏移距离 17。继续向下偏移复制中心线 *EF*，偏移距离分别设置为 4.5, 29.5, 39.5，通过工具栏上的图层列表框，将这三条偏移复制的直线改到"粗实线"层。向右偏移复制中心线 *GD*，偏移距离分别设置为 18，98，通过工具栏上的图层列表框，将这两条偏移复制的直线也改到"粗实线"层，结果如图 5-25 所示。

15) 倒角 5 × 45°

选择"修改→倒角"菜单，命令行提示与操作如下。

```
命令：_CHAMFER
("修剪"模式)当前倒角距离 1 = 0.0000，距离 2 = 0.0000
选择第一条直线或 [放弃(U)/多段线(P)/距离(D)/角度(A)/修剪(T)/方式(E)/多个(M)]：D
指定第一个倒角距离 <0.0000>：5
指定第二个倒角距离 <5.0000>：5
选择第一条直线或 [放弃(U)/多段线(P)/距离(D)/角度(A)/修剪(T)/方式(E)/多个(M)]：
选择图 5-25 中矩形的一条边
选择第二条直线，或按住 Shift 键选择直线以应用角点或 [距离(D)/角度(A)/方法(M)]：
选择图 5-25 中矩形的另一条边，且与上一条边相邻
```

重复倒角命令，倒出四个角。结果如图 5-26 中矩形部分所示。

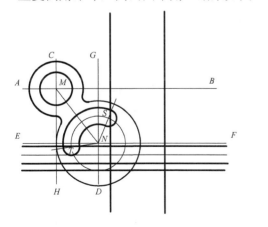

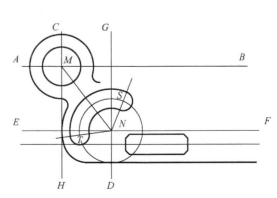

图 5-25 偏移复制直线   图 5-26 倒角

16）倒半径为 30 的圆角

选择"修改"→"圆角"菜单，命令行提示与操作如下。

> 命令：_FILLET
> 当前设置：模式 = 修剪，半径 = 8.0000
> 选择第一个对象或 [放弃(U)/多段线(P)/半径(R)/修剪(T)/多个(M)]：R
> 指定圆角半径 <8.0000>：30
> 选择第一个对象或[放弃(U)/多段线(P)/半径(R)/修剪(T)/多个(M)]：单击半径为 62 的圆
> 选择第二个对象，或按住 Shift 键选择对象以应用角点或[半径(R)]：单击最下方的水平线

结果如图 5-26 所示。

17）绘制半径为 25 的圆

向上偏移复制最底下那条粗实线，偏移距离 25，该直线会与倒了角的矩形最右端的边相交，以该交点为圆心，25 为半径绘制一个圆，结果如图 5-27 所示。

18）复制并旋转中心线 *AB*-15°

复制并旋转中心线 *AB*-15°的步骤如下。

（1）采用复制命令，将直线 *AB* 在原位置复制一份。

（2）采用旋转命令，将直线 *AB*（只能采用单击直线 *AB* 的选择方法）绕 *M* 点旋转-15°产生直线 *MU*。

19）绘制半径为 165 的圆

绘制半径为 165 的圆的步骤如下。

（1）以 *M* 点为圆心，半径为 165 绘制圆。

（2）将该圆改到"中心线"层上。

20）绘制半径为 22、10 的圆

以半径为 165 的圆和 *AB* 的交点为圆心，分别绘制半径为 22 和 10 的圆各一个。再以直线 *MU* 和半径为 165 的圆的交点为圆心，绘制半径为 10 的圆，结果如图 5-28 所示。

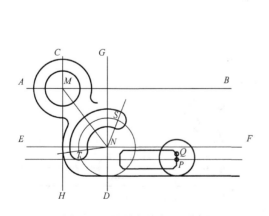

图 5-27　绘制半径为 25 的圆

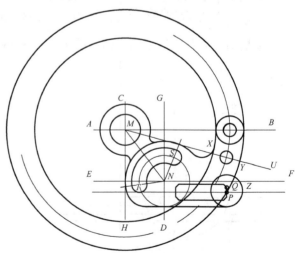

图 5-28　绘制其他圆及-15°的中心线

21)倒半径为 20 的圆角

选择"修改"→"圆角"菜单，命令行提示与操作如下。

命令：_FILLET
当前设置：模式 = 修剪，半径 = 20.0000
选择第一个对象或[放弃(U)/多段线(P)/半径(R)/修剪(T)/多个(M)]：R
指定圆角半径 <0.0000>：20
选择第一个对象或[放弃(U)/多段线(P)/半径(R)/修剪(T)/多个(M)]：单击 W 点附近圆弧
选择第二个对象，或按住 Shift 键选择对象以应用角点或 [半径(R)]：单击 X 点附近圆弧
选择第一个对象或[放弃(U)/多段线(P)/半径(R)/修剪(T)/多个(M)]：单击 Y 点附近圆弧
选择第二个对象，或按住 Shift 键选择对象以应用角点或 [半径(R)]：单击 Z 点附近圆弧

结果如图 5-29 所示。

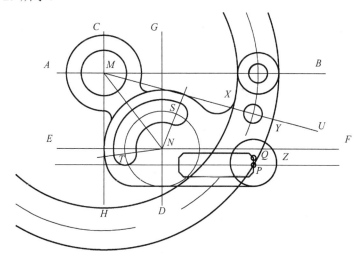

图 5-29　倒半径为 20 的圆角

22)修剪圆成为正确大小的圆弧

修剪圆成为正确大小的圆弧的步骤如下。

以左侧半径为 20 的圆角和半径为 22 的圆为边界，剪去半径为 143(165-22)的圆的外侧部分。

以右侧半径为 20 的圆角和半径为 22 的圆为边界，剪去半径为 187(165+22)的圆的外侧部分。

以右侧半径为 20 的圆角和下方水平线为边界，剪去半径为 25 的圆的左侧部分。

以半径为 25 的圆弧为边界，剪去下方水平线右侧的超出部分，也可以直接利用夹点进行拖拽操作。

采用打断命令，打断半径为 165 的圆，保留需要的部分。

结果如图 5-30 所示。

23)修改中心线到合适的长度

利用夹点编辑方式，直接拖拽中心线修改到合适的长度。

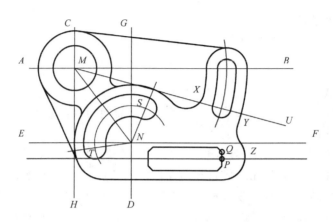

图 5-30   修剪圆成为正确大小的圆弧

24)保存文件

选择"文件"→"保存"菜单,在弹出的"图形另存为"对话框中的"文件名"下拉列表中输入"项目二 垫片",并单击"保存"按钮保存。

5.3   支   座

1. 目的和要求

(1)熟悉圆 CIRCLE、直线 LINE 等绘图命令。

(2)熟悉修剪 TRIM、偏移 OFFSET 等修改命令。

(3)掌握平面图形中常见的辅助线的使用方法和技巧。

(4)掌握对象捕捉的设置和使用方法。

(5)掌握图层的设置和使用方法。

2. 上机操作

本节以图 5-31 所示的支座的绘制过程为例,介绍坐标定位法绘制多视图的方法。

1)设置图层

单击"图层"工具栏中的"图层特性管理器"按钮,打开"图层特性管理器"对话框,新建以下四个图层。

(1)第一图层命名为"轮廓线",线宽属性为 0.30mm,其余属性保持系统默认设置。

(2)第二图层命名为"中心线",颜色设为红色,线型加载为 CENTER,其余属性保持系统默认设置。

(3)第三图层命名为"虚线",颜色设为蓝色,线型加载为 DASHED,其余属性保持系统默认设置。

(4)第四图层命名为"细实线",所有属性保持系统默认设置。

2)设置绘图环境

(1)在命令行中输入 LIMITS,设置图纸幅面为 420×297,命令行提示与操作如下。

命令:LIMITS↓
重新设置模型空间界限:

指定左下角点或[开(ON)/关(OFF)]<0000.0000>：↓
指定右上角点<420.0000，297.0000>：420，297↓

(2)选择菜单栏中的"视图"→"缩放"→"全部"选项，显示全部图形。

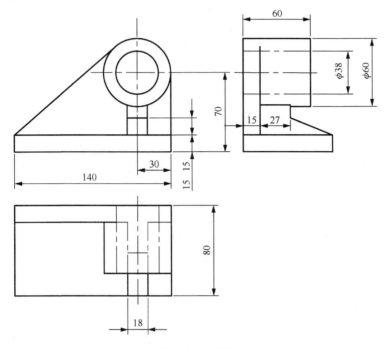

图 5-31 支座

3)绘制支座主视图

(1)将"轮廓线"图层设置为当前图层。单击状态栏中的"显示/隐藏线宽"按钮，显示线宽。单击"绘图"工具栏中的"矩形"按钮，绘制矩形。命令行提示与操作如下。

命令：_RECTANG↓
指定第一个角点或[倒角(C)/标高(E)/圆角(F)/厚度(T)/宽度(W)]：(在绘图区任意一点处单击，作为矩形的第一个角点)
指定另一个角点或[面积(A)/尺寸(D)/旋转(R)]：@140，15↓

(2)单击"绘图"工具栏中的"直线"按钮，捕捉矩形右上角点为起点，绘制端点为(@0,55)的直线。

(3)单击"绘图"工具栏中的"圆"按钮，绘制圆，命令行提示与操作如下。

命令：_CIRCLE
指定圆的圆心或[三点(3P)/两点(2P)/切点、切点、半径(T)]：from 基点：(捕捉直线端点)
<偏移>：@-30,0↓
指定圆的半径或[直径(D)]：30↓

按 Enter 键，重复执行"圆"命令，捕捉半径为 30 的圆的圆心，绘制半径为 19 的同心圆。
(4)单击"绘图"工具栏中的"直线"按钮，捕捉矩形左上角点，到半径为 30 的圆切点之间绘制一条直线。

(5)单击"修改"工具栏中的"偏移"按钮，偏移直线，命令行提示与操作如下。

命令：_OFFSET
当前设置：删除源=否　　图层=源　　OFFSETGAPTYPE=0
指定偏移距离或[通过(T)/删除(E)/图层(L)]<2.5000>：21↓
选择要偏移的对象，或[退出(E)/放弃(U)]<退出>：(选取右侧竖直直线)
指定要偏移的那一侧上的点，或[退出(E)/多个(M)/放弃(U)]<退出>：(在直线左侧单击，即向左偏移)
选择要偏移的对象，或[退出(E)/放弃(U)]<退出>：↓

重复执行"偏移"命令，再将最右侧竖直直线向左偏移39，结果如图5-32所示。

(6)单击"修改"工具栏中的"修剪"按钮，修剪多余的直线，结果如图5-33所示。

(7)单击"绘图"工具栏中的"直线"按钮，绘制直线，命令行提示与操作如下。

命令：_LINE
指定第一个点：from 基点：(捕捉如图5-34所示的直线端点1)<偏移>：@0,15↓
指定下一点或[放弃(U)]：(捕捉如图5-34所示的垂足点2)
指定下一点或[放弃(U)]：↓

绘制结果如图5-34所示。

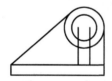

图5-32　偏移直线

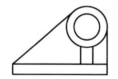

图5-33　修剪直线

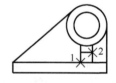

图5-34　绘制直线

4)绘制支座主视图中心线

将"中心线"图层设置为当前图层。单击"绘图"工具栏中的"直线"按钮，绘制直线，命令行提示与操作如下。

命令：_LINE
指定第一个点：from 基点：(捕捉半径为30的圆的圆心)<偏移>：@-35，0↓
指定下一点或[放弃(U)]：@70,0↓(绘制水平中心线)
指定下一点或[闭合(C)/放弃(U)]：↓

采用同样的方法绘制竖直中心线。至此完成支座主视图的绘制，如图5-35所示。

5)绘制俯视图底板外轮廓线

将"轮廓线"图层设置为当前图层。单击"绘图"工具栏中的"直线"按钮，绘制直线，命令行提示与操作如下。

命令：_LINE
指定第一个点：<正交　开> <对象捕捉追踪　开>(启用正交模式及对象追踪功能，捕捉主视图矩形左下角点，捕捉到左下角点后垂直向下拉鼠标，距离随意，如图5-36所示，则确

定俯视图上的点 1)

    指定下一点或[放弃(U)]：（向右水平拖动，利用对象捕捉功能捕捉主视图矩形右下角点，捕捉到右下角点后垂直向下拉鼠标，距离随意，则确定俯视图上的点 2，如图 5-37 所示）

    指定下一点或[闭合(C)/放弃(U)]：@0，−80↓

    指定下一点或[闭合(C)/放弃(U)]：（方法同前，利用对象追踪功能捕捉点 1，确定点 3，如图 5-38 所示）指定下一点或[闭合(C)/放弃(U)]：C↓

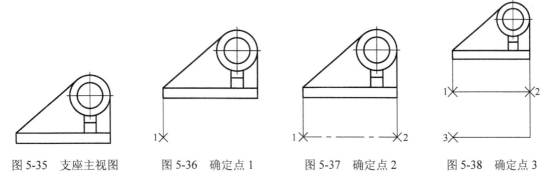

图 5-35 支座主视图   图 5-36 确定点 1   图 5-37 确定点 2   图 5-38 确定点 3

6) 绘制俯视图其余外轮廓线

    (1) 单击"修改"工具栏中的"偏移"按钮，选择俯视图后边线，分别将其向前偏移 15 和 60；选择俯视图右边线，分别将其向左偏移 21、39 和 60。

    (2) 将"细实线"图层设置为当前图层，单击"绘图"工具栏中的"构造线"按钮，捕捉主视图左端直线与半径为 30 的圆的切点，绘制竖直辅助线，结果如图 5-39 所示。

    (3) 单击"修改"工具栏中的"修剪"按钮，对偏移的直线进行修剪并删除辅助线及多余直线，结果如图 5-40 所示。

7) 绘制俯视图内轮廓线

    (1) 将"虚线"图层设置为当前图层。单击"绘图"工具栏中的"构造线"按钮，分别捕捉主视图半径为 19 的圆的左象限点及右象限点，绘制竖直辅助线。

    (2) 单击"绘图"工具栏中的"直线"按钮，捕捉俯视图直线端点 1，到垂足点 2，绘制虚线，重复执行"直线"命令，绘制另两条虚线，结果如图 5-41 所示。

    (3) 单击"修改"工具栏中的"修剪"按钮，对虚线进行修剪，如图 5-42 所示。

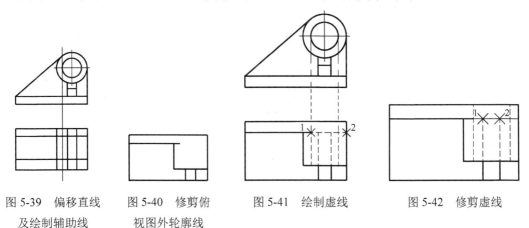

图 5-39 偏移直线   图 5-40 修剪俯   图 5-41 绘制虚线   图 5-42 修剪虚线

         及绘制辅助线   视图外轮廓线

(4) 单击"修改"工具栏中的"打断于点"按钮，将虚线分别在点 1 和点 2 处打断，命令行提示与操作如下。

```
命令：_BREAK
选择对象：选取虚线 12
指定第二个打断点或[第一点(F)]：_F
指定第一个打断点：选取点 1
指定第二个打断点：@
命令：_BREAK
选择对象：选取虚线 12
指定第二个打断点或[第一点(F)]：_F
指定第一个打断点：选取点 2
指定第二个打断点：@
```

(5) 单击"修改"工具栏中的"移动"按钮，移动虚线 12，命令行提示与操作如下。

```
命令：_MOVE
选择对象：(选取虚线 12)
选择对象：↓
指定基点或[位移(D)]<位移>：(拾取点 1)
指定第二个点或<使用第一个点作为位移>：@0，-27↓
```

(6) 将"中心线"图层设置为当前图层，单击"绘图"工具栏中的"直线"按钮，利用对象追踪功能，绘制俯视图中心线，结果如图 5-43 所示。

8) 绘制左视图外轮廓线

(1) 将"轮廓线"图层设置为当前图层。单击"绘图"工具栏中的"矩形"按钮，利用对象追踪功能，捕捉主视图矩形右下角点，向右移动光标，移动距离由读者自己把握，确定左视图矩形的左下角点，再输入(@80,15)作为矩形的右上角点，便完成绘制左视图支座底板。

(2) 单击"绘图"工具栏中的"直线"按钮，从点 1(矩形左上角点)→点 2（如图 5-44 所示，利用对象追踪功能，开启象限点捕捉后，捕捉主视图半径为 30 的圆的上象限点，向右滑动鼠标，便可确定点 2)→(@60,0)→点 3(利用对象追踪功能，捕捉主视图半径为 30 的圆的下象限点，确定点 3)→点 4(捕捉垂足点)，绘制直线，结果如图 5-45 所示。

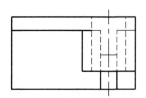 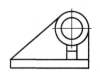 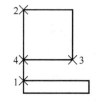

图 5-43　绘制支座俯视图中心线　　图 5-44　利用对象追踪确定点 2　　图 5-45　绘制主轮廓线

(3) 单击"修改"工具栏中的"偏移"按钮，选择左视图左边线，分别将其向右偏移 15 和 42。

(4) 单击"绘图"工具栏中的"构造线"按钮，分别捕捉主视图半径为 30 的圆的左端切点 1、直线端点 2 及直线端点 3,分别绘制水平辅助线,如图 5-46 所示。

(5)单击"修改"工具栏中的"修剪"按钮,对直线进行修剪。单击"修改"工具栏中的"删除"按钮,删除辅助线及多余的直线,结果如图 5-47 所示。

(6)单击"绘图"工具栏中的"直线"按钮,捕捉直线端点和矩形右上角点,绘制直线,结果如图 5-48 所示。

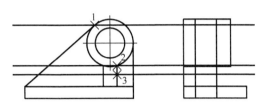

图 5-46 绘制辅助线

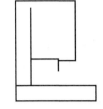

图 5-47 修剪及删除辅助线

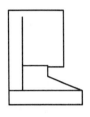

图 5-48 左视图外轮廓线

9)绘制左视图其余轮廓线

(1)单击"修改"工具栏中的"复制"按钮,将俯视图中的虚线、粗实线及中心线复制到俯视图右侧,命令行提示与操作如下。

命令:_copy
选择对象:(选择俯视图中的虚线、粗实线及中心线)
选择对象:↓
当前设置:复制模式=多个
指定基点或 [位移(D)/模式(O)]<位移>:
指定第二个点或[阵列(A)]<使用第一个点作为位移>:(复制到俯视图右侧)
指定第二个点或[阵列(A)/退出(E)/放弃(U)]<退出>:↓

(2)单击"修改"工具栏中的"旋转"按钮,将复制的对象旋转 90°,命令行提示与操作如下。

命令:_rotate
UCS 当前的正角方向:ANGDIR=逆时针 ANGBASE=0
选择对象:(选择复制的对象)
选择对象:↓
指定基点:选择中心线与右边线的交点为基点
指定旋转角度,或[复制(C)/参照(R)]<0>:90 ↓

结果如图 5-49 所示。

(3)单击"修改"工具栏中的"移动"按钮,选择旋转的图形,以中心线与右边线的交点为基点,将其移动到左视图上端右边线的中点处。

(4)单击"修改"工具栏中的"删除"按钮,删除多余的边线,结果如图 5-31 所示。

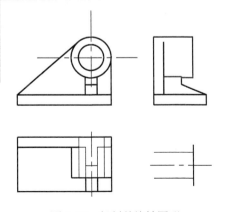

图 5-49 复制并旋转图形

10) 保存图形

单击"标准"工具栏中的"保存"按钮,将图形以"项目三 支座"为文件名保存在指定路径中。

5.4 曲 柄

1. 目的和要求

(1) 熟悉圆 CIRCLE、直线 LINE、图案填充 HATCH 等绘图命令。

(2) 熟悉修剪 TRIM、偏移 OFFSET、圆角 FILLET 等修改命令。

(3) 掌握平面图形中常见的辅助线的使用方法和技巧。

(4) 掌握对象捕捉的设置和使用方法。

(5) 掌握图层的设置和使用方法。

2. 上机操作

本节以图 5-50 所示的曲柄为例,介绍旋转剖视图的绘制方法。

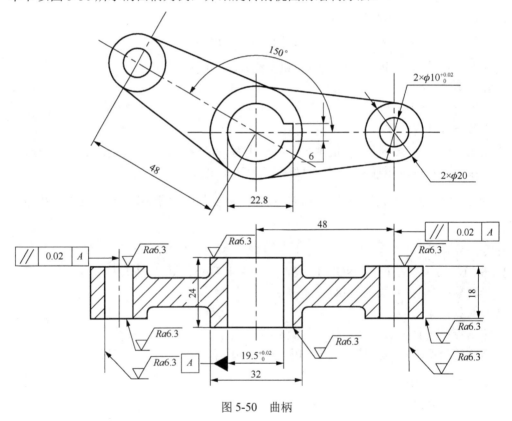

图 5-50 曲柄

1) 设置图层

单击"图层"工具栏中的"图层特性管理器"按钮,打开"图层特性管理器"对话框,新建三个图层。

(1) 第一图层命名为"中心线",颜色设为红色,线型加载为 CENTER,其余属性保持系统默认设置。

(2)第二图层命名为"粗实线",线宽属性为 0.30mm,其余属性保持系统默认设置。

(3)第三图层命名为"细实线",颜色设为蓝色,其余属性保持系统默认设置。

2)绘制对称中心线

将"中心线"图层设置为当前图层。单击"绘图"工具栏中的"直线"按钮,以坐标点{(100,100),(180,100)}和{(120,120),(120,80)}绘制中心线,如图 5-51 所示。

3)偏移中心线

单击"修改"工具栏中的"偏移"按钮,将竖直中心线向右偏移 48,结果如图 5-52 所示。

图 5-51 绘制中心线 图 5-52 偏移中心线

4)绘制轴孔部分

将"粗实线"图层设置为当前图层。单击"绘图"工具栏中的"圆"按钮,以左端中心线交点为圆心,分别绘制直径为 32 和 20 的同心圆;重复执行"圆"命令,以右端中心线交点为圆心,分别绘制直径为 20 和 10 的同心圆,结果如图 5-53 所示。

5)绘制公切线

单击"绘图"工具栏中的"直线"按钮,利用对象捕捉功能绘制公切线,结果如图 5-54 所示。

图 5-53 绘制轴孔 图 5-54 绘制公切线

6)绘制辅助线

单击"修改"工具栏中的"偏移"按钮,将水平中心线分别向上、下各偏移 3;重复执行"偏移"命令,将左侧竖直中心线向右偏移 12.8,结果如图 5-55 所示。

7)绘制键槽

单击"绘图"工具栏中的"直线"按钮,绘制键槽,命令行提示与操作如下。

```
命令：_LINE
指定第一个点：_int 于(捕捉最上部水平中心线与小圆的交点)
指定下一点或[放弃(U)]：_int 于(捕捉最上部水平中心线与竖直中心线的交点)
指定下一点或[放弃(U)]：_int 于(捕捉最下部水平中心线与竖直中心线的交点)
指定下一点或[闭合(C)/放弃(U)]：_int 于(捕捉最下部水平中心线与小圆的交点)
指定下一点或[闭合(C)/放弃(U)]：↓
```

结果如图 5-56 所示。

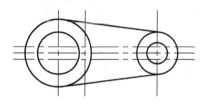

图 5-55　绘制辅助线　　　　　　　　　　　图 5-56　绘制键槽

8)修剪圆弧上键槽开口部分

单击"修改"工具栏中的"修剪"按钮，将键槽中间的圆弧进行修剪，结果如图 5-57 所示。

9)删除处理

单击"修改"工具栏中的"删除"按钮，删除多余的辅助线，结果如图 5-58 所示。

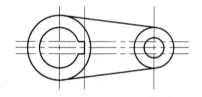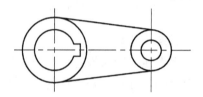

图 5-57　修剪键槽　　　　　　　　　　　图 5-58　删除辅助线

10)复制旋转

单击"修改"工具栏中的"旋转"按钮，旋转图形，命令行提示与操作如下。

> 命令：_ROTATE
> UCS 当前的正角方向：ANGDIR=逆时针 ANGBASE=0
> 选择对象：(如图 5-59 所示，选择图中要旋转的部分，被选择的部分线条发虚)
> …
> 找到 1 个，总计 6 个
> 选择对象：↓
> 指定基点：_int 于(捕捉左侧中心线的交点)
> 指定旋转角度，或[复制(C)/参照(R)]<0>：C↓
> 旋转一组选定对象
> 指定旋转角度，或[复制(C)/参照(R)]<0>：150↓

此时，曲柄主视图绘制完成，结果如图 5-60 所示。

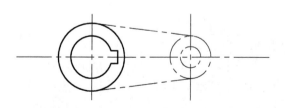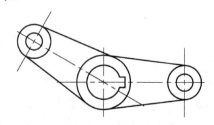

图 5-59　选择对象　　　　　　　　　　　图 5-60　复制旋转结果

11) 绘制竖直辅助线

将"细实线"图层设置为当前图层。单击"绘图"工具栏中的"构造线"按钮，分别捕捉曲柄各个象限点及圆心，绘制六条竖直辅助线，如图 5-61 所示。

12) 绘制水平辅助线

单击"绘图"工具栏中的"构造线"按钮，在主视图下方适当位置处绘制水平辅助线，确定俯视图中曲柄最后面的轮廓线，并利用"偏移"命令将绘制的水平辅助线向下偏移 12，7，3，如图 5-62 所示。

13) 细化俯视图轮廓线

(1) 将"粗实线"图层设置为当前图层。单击"绘图"工具栏中的"直线"按钮，分别捕捉辅助线的交点，过

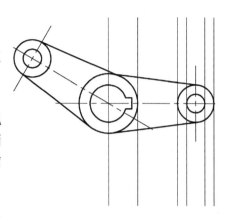

图 5-61　绘制竖直辅助线

以下点绘制直线：点 1→点 2→点 3→点 4→点 5→点 6→点 7。重复执行"直线"命令，再分别捕捉辅助线的其他交点，过以下点绘制直线：点 8→点 9 及点 10→点 11，结果如图 5-63 所示。

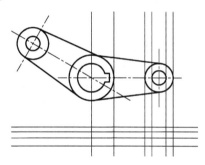

图 5-62　绘制水平辅助线

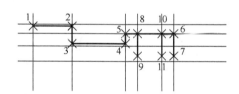

图 5-63　绘制外轮廓线

(2) 单击"修改"工具栏中的"圆角"按钮，对绘制的直线进行倒圆角操作，圆角半径为 2，结果如图 5-64 所示。

(3) 单击"修改"工具栏中的"镜像"按钮，以最下端水平辅助线作为镜像线，将绘制的粗实线进行镜像操作，结果如图 5-65 所示。

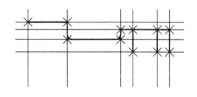

图 5-64　倒圆角操作

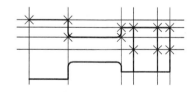

图 5-65　镜像操作

(4) 单击"修改"工具栏中的"删除"按钮，删除所有辅助线。

14) 绘制俯视图中心线

将"中心线"图层设置为当前图层。单击"绘图"工具栏中的"直线"按钮，绘制中心线，命令行提示与操作如下。

命令：_LINE
指定第一个点：
...._from 基点：（如图 5-63 所示，捕捉端点 1）
<偏移>：@0，3 ↓
指定下一点或[放弃(U)]：@0，-30 ↓
指定下一点或[放弃(U)]： ↓

采用同样的方法绘制右端竖直中心线，结果如图 5-66 所示。

15）完成俯视图

（1）单击"修改"工具栏中的"镜像"按钮，选择所有图形，以左端竖直中心线作为镜像线进行镜像操作，结果如图 5-67 所示。

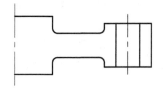

图 5-66　绘制俯视图中心线

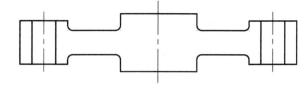

图 5-67　镜像操作

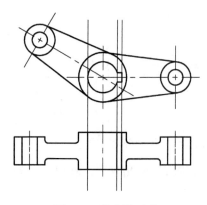

图 5-68　绘制构造线

（2）将"粗实线"图层设置为当前图层。单击"绘图"工具栏中的"构造线"按钮，捕捉曲柄主视图中间直径为 20 的圆的象限点及键槽两个端点，绘制三条竖直直线，如图 5-68 所示。

（3）单击"修改"工具栏中的"修剪"按钮，对绘制的三条粗实线进行修剪，结果如图 5-69 所示。

（4）将"细实线"图层设置为当前图层。单击"绘图"工具栏中的"图案填充"按钮，打开"图案填充创建"选项板，单击"选项"面板中的"图案填充设置"按钮，打开"图案填充和渐变色"对话框，选择 ANSI31 图例，选择如图 5-70 所示的填充区域填充剖面线，结果如图 5-71 所示。

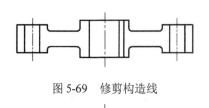

图 5-69　修剪构造线

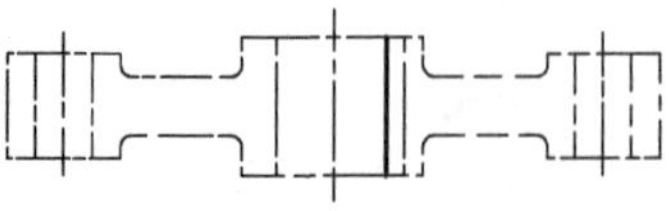

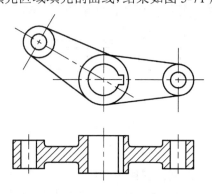

图 5-70　选取填充区域

图 5-71　曲柄图形

16)保存图形

单击"标准"工具栏中的"保存"按钮，将图形以"项目四　曲柄"为文件名保存在指定路径中。

5.5　圆柱齿轮轴

1．目的和要求

(1)熟悉圆 CIRCLE、直线 LINE、图案填充 HATCH 等绘图命令。

(2)熟悉修剪 TRIM、偏移 OFFSET、倒角 CHAMFER 等修改命令。

(3)掌握平面图形中常见的辅助线的使用方法和技巧。

(4)掌握对象捕捉的设置和使用方法。

(5)掌握图层的设置和使用方法。

2．上机操作

轴类零件在机械零件中很常见，其主要作用是支撑传动件，并通过传动件来实现旋转运动及传递转矩。

本节介绍一种轴类零件和盘类零件的结合体：圆柱齿轮轴。齿轮轴是对称结构，可以利用基本的直线和偏移命令来完成图形的绘制，也可以利用图形的对称性，绘制图形的一半再进行镜像处理来完成。这里选择利用基本的直线和偏移命令来完成图形的绘制的方法，其绘制流程如图 5-72 所示。

1)绘制主视图

(1)新建文件。选择菜单栏中的"文件"→"新建"选项，弹出"选择样板"对话框，单击"打开"按钮，创建一个新的图形文件。

(2)设置图层。选择菜单栏中的"格式"→"图层"选项，弹出"图层特性管理器"选项板。在该选项板中依次创建"轮廓线"、"点画线"和"剖面线"三个图层，并设置"轮廓线"图层的线宽为 0.5mm，设置"点画线"图层的线型为 CENTER2。

(3)绘制定位线。将"点画线"图层设置为当前图层，单击"绘图"工具栏中的"直线"按钮，沿水平方向绘制一条中心线；将"轮廓线"图层设置为当前图层，单击"绘图"工具栏中的"直线"按钮，沿竖直方向绘制一条直线，效果如图 5-73 所示。

(4)绘制轮廓线。

①单击"修改"工具栏中的"偏移"按钮，将水平中心线向上、下分别偏移 15，19，20，23.5，30.305，33.5，命令行提示与操作如下。

```
命令：_offset
当前设置：删除源=否 图层=源 OFFSETGAPTYPE=0
指定偏移距离或 [通过(T)/删除(E)/图层(L)] <10.0000>：15↙
选择要偏移的对象，或 [退出(E)/放弃(U)]<退出>：(选择水平中心线)
指定要偏移的那一侧上的点，或 [退出(E)/多个(M)/放弃(U)] <退出>：(在水平中心线
上方单击)
选择要偏移的对象，或 [退出(E)/放弃(U)] <退出>：(选择水平中心线)
指定要偏移的那一侧上的点，或 [退出(E)/多个(M)/放弃(U)] <退出>：(在水平中心线
```

下方单击）

　　选择要偏移的对象，或 [退出（E）/放弃（U）] <退出>：✓

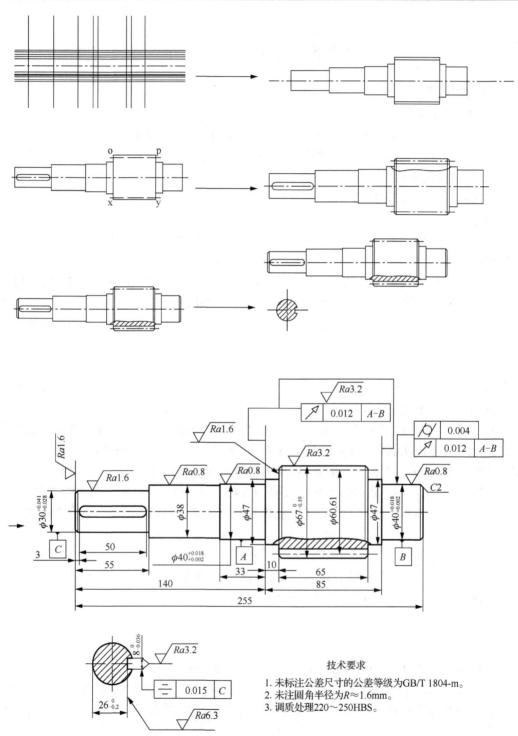

图 5-72　圆柱齿轮轴

技术要求

1. 未标注公差尺寸的公差等级为GB/T 1804-m。
2. 未注圆角半径为R≈1.6mm。
3. 调质处理220～250HBS。

在偏移完距离 15 的一上一下两条中心线后，继续用同样的方法偏移其他的中心线，并将偏移的直线转换到"轮廓线"图层，效果如图 5-74 所示。

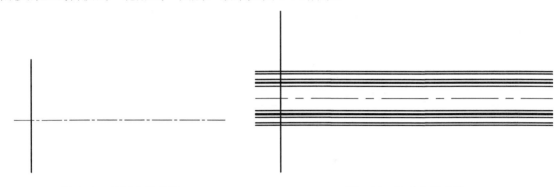

图 5-73　绘制定位直线　　　　　　　　　图 5-74　偏移水平直线

②单击"修改"工具栏中的"偏移"按钮，将竖直中心线向右偏移，偏移距离分别为 55，107，140，150，215，225，255，同时将偏移的直线转换到"轮廓线"图层，效果如图 5-75 所示。

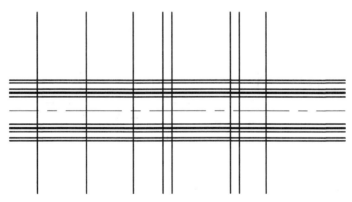

图 5-75　偏移竖直直线

③ 单击"修改"工具栏中的"修剪"按钮，修剪多余的直线，效果如图 5-76 所示。

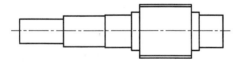

图 5-76　修剪结果

(5) 绘制键槽。

① 单击"修改"工具栏中的"偏移"按钮，将水平中心线分别向上、下偏移，偏移距离为 4，同时将偏移的直线转换到"轮廓线"图层，效果如图 5-77 所示。

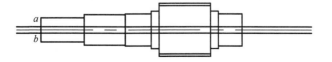

图 5-77　偏移结果

② 单击"修改"工具栏中的"偏移"按钮，将图 5-77 中的直线 *ab* 向右偏移，偏移距离为 3，53，效果如图 5-78 所示。

③ 单击"修改"工具栏中的"修剪"按钮，对图 5-78 中偏移的直线进行修剪，效果如图 5-79 所示。

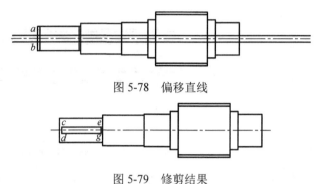

图 5-78　偏移直线

图 5-79　修剪结果

④ 单击"修改"工具栏中的"圆角"按钮，对图 5-79 中的角点 *c*、*d*、*e*、*g* 进行倒圆角操作，圆角半径为 4mm；然后单击"修改"工具栏中的"修剪"按钮和"删除"按钮，修剪并删除多余的线条，效果如图 5-80 所示。

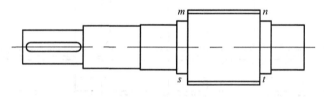

图 5-80　圆角结果

（6）绘制齿轮轴轮齿。

① 将图 5-80 中的直线 *mn* 和 *st* 转换到"点画线"图层，并将其延长，效果如图 5-81 所示。

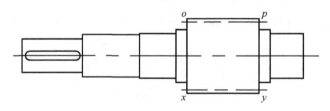

图 5-81　转换图层

② 首先单击"修改"工具栏中的"偏移"按钮，将图 5-81 中的直线 *xy* 向上偏移，偏移距离为 6.75；然后单击"修改"工具栏中的"倒角"按钮，对图 5-81 中的角点 *o*、*p*、*x*、*y* 进行倒角，倒角距离为 2；最后单击"绘图"工具栏中的"直线"按钮，在倒角处绘制直线，效果如图 5-82 所示。

（7）绘制齿形处的剖面图。

① 将"剖面线"图层设置为当前图层，单击"绘图"工具栏中的"样条曲线"按钮，绘制一条波浪线，效果如图 5-83 所示。

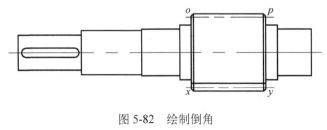

图 5-82　绘制倒角

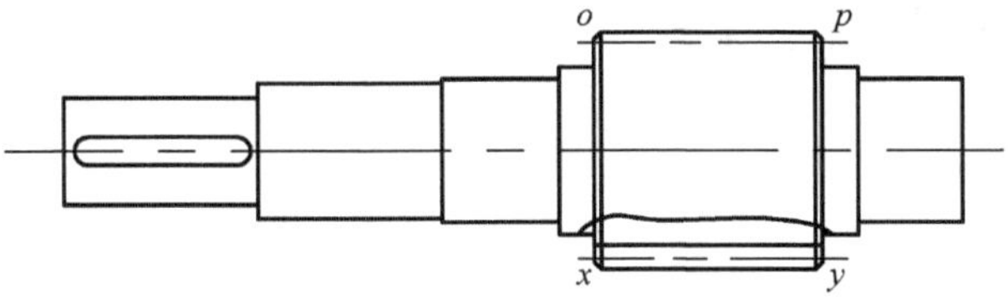

图 5-83　绘制波浪线

② 单击"修改"工具栏中的"修剪"按钮，修剪多余的直线，效果如图 5-84 所示。

③ 单击"修改"工具栏中的"倒角"按钮，对图 5-84 中的角点 k、h、r、g 进行倒角，倒角距离为 2；然后单击"绘图"工具栏中的"直线"按钮，在倒角处绘制直线，效果如图 5-85 所示。

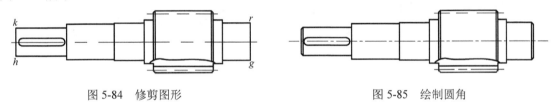

图 5-84　修剪图形　　　　　　　　　　　　　图 5-85　绘制圆角

④ 将当前图层设置为"剖面线"图层。单击"绘图"工具栏中的"图案填充"按钮，在弹出的"图案填充和渐变色"对话框中选择填充图案为 ANSI31，将"角度"设置为 0°，"比例"设置为 1，其他为默认值。单击"添加：选择对象"按钮，暂时回到绘图窗口中进行选择。选择主视图上相关区域，按 Enter 键再次回到"图案填充和渐变色"对话框。单击"确定"按钮，完成剖面线的绘制。这样就完成了主视图的绘制，效果如图 5-86 所示。

(8) 绘制键槽处的剖面图。

① 将"点画线"图层设置为当前图层，单击"绘图"工具栏中的"直线"按钮，在对应的位置绘制中心线，效果如图 5-87 所示。

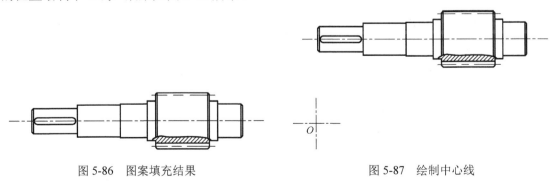

图 5-86　图案填充结果　　　　　　　　　　　　图 5-87　绘制中心线

② 将当前图层设置为"轮廓线"图层，单击"绘图"工具栏中的"圆"按钮，以图 5-87 中的 O 点为圆心，绘制半径为 15 的圆，效果如图 5-88 所示。

③ 单击"修改"工具栏中的"偏移"按钮，将图 5-88 中的 O 点所在的水平中心线分别向上、下偏移 4，将 O 点所在的竖直中心线向右偏移 11，效果如图 5-89 所示。

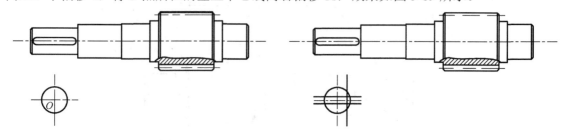

图 5-88　绘制圆　　　　　　　　　　　　　图 5-89　偏移结果

④ 单击"修改"工具栏中的"修剪"按钮，修剪多余的直线，效果如图 5-90 所示。

⑤ 将当前图层设置为"剖面线"图层，单击"绘图"工具栏中的"图案填充"按钮，填充断面图轮廓内部，完成剖面线的绘制。主视图绘制完毕，效果如图 5-91 所示。

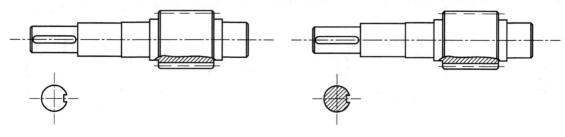

图 5-90　修剪图形　　　　　　　　　　　　图 5-91　图案填充结果

2) 添加标注

(1)标注轴向尺寸。选择菜单栏中的"格式"→"标注样式"选项，创建新的标注样式，并进行相应的设置，完成后将其设置为当前标注样式；然后单击"标注"工具栏中的"线性"按钮，对齿轮轴中的线性尺寸进行标注，效果如图 5-92 所示。

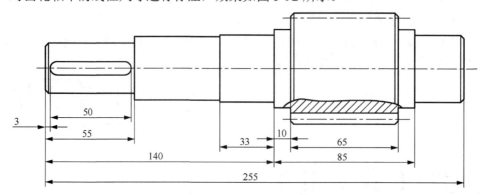

图 5-92　添加线性标注

(2)标注径向尺寸。使用线性标注对直径尺寸进行标注。首先单击"标注"工具栏中的"线性"按钮，标注各个不带公差的直径尺寸；然后双击标注的文字，在弹出的"特性"选项板中修改标注文字,完成标注;最后创建新的标注样式,标注带公差的尺寸,效果如图 5-93 所示。

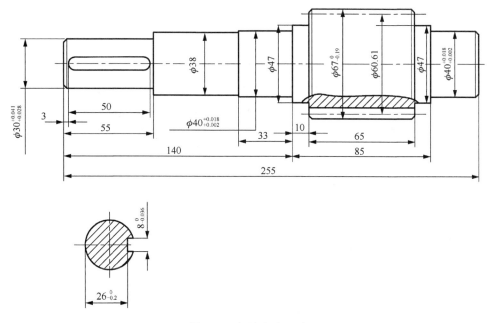

图 5-93 标注径向尺寸

(3)标注表面粗糙度。

注意: 轴的所有表面都需要加工,在标注表面粗糙度时,应查阅推荐数值,如表 5-1 所示。在满足设计要求的前提下,应选取较大值。轴与标准件配合时,其表面粗糙度应按标准或选配零件安装要求确定。当安装密封件处的轴径表面相对滑动速度大于 5m/s 时,表面粗糙度可取 0.2～0.8μm。

表 5-1 轴的工作表面的表面粗糙度

加工表面	Ra	加工表面	Ra		
与传动件及联轴器轮毂相配合的表面	0.8～3.2	密封处的表面	毡圈	橡胶油封	间隙及迷宫
与→P0 级滚动轴承相配合的表面	0.8～1.6		与轴接触处的圆周速度		
平键键槽的工作面	1.6～3.2		≤3	>3～5	5～10
与转动件及联轴器轮毂相配合的轴肩端面	3.2～6.3				1.6～3.2
与→P0 级滚动轴承相配合的轴肩端面	3.2		1.6～3.2	0.8～1.6	0.4～0.8
平键键槽表面	6.3				

按照表 5-1 所示,标注轴工作表面的表面结构符号。选择菜单栏中的“插入”→“块”选项,将表面结构符号图块插入图中的合适位置,图块自行制作。然后单击“绘图”工具栏中的“多行文字”按钮,标注表面结构符号,最终效果如图 5-94 所示。

(4)标注几何公差。

①单击“标注”工具栏中的“公差”按钮,弹出如图 5-95 所示对话框,选择所需的符号、基准,输入公差数值,单击“确定”按钮即可,标注结果如图 5-96 所示。

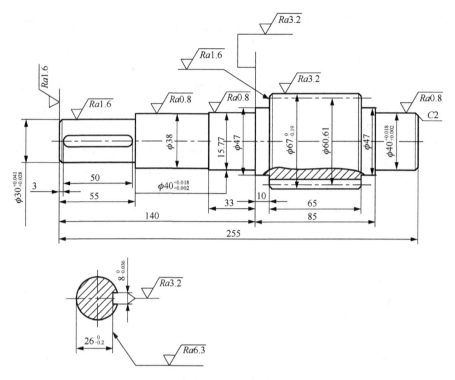

图 5-94　标注表面结构符号

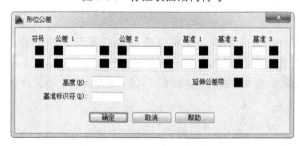

图 5-95　"几何公差"对话框

注意： 齿轮轴的几何公差图表明了轴端面、齿轮轴段、键槽的形状及相互位置的基本要求，其数值按表面作用查阅相关推荐值。

② 在命令行中输入 QLEADER，执行引线命令，对图中的倒角进行标注。

（5）标注参数表。

① 修改表格样式。选择菜单栏中的"格式"→"表格样式"选项，在弹出的"表格样式"对话框中单击"修改"按钮，打开"修改表格样式"对话框。在该对话框中进行如下设置：在"常规"选项卡中将填充颜色设置为"无"，对齐方式为"正中"，水平页边距和垂直页边距都为 1.5；在"文字"选项卡中将文字样式设置为"文字"，文字高度为 6，文字颜色为 ByBlock；在"边框"选项卡的"特性"选项组中单击"颜色"选项所对应的下拉按钮，选择颜色为"洋红"，再将表格方向设置为"向下"。设置好表格样式后，单击"确定"按钮退出。

② 创建并填写表格。选择菜单栏中的"绘图"→"表格"选项，创建表格，然后双击单元格，打开多行文字编辑器，在各单元格中输入相应的文字或数据，并将多余的单元格合并；也可以将前面绘制的表格调入图中，然后进行修改，快速完成参数表的绘制，效果如图 5-97 所示。

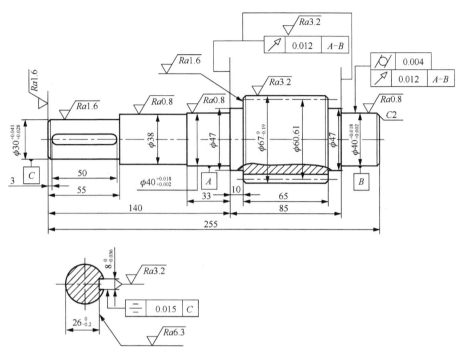

图 5-96　标注几何公差

(6) 标注技术要求。单击"绘图"工具栏中的"多行文字"按钮，标注技术要求，如图 5-98 所示。

模数	m	3
齿数	Z	79
压力角	a	20°
齿顶高系数	h_a^*	1
顶隙系数	c^*	0.2500
螺旋角	β	8°6'
变位系数	x	0
旋向		左旋
精度等级		8-8-7HK
全齿高	h	6.7500
中心距及其偏差		150±0.032
配对齿轮	齿数	79

公差组	检验项目	代号	公差 (极限偏差)
Ⅰ	齿圈径向跳动公差	F_r	0.045
	公法线长度变动公差	F_w	0.040
Ⅱ	齿距极限偏差	f_{pt}	±0.013
	齿形公差	f_r	0.011
Ⅲ	齿向公差	F_8	0.016
	公法线平均长度		23.006
	跨测齿数	K	3

技术要求

1. 未标注公差尺寸的公差等级为 GB/T 1804-m。
2. 未注圆角半径为 $R \approx 1.6$ mm。
3. 调质处理 220～250HBS。

图 5-97　参数表　　　　　　　　　　　　　　　　图 5-98　技术要求

(7)插入标题栏。选择菜单栏中的"插入"→"块"选项，将标题栏插入图中合适的位置；然后单击"绘图"工具栏中的"多行文字"按钮，填写相应的内容，最终效果如图 5-99 所示，至此圆柱齿轮轴绘制完毕。

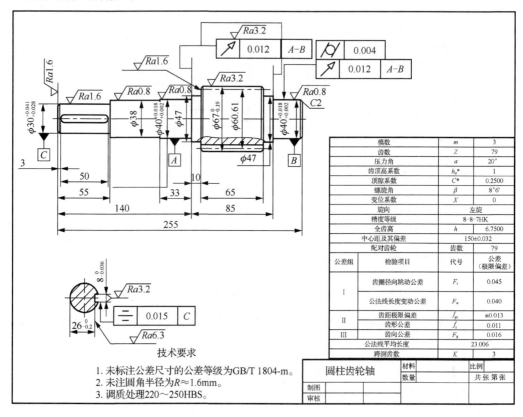

模数	m	3
齿数	Z	79
压力角	a	20°
齿顶高系数	h_a^*	1
顶隙系数	C^*	0.2500
螺旋角	β	8°6′
变位系数	X	0
旋向		左旋
精度等级		8-8-7HK
全齿高	h	6.7500
中心距及其偏差		150±0.032
配对齿轮	齿数	79

公差组	检验项目	代号	公差（极限偏差）
I	齿圈径向跳动公差	F_r	0.045
	公法线长度变动公差	F_w	0.040
II	齿距极限偏差	f_{pt}	±0.013
	齿形公差	f_f	0.011
III	齿向公差	F_β	0.016
	公法线平均长度		23.006
	跨测齿数	K	3

圆柱齿轮轴	材料		比例	
	数量		共张 第张	
制图				
审核				

技术要求
1. 未标注公差尺寸的公差等级为GB/T 1804-m。
2. 未注圆角半径为R≈1.6mm。
3. 调质处理220～250HBS。

图 5-99　圆柱齿轮轴

3)保存图形

单击"标准"工具栏中的"保存"按钮，将图形以"项目五 圆柱齿轮轴"为文件名保存在指定路径中。

5.6　轮辐式斜齿圆柱齿轮

1. 目的和要求

(1)熟悉圆 CIRCLE、直线 LINE、图案填充 HATCH 等绘图命令。
(2)熟悉修剪 TRIM、偏移 OFFSET、圆角 FILLET 等修改命令。
(3)掌握平面图形中常见的辅助线的使用方法和技巧。
(4)掌握对象捕捉的设置和使用方法。
(5)掌握图层的设置和使用方法。

2. 上机操作

盘类零件是机械零件中很常见的一种零件，其主要作用是实现旋转运动及传递转矩。本项目介绍轮辐式斜齿圆柱齿轮的绘制过程。可以利用齿轮的对称特性，运用镜像、阵列等命令快速绘图。

1）绘制左视图

（1）新建文件。选择菜单栏中的"文件"→"新建"选项，弹出"选择样板"对话框，单击"打开"按钮，创建一个新的图形文件。

（2）设置图层。选择菜单栏中的"格式"→"图层"选项，弹出"图层特性管理器"选项板。在该选项板中依次创建"轮廓线"、"点画线"和"剖面线"三个图层，并设置"轮廓线"图层的线宽为 0.5mm，设置"点画线"图层的线型为 CENTER2。

（3）绘制中心线。将"点画线"图层设置为当前图层，单击"绘图"工具栏中的"直线"按钮，绘制三条中心线，两条竖直中心线间的距离为 480，用来确定图形中各对象的位置，水平中心线长度为1000，竖直中心线长度为 670，如图 5-100 所示。

（4）绘制轮廓线。

① 将当前图层设置为"轮廓线"图层，单击"绘图"工具栏中的"圆"按钮，分别绘制半径为 60、64、91、95、117.5、257.5、280、284、307 和 310 的同心圆，然后把半径为 307 的圆转换到"点画线"图层，如图 5-101 所示。

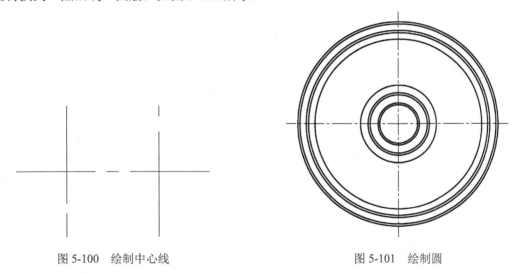

图 5-100 绘制中心线   图 5-101 绘制圆

② 单击"修改"工具栏中的"偏移"按钮，将竖直中心线向左、右偏移，偏移距离为12.5；水平中心线向上偏移，偏移距离为 67.6；然后将偏移的直线转换到"轮廓线"图层，如图 5-102 所示。

③ 单击"修改"工具栏的"修剪"按钮，对偏移的直线进行修剪，效果如图 5-103 所示。

（5）绘制轮辐。

① 单击"修改"工具栏中的"偏移"按钮，将竖直中心线向左偏移，偏移距离为8，12，35，45；然后将竖直中心线向右偏移，偏移距离为 8 和 12，同时将偏移的直线转换到"轮廓线"图层，如图 5-104 所示。

② 单击"修改"工具栏中的"修剪"按钮，修剪多余的线条；然后单击"绘图"工具栏中的"直线"按钮，连接图 5-104 中的 *a*、*b* 两点，最后单击"修改"工具栏中的"删除"按钮，删除 *a*、*b* 两点所在的两条竖直线，效果如图 5-105 所示。

③ 单击"修改"工具栏中的"旋转"按钮，命令行提示与操作如下。

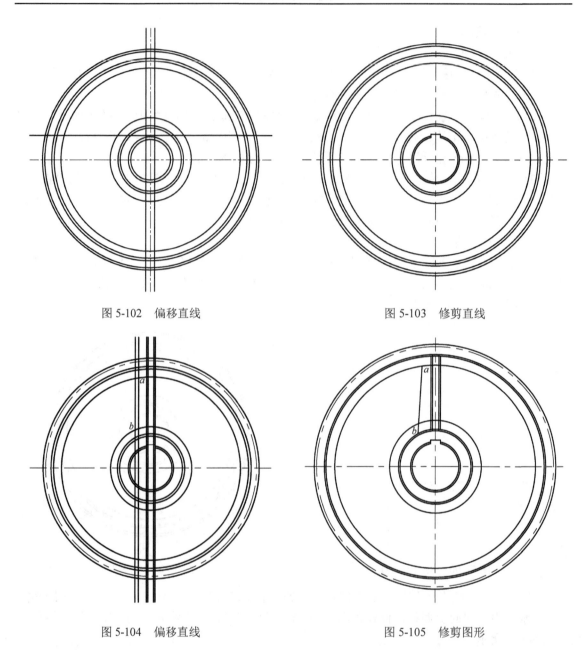

图 5-102　偏移直线　　　　　　　　　　图 5-103　修剪直线

图 5-104　偏移直线　　　　　　　　　　图 5-105　修剪图形

命令：_ROTATE
UCS 当前的正角方向：ANGDIR=逆时针 ANGBASE=0
选择对象：(选择竖直中心线)
选择对象：↙
指定基点：(选择同心圆圆心)
指定旋转角度，或 [复制(C)/参照(R)] <0>：C
旋转一组选定对象
指定旋转角度，或 [复制(C)/参照(R)] <0>：30

得到旋转后的直线 *m*，如图 5-106 所示。

④ 单击"修改"工具栏中的"镜像"按钮，选择图 5-106 中的直线 *ab* 为镜像对象，直线 *m* 为镜像线，镜像结果如图 5-107 所示。

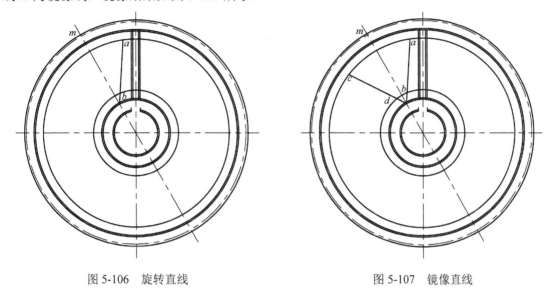

图 5-106　旋转直线　　　　　　　　　　　　图 5-107　镜像直线

⑤ 单击"修改"工具栏中的"圆角"按钮，命令行提示与操作如下。

命令：_FILLET
当前设置：模式 = 不修剪，半径 = 16.0000
选择第一个对象或 [放弃(U)/多段线(P)/半径(R)/修剪(T)/多个(M)]：T↙
输入修剪模式选项 [修剪(T)/不修剪(N)] <修剪>：N↙
选择第一个对象或 [放弃(U)/多段线(P)/半径(R)/修剪(T)/多个(M)]：R↙
指定圆角半径<16.0000>：20↙
选择第一个对象或 [放弃(U)/多段线(P)/半径(R)/修剪(T)/多个(M)：(选择图 5-106 中的直线 *ab*)
选择第二个对象，或按住 Shift 键选择要应用角点的对象：(选择 *a* 点所在的圆)

用同样的方法对图 5-107 中的角点 *b*、*c*、*d* 进行圆角，效果如图 5-108 所示。

⑥ 再次单击"修改"工具栏中的"圆角"按钮，对图 5-108 中的角点 *q*、*p*、*s*、*t*、*n*、*o*、*e*、*r* 进行圆角，圆角半径为 16；然后单击"修改"工具栏中的"修剪"按钮，修剪多余线条，效果如图 5-109 所示。

（6）镜像齿轮。单击"修改"工具栏中的"环形阵列"按钮，设置阵列数目为 6，填充角度为 360°，选取同心圆的圆心为阵列中心点，选择图 5-110 中虚线部分作为阵列对象，完成图形的阵列。然后单击"修改"工具栏中的"修剪"按钮，修剪多余的直线，效果如图 5-111 所示。

2) 绘制主视图

（1）绘制主视图的轮廓线。单击"修改"工具栏中的"偏移"按钮，将水平中心线向上偏移，偏移距离分别为 60、67.5、95、117.5、257.5、280、298.75、307、310，将左边竖直中心

线向左偏移 10、54、70，然后将左边竖直中心线向右偏移 10、54、70，将偏移的直线转换到
"轮廓线"图层，效果如图 5-112 所示。

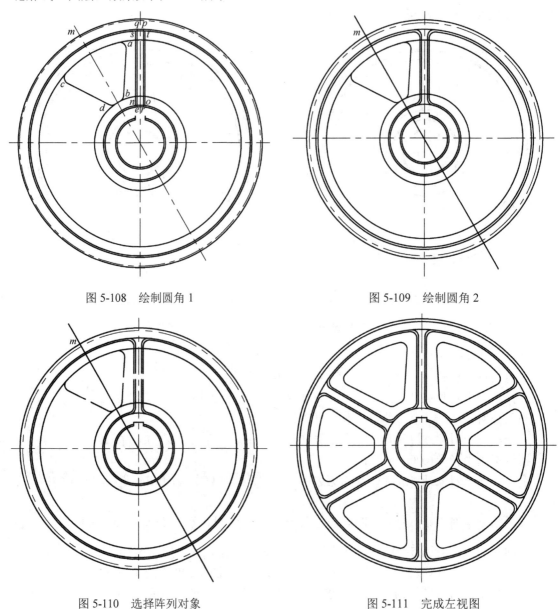

图 5-108　绘制圆角 1

图 5-109　绘制圆角 2

图 5-110　选择阵列对象

图 5-111　完成左视图

① 单击"修改"工具栏中的"修剪"按钮，对主视图进行修剪，效果如图 5-113 所示。

② 首先单击"修改"工具栏中的"倒角"按钮，对齿轮的齿顶进行距离为 2 的倒角，对
齿轮孔进行距离为 2.5 的倒角；然后单击"绘图"工具栏中的"直线"按钮，绘制直线；最
后单击"修改"工具栏中的"修剪"按钮，修剪多余的直线，效果如图 5-114 所示。

③ 单击"修改"工具栏中的"圆角"按钮，对图 5-115 中的角点 b、e、d、s 进行半径为
16 的圆角，对角点 a、g、c、t 进行半径为 10 的圆角，然后将图 5-115 中表示分度圆的中心
线改为"点画线"图层并将其拉长，效果如图 5-116 所示。

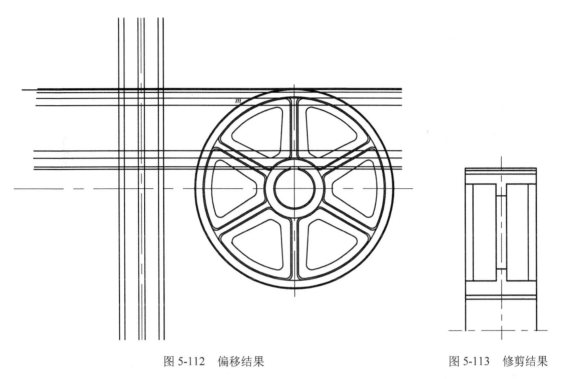

图 5-112　偏移结果　　　　　　　　　　　图 5-113　修剪结果

④ 单击"修改"工具栏中的"镜像"按钮，选择图 5-117 中的虚线部分为镜像对象，水平中心线为镜像线；单击"修改"工具栏中的"修剪"按钮和"删除"按钮，修剪并删除多余的直线，结果如图 5-118 所示。

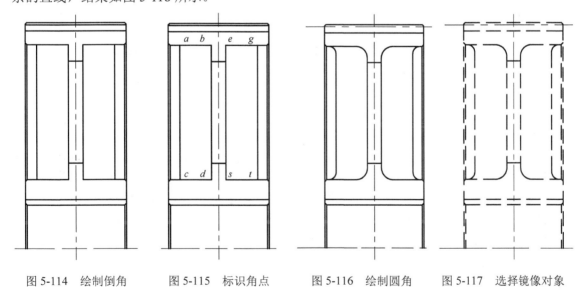

图 5-114　绘制倒角　　　图 5-115　标识角点　　　图 5-116　绘制圆角　　　图 5-117　选择镜像对象

(2)绘制剖面线。将当前图层设置为"剖面线"图层。单击"绘图"工具栏中的"图案填充"按钮，弹出"图案填充和渐变色"对话框。单击"图案"选项右侧的按钮，弹出"填充图案选项板"对话框。在 ANSI 选项卡中选择 ANSI31 图案，单击"确定"按钮，回到"图案填充和渐变色"对话框。将"角度"设置为 0°，"比例"设置为 1，其他为默认值。单击"添加："选择对象"按钮，暂时回到绘图窗口中进行选择。选择主视图上相关区域，按 Enter 键再次回到"图案填充和渐变色"对话框，单击"确定"按钮，完成剖面线的绘制，效果如图 5-119 所示。

（3）绘制螺旋线。单击"绘图"工具栏中的"直线"按钮，在对应位置绘制斜齿轮齿形的螺旋线，效果如图 5-120 所示。至此，齿轮的主视图绘制完毕。

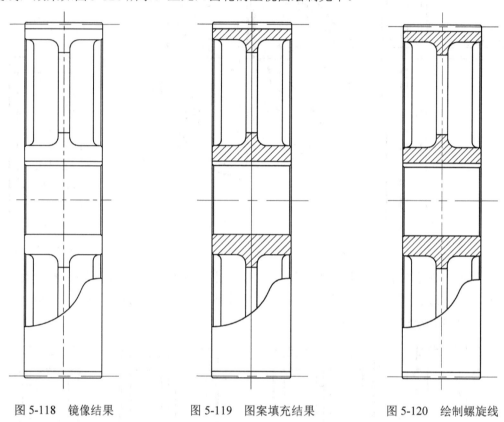

图 5-118　镜像结果　　　　　图 5-119　图案填充结果　　　　　图 5-120　绘制螺旋线

3）添加标注

（1）无公差尺寸标注。

① 设置标注样式。选择菜单栏中的"格式"→"标注样式"选项，弹出"标注样式管理器"对话框。单击"新建"按钮，在弹出的"创建新标注样式"对话框中创建"斜齿圆柱齿轮尺寸标注"样式，然后单击"继续"按钮，弹出"新建标注样式：斜齿圆柱齿轮尺寸标注"对话框。在"线"选项卡中，设置尺寸线和尺寸界线的"颜色"为 ByLayer，其他保持默认设置；在"符号和箭头"选项卡中，设置"箭头大小"为 10，其他保持默认设置；在"文字"选项卡中，设置"颜色"为 ByLayer，"文字高度"为 14，其他保持默认设置；在"主单位"选项卡中，设置"精度"为 0，"小数分隔符"为"句点"，其他保持默认设置；其他选项卡也保持默认设置。

② 标注无公差尺寸。标注无公差线性尺寸：单击"标注"工具栏中的"线性"按钮，标注图中的线性尺寸，如图 5-121 所示。

标注无公差直径尺寸：单击"标注"工具栏中的"线性"按钮，对主视图中直径型尺寸进行标注。使用特殊符号表示法："%%c"表示"ϕ"，如标注文字为 190，双击标注的文字，在弹出的"特性"选项板中选择"文字"选项卡，在"文字替代"文本框中输入"%%c190"，完成操作后，在图中显示的标注文字就变成了"ϕ190"。用相同的方法标注主视图中其他的直径尺寸，最终效果如图 5-122 所示。

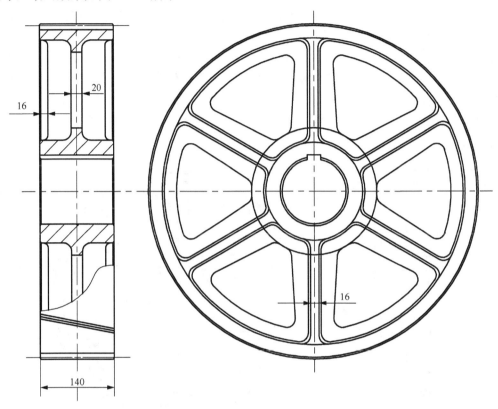

图 5-121　线性标注

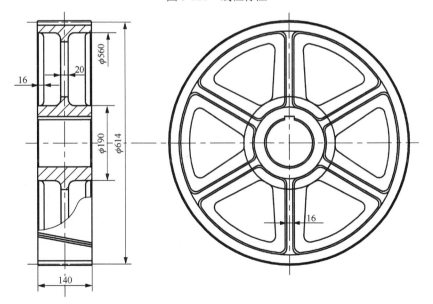

图 5-122　标注直径

(2) 带公差尺寸标注。

① 设置带公差标注样式。选择菜单栏中的"格式"→"标注样式"选项，弹出"标注样式管理器"对话框。单击"新建"按钮，在弹出的"创建新标注样式"对话框中创建"斜齿圆柱齿轮尺寸标注(带公差)"样式，将基础样式设置为"斜齿圆柱齿轮尺寸标注"。单击"继续"按钮，在弹出的"新建标注样式：斜齿圆柱齿轮尺寸标注(带公差)"对话框中选择"公差"选项卡，设置"方式"为"极限偏差"，"精度"为 0.000，"上偏差"为 0，"下偏差"为 0，"高度比例"为 0.7，"垂直位置"为"中"，其余为默认值。然后，将"斜齿圆柱齿轮尺寸标注(带公差)"样式设置为当前使用的标注样式。

② 标注带公差尺寸。单击"标注"工具栏中的"线性"按钮，利用第 4 章介绍的方法在图中标注带公差尺寸，如图 5-123 所示。

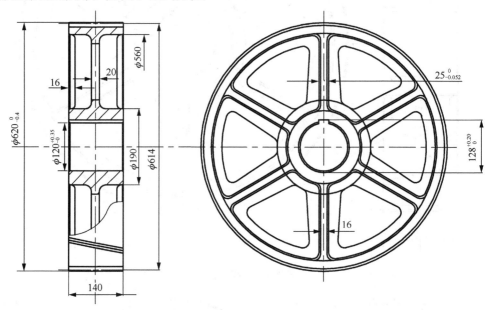

图 5-123 标注带公差尺寸

(3) 几何公差标注。

① 基准符号。分别单击"绘图"工具栏中的"矩形"按钮、"图案填充"按钮、"直线"按钮和"文字"按钮，绘制基准符号。

② 单击"标注"工具栏中的"公差"按钮，标注几何公差，效果如图 5-124 所示。

(4) 标注表面结构符号。

① 首先选择菜单栏中的"插入"→"块"选项，将粗糙度符号插入图中的合适位置；然后单击"修改"工具栏中的"缩放"按钮，将插入的粗糙度符号放大到合适尺寸；最后单击"绘图"工具栏中的"多行文字"按钮，标注表面结构符号。最终效果如图 5-125 所示。

② 单击"标注"工具栏中的"半径"按钮，对图中的圆角进行标注，然后标注图中的倒角，效果如图 5-126 所示。

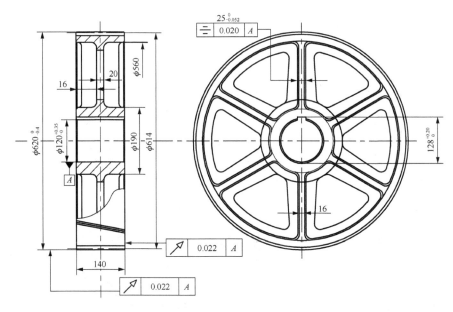

图 5-124　标注几何公差

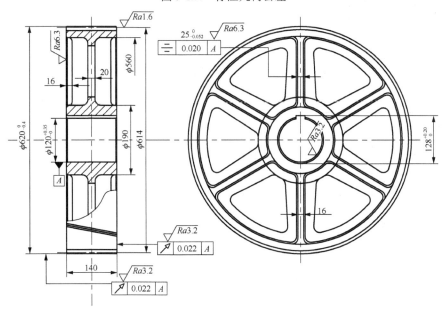

图 5-125　标注表面结构符号

（5）标注参数表。

①修改表格样式。选择菜单栏中的"格式"→"表格样式"选项，在弹出的"表格样式"对话框中单击"修改"按钮，弹出"修改表格样式"对话框。在该对话框中进行如下设置：在"常规"选项卡中设置填充颜色为"无"，对齐方式为"正中"，水平页边距和垂直页边距均为 1.5；在"文字"选项卡中设置文字样式为 Standard，文字高度为 14，文字颜色为 ByBlock；在"边框"选项卡中，单击"特性"选项组中"颜色"选项所对应的下拉按钮，选择颜色为"洋红"，然后将表格方向设置为"向下"。设置好表格样式后，单击"确定"按钮退出。

②创建并填写表格。选择菜单栏中的"绘图"→"表格"选项，创建表格，并将表格的

列宽拉到合适的长度；然后双击单元格，打开多行文字编辑器，在各单元格中输入相应的文字或数据，并将多余的单元格合并，效果如图 5-127 所示。

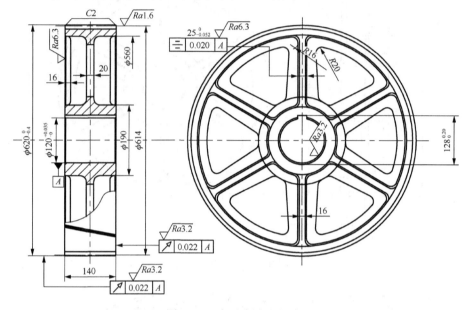

图 5-126 标注倒角和圆角

(6)标注技术要求。单击"绘图"工具栏中的"多行文字"按钮，标注技术要求，如图 5-128 所示。

模数	m	3		
齿数	Z	79		
压力角	a	20°		
齿顶高系数	$h_a{}^*$	1		
顶隙系数	C^*	0.2500		
螺旋角	β	8°6'		
变位系数	X	0		
旋向	右旋			
精度等级	8-8-7HK			
全齿高	h	6.5000		
中心距及其偏差	480±0.485			
配对齿轮	齿数	20		
公差组	检验项目	代号	公差（极限偏差）	
I	齿圈径向跳动公差	F_r	0.080	
	公法线长度变动公差	F_w	0.063	
II	齿距极限偏差	f_{pt}	±0.025	
	齿形公差	f_r	0.025	
III	齿向公差	F_8	0.034	

图 5-127 参数表

技术要求
1. 其余倒角为C2。
2. 未注圆角半径为$R\approx5$mm。
3. 调质处理220～250HBS。

图 5-128 标注技术要求

(7)插入标题栏。选择菜单栏中的"插入"→"块"选项，将标题栏插入图中的合适位置；然后单击"绘图"工具栏中的"多行文字"按钮，填写相应的内容。至此，轮辐式斜齿圆柱齿轮绘制完毕，如图 5-129 所示。

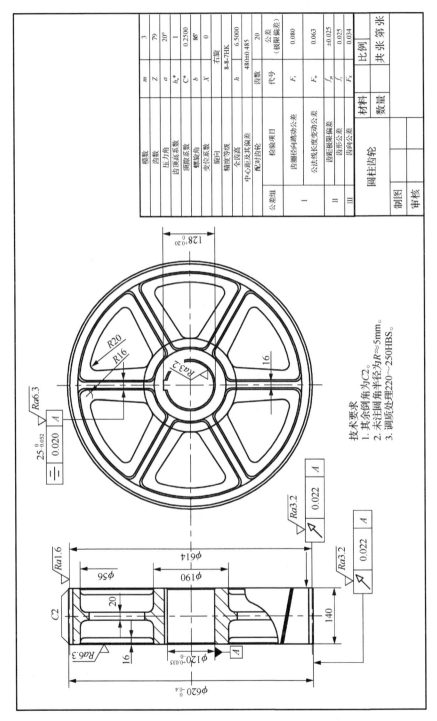

公差组	检验项目	代号	公差（极限偏差）
I	齿圈径向跳动公差	F_r	0.080
	公法线长度变动公差	F_w	0.063
II	齿距极限偏差	f_{pt}	±0.025
	齿形公差	f_f	0.025
III	齿向公差	F_β	0.034

模数	m	3
齿数	Z	79
压力角	a	20°
齿顶高系数	h_a^*	1
顶隙系数	C^*	0.2500
螺旋角	b	8°
变位系数	X	0
旋向		右旋
精度等级		8-8-7HK
全齿高	h	6.5000
中心距及其偏差		480±0.485
配对齿轮	齿数	20

技术要求
1. 其余倒角为C2。
2. 未注圆角半径为R≈5mm。
3. 调质处理220~250HBS。

图 5-129 齿轮零件图

4）保存图形

单击"标准"工具栏中的"保存"按钮，将图形以"项目六 轮辐式斜齿圆柱齿轮"为文件名保存在指定路径中。

5.7 轴 测 图

1. 目的和要求

（1）掌握等轴测图的环境设置。

（2）掌握等轴测图作图面的转换方法。

（3）掌握等轴测图中直线、圆、椭圆以及椭圆公切线的绘制方法。

2. 上机操作

完成如图 5-130 所示的正等轴测图及尺寸标注。

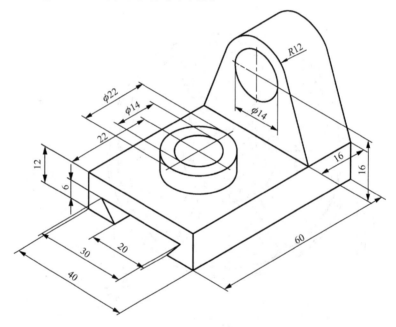

图 5-130 正等轴测图练习题

1）分析

（1）正等轴测图其实是平面图形，但其坐标系不同于笛卡儿坐标系，而是三个坐标轴之间互成 120°。一般绘制轴测图时应首先绘制好坐标轴。根据图形中线条所对应的坐标轴方向绘制或复制对应的线条。

（2）绘制等轴测（椭）圆时要注意其所在的平面，需要切换到相应的平面上再绘制才能保证方向正确。

（3）在确定相应位置或尺寸大小时，要通过辅助圆的方法来确定，一般以距离为半径画圆，求圆和目标图线的交点。不能用偏移 OFFSET 命令。一定要沿坐标轴的方向进行测量。

（4）在具有相同的轮廓线时可以根据距离进行复制，然后将不可见的部分剪去或删除。

（5）在有圆柱面时要注意转向轮廓线的绘制。

(6)标注尺寸时为了保持文本方向和图线方向一致。需要设置成 30°、−30°的方向。尺寸线、箭头、尺寸界限等也需要倾斜。

2)等轴测作图规则

(1)相互平行的直线其投影相互平行。

(2)测量时必须沿轴向进行测量。

3)设置等轴测作图环境

设置等轴测作图环境有以下两种方法。

(1)使用样板图。进入 AutoCAD 2014 中文版后，可以直接使用前面设置的"机械样板图"作为模板进行下面的绘制。

(2)设置等轴测作图模式。等轴测图形属于二维平面图形，但和一般的二维投影图不同，等轴测图可以同时表示三个方向的尺寸及投影，三个坐标轴之间互成 120°。首先应设置成等轴测作图模式。

图 5-131 "草图设置"对话框

执行菜单"工具"→"绘图设置"命令，弹出如图 5-131 所示对话框，选择"捕捉和栅格"选项卡，在"捕捉类型"区设置成"等轴测捕捉"。单击"确定"按钮退出，光标自动变成轴测平面上和坐标轴平行的十字线。如果想在左视/俯视/右视三个轴测面之间进行转换，直接按 Ctrl+E 键即可，当然也可以通过 ISOPLANE 命令来设置。

4)绘制等轴测基准线

在"粗实线"图层上绘制基准线，如图 5-132 所示，绘制三条相交的直线 *A*、*B*、*C* 作为基准线，其方向分别为三根轴的方向。

5)绘制底板

底板为一长方体中间挖去一燕尾通槽。

(1)首先绘制该长方体，通过绘制圆来确定各个方向的尺寸。如图 5-132 所示，以 *A*、*B*、*C* 的交点为圆心绘制三个圆，半径分别为 12、40、60，分别代表长方体的高、宽、长。

(2)根据平行线投影相互平行的投影规则，采用交点捕捉方式，复制基准线，如图 5-133 所示。

(3)删除辅助圆，并通过复制、修剪或倒圆(半径为 0)等编辑手段完成底板长方体的绘制，结果如图 5-134 所示。

(4)参考图 5-135 通过直线 *A* 的中点 *E*，打开正交模式，绘制一条垂直的辅助线。以 *D* 点为圆心，半径为 6 绘制一辅助圆，过该辅助圆与长方体的交点 *G*，绘制一条与直线 *A* 平行的辅助线。最后分别以 *F* 和 *E* 为圆心、10 和 15 为半径绘制两个圆。至此已找出燕尾槽上所有的关键点。

(5)在步骤(4)的基础上，通过直线命令和修剪命令，完成如图 5-136 所示的底板燕尾槽的绘制。

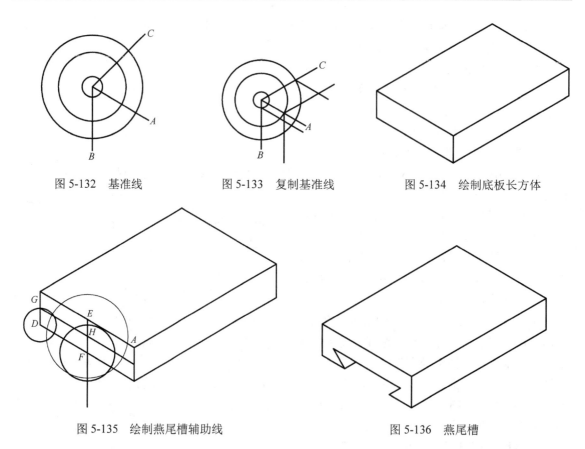

图 5-132 基准线   图 5-133 复制基准线   图 5-134 绘制底板长方体

图 5-135 绘制燕尾槽辅助线   图 5-136 燕尾槽

6) 绘制竖板

(1) 如图 5-137 所示，在"点画线"层绘制两条辅助直线并绘制一半径为 16 的圆。

(2) 将当前轴测面改到"左视"，使用等轴测模式绘制半径为 7 和 12 的两个椭圆。圆心位置参照图 5-137。

> 按 Ctrl+E 键
> 命令：<等轴测平面 左视>
> 命令：ELLIPSE
> 指定椭圆轴的端点或[圆弧(A)/中心点(C)/等轴测圆(I)]：1↓
> 指定等轴测圆的圆心：单击圆和垂直线的交点
> 指定等轴测圆的半径或[直径(D)]：7↓

以同样的方法绘制半径为 12 的椭圆。

(3) 从底板的角点绘制两条直线和半径为 12 的圆相切。

(4) 将两条切线、半径为 7 的椭圆和半径为 12 的椭圆向左侧复制一份，距离为 16，可以利用半径 16 的辅助圆与上轴测面上的辅助点画线的交点来找距离。

(5) 作两段半径为 12 的椭圆的公切线。

(6) 作竖板和底板的交线。

(7) 剪去看不见的轮廓线，删除辅助线和看不见的轮廓线。

(8) 绘制中心线。结果如图 5-138 所示。

7) 绘制圆柱凸台

(1) 将轴测面调整到"俯视"。

(2) 如图 5-139 所示绘制中心线。

(3) 如图 5-139 所示绘制等轴测椭圆，半径分别为 7 和 11。

(4) 如图 5-140 所示，将两个椭圆及其中心线向上复制一份，距离为 6。

(5) 复制两个椭圆的外公切线。

(6) 修剪、删除不可见的线条。结果如图 5-140 所示。

(7) 为完成的轴测图标注尺寸。

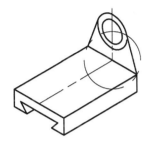 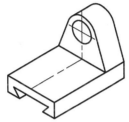 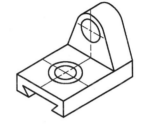 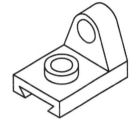

图 5-137 绘制竖辅助线 　图 5-138 绘制竖板结果 　图 5-139 绘制凸台椭圆 　图 5-140 绘制凸台
　　　及椭圆

8) 保存文件

将如图 5-130 所示的图形以"项目七 轴测图"为文件名保存在指定路径中。

除以上七个项目外，还有三个小练习（图 5-141～图 5-143）可以作为课堂练习使用，不再附带详细步骤。

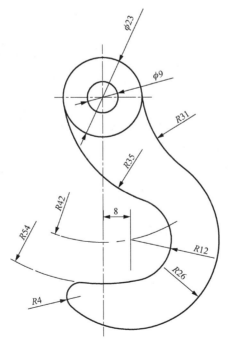

图 5-141 练习一

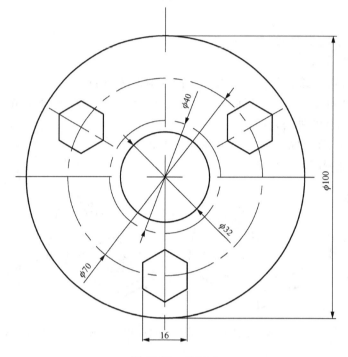

图 5-142　练习二

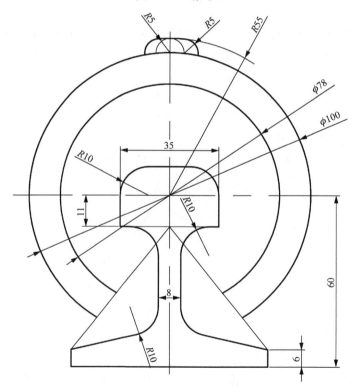

图 5-143　练习三

第2篇 Pro/ENGINEER

第6章 Pro/ENGINEER 设计基础

Pro/ENGINEER 系统问世于 1988 年，由美国参数技术(PTC)公司制作，PTC 公司帮助企业优化其产品开发流程，以优良的实体和信息产品赢得市场。产品线包括 Pro/ENGINEER、Windchill、Arbortext、MathCAD 及 Cocreate 等。Pro/ENGINEER 主要用于三维参数设计，它的出现带动了 CAD 参数设计的变革发展，目前已有多个版本，PTC 公司官方使用的软件名称为 Pro/Engineer 和 WildFire，一般简便的名称是 Pro/E。本章以 Pro/E5.0 版本来介绍软件的相关功能、基本草绘操作及基准设置。

6.1 Pro/E 操作界面设置

6.1.1 操作界面简介

图 6-1 为进入 Pro/E 后的工作界面，工作界面左侧显示硬盘的部分文件夹及默认工作目录，右侧自动连接到 PTC 公司的网页，单击文件夹或工作目录可打开根目录，可显示文件夹或工作目录中的文件，如图 6-2 所示。

图 6-1 Pro/E 工作界面

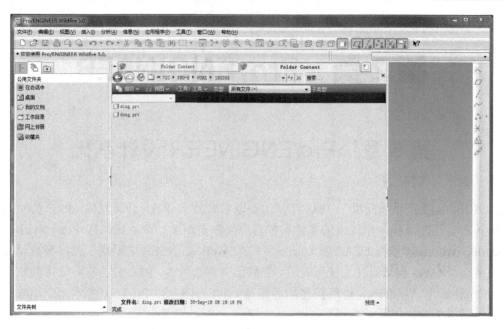

图 6-2　系统根目录

工作目录：Pro/E 中保存文件的默认路径，也是打开文件的初始路径，设置工作目录可以方便以后文件的保存与打开，同时方便文件的管理，节省文件打开和存储的时间。设定工作目录的方法：首先在系统根目录下建立一个用于保存零件的文件夹，以英文名称命名，如\WORK，打开软件，单击文件，选择设置工作目录，选取已经建立的文件夹，单击"确定"按钮，本次设置的临时工作目录完成，具体流程见图 6-3。设置工作目录是每次启动软件时首先要完成的工作。

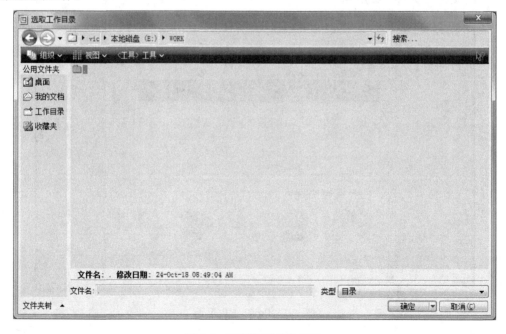

图 6-3　设置临时工作目录

　　经常使用软件也可设置永久工作目录，设置方法如下：单击 Pro/E 的快捷方式图标后单击，然后单击"属性"按钮，在"起始位置"的栏框设置如图 6-4 所示。

　　打开软件之后首先设置工作目录，将其作为画图或者修改图的对象文件夹的位置。如果未设置，默认保存在启动目录下，有时也称为起始位置。

　　起始位置：存放软件的配置文件（安装时的 config 文件等）以及默认的文件存储的位置。软件安装的时候会有一些默认的设置和权限，对快捷菜单进行修改，配置文件就会记录下来，下次打开时就是已修改的设置，配置文件一定要放在起始位置下，软件在启动时才会按照配置文件的设置来显示，起始目录是在安装软件时一次设定完成的。

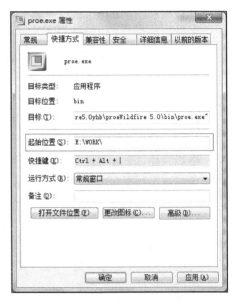

图 6-4　永久工作目录设置

　　右击 Pro/E 图标，单击"属性"按钮，弹出属性栏，可以看到软件安装的起始位置。

　　页面最上方的一栏是每一版软件都固有的标题栏，也称下拉式菜单。在菜单栏中可以完成基本的窗口操作，并且可以完成一切的模型处理命令。

　　文件：文件的存取。

　　编辑：零件的编辑及零件设计的变更。

　　视图：控制零件的三维视角。

　　插入：加入各类型的特征，如拉伸命令、旋转命令、倒圆角命令、自动倒圆角命令等。

　　分析：分析三维零件的几何信息。

　　信息：显示三维零件的各项工程信息。

　　应用程序：Pro/E 标准模块及其他应用模块，如钣金件。

　　工具：关系式的设置、参数设置、族表设置、程序设计、自定义设置等。

　　窗口：窗口的控制，控制运行程序的关闭，可以同时打开多个窗口，各个窗口在不同模块下运作，一个窗口零件设计，另一个窗口可以组件设计等。窗口之间可以进行切换，如果不小心关闭窗口，则可以在打开文件夹的图标中单击"在会话中"按钮，找到文件的进程。

　　帮助：选择"帮助中心"选项，Pro/E 系统按照记忆网页的形式解说 Pro/E 系统的用途及操作步骤。

6.1.2　文件管理

　　面对一个 Pro/E 文件，一般不能像 Word 等软件一样双击打开，多数版本的 Pro/E 文件都不能直接打开，具体的操作方法：首先打开 Pro/E 软件，再由软件内打开文件。提供两种方法：①传统方法，选择"文件"→"打开"选项，选择文件存放地址，通过预览可以看到零件，选择打开。关闭时选择"窗口"→"关闭"选项；②通过浏览器的方式打开文件。

　　打开文件：可以选择"打开"→"类型"选项，选择所需要的类型文件名称。

　　新建文件：首先选择"新建"选项，弹出所有 Pro/E 新建文件类型，右侧的一列为前面选择的模块所对应的子类型。

各模块的定义如下。

草绘：建立二维草图文件，用于绘制平面参数化草图，拓展名为.sec。

零件：建立三维零件模型文件，用于零件设计拓展名为.prt。

组件：建立三维模型装配文件，拓展名为.asm。

制造：建立 NC 加工程序的制作文件、钣金设计文件、模具设计文件，拓展名为.mfg。

绘图：建立二维工程图文件，拓展名为.drw。

格式：建立二维工程图的图纸格式，拓展名为.frw。

布局：零组件配置图制作，拓展名为.lay。

在以后的学习中慢慢学习每个模块的用法。

首先建立一个新的模块：选择"零件"→"实体"选项，输入名称。在输入名称时也要注意以下几点。

(1)文件名只支持英文字母、数字以及连字符和下划线，不支持中文名。

(2)各英文字符间不能有间隙、符号，如？()：！等。

(3)文件名的第一个字符不能使用连字符。

(4)文件名限制在 31 个字符以内。

然后输入名称：在公用名称上，可以随意输入，可以使用默认模板，如果不使用默认模板，则单击"确定"按钮，然后选择一个公制模板(上面的两个为英制模板)。这就建立了一个新的零件界面。

例如，绘制一个圆柱：新建零件——草绘——FRONT 面(任选)——确定(打钩)——绘制圆形底面——确定——选择拉伸——输入值——确定(打钩)——已命名的视图列表中选取标准方向。

保存文件：以同一个文件名用做文件的储存，存盘时，新版的文件并不会覆盖旧版的文件，而是自动存成新版次的文件，例如，原有的文件名为 axis.prt，保存，再单击"确定"按钮，则产生一个 axis.prt.2 的新文件，原有 axis.prt 的文件仍然存在。方法：选择"文件"→"保存"选项，如保存在桌面上，然后单击"确定"按钮，这样文件就保存在桌面上了。

重命名、备份文件、保存副本的定义及区别如下。

重命名：重命名文件有助于文件的另存和分类管理。

备份文件：可以在当前路径或更换路径对文件进行同名备份(备份时不能更改文件名)。

保存副本：重命名、备份文件只能改变文件名称或改变工作路径，要想将文件以不同的文件保存到不同的位置，就使用保存副本命令。

拭除与删除的区别如下。

拭除：在使用"关闭窗口"菜单关闭文件后，模型在窗口中不显示了，但还位于内存中，实际上还是处于打开的状态，使用"拭除"功能可以将内存中的文件关闭(拭除中当前：是拭除当前活动窗口；不显示：拭除所有不在当前的其他窗口)。

删除：使用删除命令可以从磁盘上彻底删除文件，删除后，文件永久删除。

零件镜像：选择"文件"→"镜像零件"选项，将目前工作窗口的零件作前后镜像，并将镜像后的零件另存为一个新的零件。

6.1.3 零件显示与视图设置

1. 系统颜色设置

在学习零件显示之前，先学习改变系统的颜色，因为在绘制零件之后，如果需要打印，背景需要设置为白色。但在展示过程中，则设置成深色比较清楚。设置系统方法："视图"→"显示设置"→"系统颜色"。如果要改变零件的颜色，单击颜色按钮，然后单击选择平面，有以下几种设置类型可以选择。

白底黑色：系统背景的颜色为白色，模型的主体为黑色。

黑底白色：系统背景的颜色为黑色，模型的主体为白色。

绿底白色：系统背景的颜色为绿色，模型的主体为白色。

初始：系统背景恢复初始背景颜色。

默认：系统背景颜色恢复默认配置的颜色。

其中还有一些改变颜色的功能键，介绍如下。

图形：主要用于设置草绘图形、基准曲线、基准特征，以及预选加亮的显示颜色。

基准：用于改变基准特征的颜色。

几何：可以设置所选参照、面组、钣金件曲面和模具或铸造曲面等几何对象的显示颜色。

用户界面：可以设置 Pro/E5.0 操作界面的文本、选定文本、背景和选定区域等界面颜色显示。

草绘器：可以设置草绘截面、中心线、尺寸、注释文本和样条控制线等二维草绘图元颜色的显示。

2. 窗口操作

Pro/E 窗口操作的基本原则如下。

(1) 可同时打开数个窗口，各窗口可在不同模块下运行，例如，利用一个窗口进行零件设计时，可再激活另一窗口做组件设计。

(2) 窗口之间的切换有下列两种方式。

① 直接在下拉式菜单窗口下的文件清理中（图 6-5）选择文件，将该文件所在的窗口激活为工作窗口。

② 用下拉式菜单窗口下的激活做切换，见图 6-5，操作方式为：先单击窗口边界，使该窗口成为最上层的窗口，再选取激活，该窗口即变为工作窗口。激活命令的使用有下列注意事项：若屏幕上有数个窗口，则窗口最上方注明活动的，即为工作窗口（图 6-6）；若直接单击该窗口，则该窗口并不会成为工作窗口，窗口的切换命令以激活来进行操作。

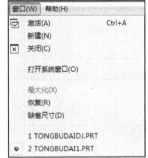

图 6-5　窗口菜单中切换当前模型

图 6-6　活动窗口

(3)可用下拉式菜单文件下的关闭窗口，或选下拉式菜单窗口下的关闭按钮，将目前窗口关闭。此命令的使用有下列注意事项。

① 使用下拉式菜单文件下的关闭窗口，或选窗口下的关闭按钮时，窗口上的文件并不会自动存盘，若要存盘，则必须在关闭窗口前先保存文件。

② 若工作窗口为主窗口，则选下拉式菜单文件下的关闭窗口，或选下拉式菜单窗口下的关闭按钮，并不会关闭窗口，仅将主窗口的文件关闭，但此文件仍在进程中。

③ 若不小心关闭了某个窗口，则不必担心此窗口的文件会消失，文件仍在进程中，可使用"按工具栏打开文件 ——按对话框左上方在进程中"，将文件从进程中调回。

④ 当使用下拉式菜单文件下的关闭窗口，或选下拉式菜单窗口下的关闭按钮，关闭一个工作窗口时，并不会自动地将工作权自动转移到用户所需的窗口，用户需利用激活命令，或直接选择窗口下的文件，以设置新的工作窗口。

(4)下拉式菜单窗口下的打开系统窗口是让用户调至 DOS 窗口，当在 DOS 窗口下输入 exit，跳离 DOS 窗口后，方能回到 Pro/E。

(5)用户改变了窗口的大小，则可使用窗口下的默认尺寸选项，让窗口恢复默认大小，也可使用恢复选项，调回用户所设置的窗口大小。

3. 零件着色与隐藏线

以 Pro/E 进行三维零件设计时，在主窗口上方的工具栏中有下列四个控制零件的着色与隐藏线的图标(图 6-7)。

(1)🔲：零件所有的线条(包括隐藏线和非隐藏线)都以实线显示。

(2)🔲：零件的隐藏线以灰线显示。

(3)🔲：零件的隐藏线不显示。

(4)🔲：零件着色。

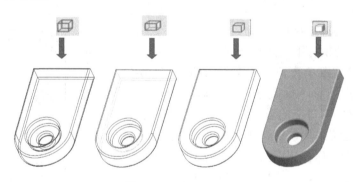

图 6-7　零件的显示样式

4. 基准特征的显示

以 Pro/E 进行三维零件设计时，需创建平面、轴线、点、坐标系等，以辅助零件的三维几何模型的创建，这些几何模型称为基准特征，由于这些特征仅为辅助的几何图元，因此有时需显示在画面上，有时要将其关闭，如图 6-8 所示。

(1)🔲：控制基准平面的显示与否。

(2)🔲：控制基准轴的显示与否。

(3)🔲：控制基准点的显示与否。

(4) 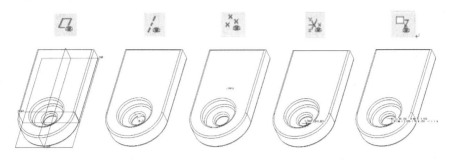：控制基准坐标的显示与否。

(5) ：控制注释的显示与否。

图 6-8　基准特征的显示

5. 零件缩放/旋转/平移

零件的缩放、旋转及平移可直接由鼠标的滚轮控制。

(1) 零件的缩放：滚动鼠标的滚轮，即可缩小或放大零件；此外，也可单击工具栏的图标 ，以缩小零件，单击图标 后框选零件的局部区域，以此放大此区域，单击图标 ，以使零件恢复原有大小。

(2) 零件的旋转：按住鼠标的滚轮，移动鼠标即可旋转零件。若工具栏旋转中心的图标 被选取，使旋转中心显示在界面上，则零件将相对于旋转中心旋转，若旋转中心没有显示在界面上，则鼠标所在的位置将成为旋转点。此外，按住 Ctrl 键同时按下鼠标的滚轮，将鼠标左右移动，即可将零件对着屏幕的垂直方向旋转。

(3) 零件的平移：按住 Shift 键，同时按下鼠标的滚轮，移动鼠标即可移动零件的位置。当零件的大小、位置及角度改变后，可单击工具栏的图标 ，再选标准方向，见图 6-9，即可将零件恢复为原有的显示方式。

6. 设置图层

以 Pro/E 进行三维零件设计时，单击工具栏的图表层，主窗口左侧会显示图层树，可以将点、线、面等几何图元放到不同的图层中，指定图层为隐藏或打开，然后控制点、线、面的显示与否。在图层树中选择一个层并右击，由快捷菜单中选择隐藏，即可将此图层隐藏；反之，单击一个被隐藏的图层并右击，由快捷菜单中选择取消隐藏，即可打开此图层。

创建一个新零件时，Pro/E 系统会默认八个图层(图 6-10)，各个图层的用途如下。

图 6-9　视图方向

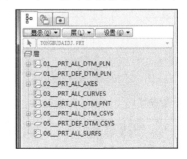

图 6-10　系统默认图层

(1) 01-PRT-ALL-DTM-PLN：为 part all datum planes 的缩写，隐藏此图层可使所有的基准平面都不显示在画面上。

(2) 01-PRT-DEF-DTM-PLN：为 part default datum pianes 的缩写。隐藏此图层可使零件默认的三个基准平面 RIGHT、TOP 及 FRONT 都不显示在画面上。

(3) 02-PRT-ALL-AXES：隐藏此图层可使所有的基准轴都不显示在画面上。

(4) 03-PRT-ALL-CURVES：隐藏此图层可使所有的曲线都不显示在画面上

(5) 04-PRT-ALL-DTM-PNT：隐藏此图层可使所有的基准点都不显示在画面上。

(6) 05-PRT-ALL-DTM-CSYS：为 part all datum coordinate systems 的缩写，隐藏此图层可使所有的基准坐标系都不显示在画面上。

(7) 05-PRT-DEF-DTM-CSYS：为 part default datum coordinate systems 的缩写，隐藏此图层可使零件默认的坐标系 PRT-CSYS-DEF 不显示在画面上。

(8) 06-PRT-ALL-SURFS：为 part all surfaces 的缩写，隐藏此图层可使所有的曲面都不显示在画面上。

除了使用上述八个图层，也可右击图层树的任意处，在弹出的快捷菜单中选取新建层，以创建新的图层；或选取一个特定的图层，右击该图层，由快捷菜单中选取层属性，以设置此图层的内容，见图 6-11。另外，可利用删除层选项删除现有的图层，利用重命名选项更改层的名称，利用保存状态将图层隐藏或打开的状态保存下来。

7. 设置零件的方向

单击工具栏"重新设计方向"的图标后(图 6-12)，则会出现方向对话框，可以利用此对话框设置零件的前视图、俯视图、右视图等常用的视图，其方法是在零件上选取"两个互相垂直的平面"作为第一参考平面及第二参考平面，并指定这两个平面的方向。第一参考平面的方向共八种，前六种为前、后、上、下、左、右，而第二参考平面的方向有上、下、左、右共四种。

(1) 前：参照平面的正方向(及平面的法线方向)指向屏幕前方。

(2) 后：参照平面的正方向指向屏幕后方。

(3) 上：参照平面的正方向指向屏幕上方

(4) 下：参照平面的正方向指向屏幕下方。

(5) 左：参照平面的正方向指向屏幕左方。

(6) 右：参照平面的正方向指向屏幕右方。

Pro/E 中任一平面的正方向是指实体材料的外侧，选取某个平面为"朝上的参照平面"的含义是此平面的法线方向朝向上而不是此面为顶面。此外，也可参照 1 下选择垂直轴，然后选择零件上的某条轴线，作为铅直轴线(或选择水平轴，然后选择零件上的某条轴线，作为水平轴线)，零件随即转变为新的视图。

当定义好零件的视图后，可在方向对话框下的保存视图栏框中输入名称，保存此视图。

8. 特殊零件的旋转

当需要旋转零件时，也可以不按照旋转中心或者鼠标

图 6-11　系统默认图层的修改和编辑

图 6-12　重定向

来选择：选择"重定向"→"类型"→"首选项"选项，选择不同的旋转方向。以 Pro/E 进行三维零件设计时，需观察零件的前视图、俯视图、右视图等，而视图方向的决定通常也都会应用于零件设计时草绘平面的摆放方式。也可以使用零件相对于特定的基准(如轴线、边、点、坐标系等)来进行旋转，其做法如下。

(1)选择命令：单击工具栏"重新设置方向"的图标。

(2)设置旋转的基准：将方向对话框中的类型设为首选项，然后指定旋转中心的摆放位置，如图 6-13 所示。

① 模型中心：将旋转中心摆在几何模型的中央，当移动零件时，旋转中心会移动，且永远落在零件的中央。

② 屏幕中心：将旋转中心摆在主屏幕的中央，当移动零件时，旋转中心不会移动，而是固定在主屏幕的中央。

③ 点或顶点：选此项后，选取零件上的基准点或线条的端点，使旋转中心摆在此点上。

④ 边或轴：选此项后，选取零件上的边或基准轴，使旋转中心摆在此边或此轴上。

⑤ 坐标系：选此项后，选取零件上的坐标系，使旋转中心摆在此坐标系上。

(3)旋转零件：将类型设为动态定向，则其对话框内容如图 6-14 所示。在此对话框下将零件平移、缩放或旋转，其中旋转的方向有下列两种。

① ：对旋转中心(红色为 X 轴/绿色为 Y 轴/淡蓝色为 Z 轴)做零件的旋转。

② ：以屏幕的水平轴、铅直轴或屏幕的垂直方向作为基准轴旋转零件。

图 6-13　设置"旋转中心"

图 6-14　动态定向

9.视图控制

(1)重画：重画零件的线条，具有清理画面的作用，其工具栏图标为 。

(2)着色：让零件一直着色，直到单击工具栏"重整画面"的图标 ，方解除零件的着色状态，如图 6-15 所示。

(3)渲染窗口：将零件及其背景以现有的渲染机制进行着色。

(4)增强的真实感：实时地看到零件的渲染效果。

(5)方向：设置零件的方向，具体操作如下。

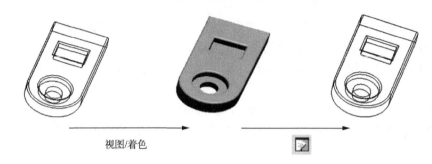

视图/着色

图 6-15   不同视图下的零件

① 标准方向：将零件恢复"标准方向"，其工具栏图标为 ，再选标准方向，其快捷键为 Ctrl+D。此处的"标准方向"可为等角图、不等角图或用户自定义的视图。

② 上一个：将零件恢复的前一个方向。

③ 重新调整：调整零件的大小，使其完全显示于主窗口上。

④ 重定向：重新设置零件的方向。

(6) 可见性：控制图层、曲面或基准特征(如平面、曲面、轴线、点、坐标系等)的显示与否。

(7) 视图管理器：设置零件的简化表示法、图层状态、剖面、方向等。

(8) 显示组合视图：显示零件的组合显示状态。

(9) 区域：设置零件的区域。

(10) 注释方向：设置零件的注释的摆放方位。

(11) 模型设置：零件渲染及网格显示的设置。

(12) 层：打开图层树，以设置图层、图层的内容以及图层的显示状态。

(13) 显示设置：设置零件的显示方式。

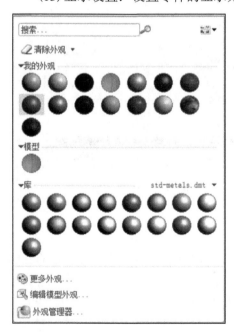

图 6-16   外观管理器

10. 设置零件的颜色

零件可用下拉式菜单视图下的"着色"(或单击工具栏的图标)做着色，而其颜色默认为亮灰色，若要改变零件的颜色，则可单击工具栏的图标 ，然后在弹出的对话框中进行颜色的设置。在此对话框中，已应用的模型的颜色会显示在调色板的模型栏框，而设置特定颜色至零件的步骤如下。

(1) 由工具栏单击 右边的倒三角按钮。

(2) 由调色板挑选颜色。

(3) 若要将颜色设置至整个零件，则将主窗口右上角的过滤器设置为零件，然后单击零件任意处，再单击"确定"按钮。

(4) 若要将颜色设置到零件上的某个特定面，则将主窗口右上方的过滤器设为曲面然后由零件上选取面，再单击"确定"按钮即可。

此外，可按如图 6-16 所示的外观管理器，然后在弹出的对话框中进行颜色控制，此对话框中与颜色文件相关的命令包括以下几项。

打开：打开已设置好的调色板。

添加：添加其他调色板以供选择。

另存为：将新设置的颜色另存为新文件。

6.2　草　绘　基　础

草绘是模型建立的基础，每一个模型的建立都离不开草绘，因为几乎每一个特征的建立过程都离不开草图的绘制。在创建实体模型时，首先要在建模环境中调用已存在的草绘截面，或根据实体截面轮廓来绘制新的草绘截面。然后利用相应的实体建模工具将草绘截面转化为实体模型。

6.2.1　草绘环境

草绘环境是 Pro/E 的一个独立模块，在其中绘制的所有截面图形都具有参数化尺寸驱动特性。在该环境下不仅可以绘制特征的截面草图、轨迹线和基准曲线，还可以根据个人的使用习惯设定草绘环境的多种属性。草绘环境是进行二维草图截面绘制的基本环境，零件截面的绘制一般均要在该环境中进行。进入草绘环境的方法主要有以下三种。

(1)新建草绘文件进入草绘环境(直接进入二维草绘)。新建文件时在"新建"对话框中选择"草绘"单选按钮，并指定文件名称。然后单击"确定"按钮，即可进入草绘环境，如图 6-17 所示。

图 6-17　新建草绘文件进入草绘环境

(2)单击"草绘"按钮进入草绘环境(通过三维环境进入二维草绘)。在新建的"零件"或"组件"环境界面中，单击右侧工具栏中的"草绘"按钮 ，进入草绘环境。

(3)利用建模工具进入草绘环境(配合三维建模使用)。在特征建模过程中，单击特征操控面板中的"放置"按钮，并在下滑面板中单击"定义内部草绘"按钮。然后在打开的"草绘"对话框中分别指定草绘平面和视图参照方向，即可进入草绘环境。"草绘"对话框中各选项的含义介绍如下。

二维草图绘制的一般步骤有如下两种。

(1)选择"新建"→"文件"→"草绘"选项,指定文件名称,然后单击"确定"按钮进入草绘环境。

(2)单击右侧工具栏中的"草绘"按钮进入草绘环境。

首先来认识草绘模块的界面以及鼠标的使用方法。Pro/E 的草绘界面,与其他的草绘界面大致相同,唯一有区别的是右边的快捷工具栏的图标。这里面的快捷键的图标每一个的功能与其他模块的功能是完全不一样的。要注意如图 6-18 所示的几个快捷键的图标的功能。

图 6-18　对齐快捷功能按钮

第一个快捷键图标控制着所有尺寸在绘图区中的显示状况,释放它,所有尺寸的显示就消失了,点选它,所有尺寸就恢复在绘图区中。

第二个是约束显示控制开关,为创建时产生的约束,控制着显示效果,点选它,约束消失,再点选就恢复在绘图区。

第三个是栅格显示控制开关,点选它就产生栅格,再点,去除栅格。

第四个是控制顶点的选择效果,顶点就是几何与几何产生的交点,点选可以显示和不显示交点。

在建立模型几何中,一般不允许出现不封闭、重叠的几何。如何检验几何是封闭的没有重叠的部分?就需要用草绘诊断器。草绘诊断器可以做到:提高绘图效率,根据草绘诊断器的这几个快捷图标来帮助绘图,第二个方框中的前三个快捷键图标分别是对封闭性的检查、对开放端点的检查、对重叠几何的检查。

第一个快捷键图标是填充封闭的区域,即如果是不封闭区域,将不能着色。

第二个快捷键图标是加亮开放端点,点选如果显示红色小点,就说明诊断器判断此处产生了不封闭的区域。如果将此区域封闭,红色的小点消失,证明此区域封闭,可以进行着色填充。

第三个图标为重叠几何,绘制图标时不能出现重叠几何,如果有重叠部分,就以高亮的线条显示出来。重叠的部分,可以编辑,如选择消除。

鼠标的使用方法如下。

左右上下移动:按住鼠标的中键不放,左右拖动,上下移动,实现几何移动。

放大缩小:滚动鼠标的中键,实现几何的缩小放大(同样放大键、缩小键、重新调整键这几个按钮也可以实现几何的缩小放大)。重新调整的意思是将所有的零件几何全部显示在绘图的区域当中。

6.2.2　绘制基本图元

1. 基本术语

草图:是指在某个指定平面上的点、线等二维图形的集合或总称。

图元：草图中的任何元素，如直线、圆弧等。图元是绘制草图的第一步。比如，直线是图元，矩形是图元，圆弧也是图元。

尺寸：又称尺寸约束或尺寸标注，是指图元或图元之间关系的度量。

约束：又称为几何约束，是指定义图元的条件或定义图元间关系的条件。如竖直、平行、垂直约束等。

弱约束：在绘制图元时系统根据图元的位置和大小自动建立的尺寸和约束。

弱尺寸：以灰色线条显示的尺寸。

强约束：由用户创建的尺寸和约束或经过用户修改的弱尺寸和弱约束。

强尺寸：用户自己标注的尺寸。

2. 草绘图元

基本图元包括直线、圆、矩形和样条曲线等类型。能够熟练地绘制这些基本图元是绘制其他复杂草绘截面的基础，而只有灵活地掌握了这些基本图元的绘制方法，才能准确快速地绘制满足设计要求的草图。

(1) 直线：在 CAD 中，绘制直线时，如果尺寸确定，就不能再更改。但 Pro/E 不同，它是一个全参数化的设计软件，绘制过程中所有的尺寸都是可以更改的。单击直线，拖动，会看到一条折线，使用鼠标中键结束直线的绘制命令，继续单击鼠标中键结束绘制命令。直线上会出现一个弱尺寸，双击可以修改尺寸，单击鼠标中键确认(或者按 Enter 键)，确定直线长度。

中心线也是辅助直线，可以辅助绘制其他的图元。中心线是一种参考辅助线，通过其辅助特性可以绘制具有对称、等分等特点的点或线。此外还可以绘制控制角度约束的一些辅助曲线。

构造线也是辅助线，它不是轮廓线所以不会成为特征的草绘图，但是可以用于辅助标注尺寸。在作图时，如果想把实线变为虚线，方法有两个：①选择"直线"→"编辑"→"切换构造"选项；②快捷键 Ctrl+G。

(2) 镜像的方法：选择图元——选择镜像——选择中心线——镜像。

(3) 四边形的绘制：三种。

(4) 圆和椭圆的绘制：在创建轴类、盘类和圆环等具有圆形截面特征的实体模型时，往往需要先在草绘环境中绘制具有截面特征的圆轮廓线。然后通过拉伸或旋转，创建出实体。圆的绘制有六种。

三点绘制圆的方法：绘制两条直线——建立一个点——三点建立圆的快捷键图标——分别单击三个位置。

椭圆：有两种方法，一种是两个长轴端点绘制椭圆，另一种是一个点和长轴绘制椭圆。

圆弧：圆弧在绘制时，不同的选取方法，画出的弧度和方向不同。

其中有锥形弧的画法(一般的圆弧为圆的一部分，锥形弧不是)：确定两点，然后拉动曲线。

锥形弧的种类及定义如下。

抛物线锥形弧：曲率数值为 0.5 时即抛物线锥形弧。

椭圆锥形弧：曲率数值为 0.05～0.5 时即椭圆锥形弧。

双曲线锥形弧：曲率数值为 0.5～0.95 时即双曲线锥形弧。

(5)倒角和倒圆角的绘制：倒角是将两个非平行的对象，通过延伸或修剪的方法使它们相交或利用斜线进行连接。可以进行倒角的对象有直线、矩形、圆弧和多段线等。绘制倒角，虚线的存在，是为了方便标注尺寸。

(6)样条曲线的绘制：样条曲线是一系列控制点定义的可以任意弯曲的光滑曲线。样条曲线应用于拥有许多曲面的零件，应用曲线生成曲面，这就是样条曲线应用的场合。选择一点作为起点，另一点作为其中一点，继续操作单击鼠标中键确定。端点可以通过拖动实现样条曲线的缩放和旋转。另一个下拉菜单中的样条曲线，长按鼠标右键增加点和减少点。

6.2.3　编辑图元

1. 三种选择图元的方法

(1)单击选择一个图元：鼠标移至被选择图元上，图元呈高亮显示，此时单击选择此图元。

(2)利用 Ctrl 键来选择多个图元：按下 Ctrl 键可以实现同时选择多个图元。

(3)框选：单击并拖动出现矩形框，框选需要选择的图元，被选择的图元应该全部在矩形框内。

2. 复制、粘贴及删除

复制粘贴和我们常用的快捷方式一样，按 Ctrl+C 和 Ctrl+V 键，屏幕中出现一个+号，作为位置并单击，确定位置后弹出对话框，可以对图元进行编辑，有缩放和旋转等功能。

在编辑菜单中选择复制/剪切等选项进行操作。

删除：Delete 键删除，可以用 Ctrl 键多选。

3. 鼠标的图元修改功能

点：移动。

线段：(端点)①平移；②旋转并拉伸。

圆：①移动；②缩小放大。

圆弧：①转动圆弧端点；②拖动圆弧；③移动圆弧；④拖动圆心。

样条曲线：①移动曲线；②改变曲率。

4. 修剪和分割

删除段：删除图元的某一段与 CAD 中的修剪命令一样，单击并拖动，出现一条红色的曲线，在它经过的路径上与它相接的曲线或者直线都将被删除。

拐角：即延伸命令，单击不封闭的两条线，即自动闭合。也可以起相应的封闭作用，两条相交的直线——选择直线的一截，部分保留了下来——交点之外的部分被删除了——起相交的作用。

分割：对完整的图元进行分割，也就是相当于 CAD 中的打断命令，在图元边界单击分割。

5. 镜像、旋转和缩放

镜像：此命令的实现必须要有一条中心线。

旋转缩放：选择图元并单击"旋转缩放"按钮，弹出对话框。有平移，包括水平和垂直平移；还有旋转缩放，可以输入精确的数值。

另外，图元中出现的图标分别对应对话框中旋转、平移还有缩放的命令。旋转时，Pro/E 中会出现约束的线条，帮助我们定位。界面中灰色的快捷图标是选定了对象后才能激活使用的，如镜像、旋转缩放图标。

6.2.4　标注草绘

1. 尺寸标注

草绘界面下，强弱尺寸可以相互转换，只要双击弱尺寸就可以对其进行修改，强尺寸可以删除，但是弱尺寸不能删除。

删除强尺寸的方法：长按鼠标右键——"删除"——鼠标左键删除；删除强尺寸之后，变为弱尺寸。另外需要注意的是，对于图元是圆的尺寸来说，边缘上标注的尺寸为半径尺寸。

尺寸标注时，单击的位置不同，标注的尺寸也不同。如一条斜直线有三个不同的尺寸：一个是真实长度、一个是水平投影、一个是垂直投影尺寸。但是如果对一条直线进行了这样三个尺寸的标注，就会弹出一个"解决草绘"对话框，意思就是我们对这条直线进行了过约束，此时就要删掉其中的一个尺寸，或者将其中的一个尺寸值作为一个参照尺寸。点与点之间的标注方法也是在不同的位置单击鼠标中键，可以出来不同的位置关系标注。

标注对称尺寸的方法：单击图元端点和中心线——在此单击之前的图元端点——在合适的位置单击鼠标中键确定。

夹角度的标注：不同的位置单击鼠标中键，可以标注不同的角度，如钝角、锐角、外夹角等。

标注弧长的方法：单击两个端点和弧度——单击鼠标中键——标注弧长。

圆的半径标注：圆弧上单击——在圆外单击鼠标中键。

直径标注：①圆弧上双击——圆外单击鼠标中键；②圆弧两个位置分别单击——圆外单击鼠标中键。

椭圆的标注：圆弧上任意一点单击——外侧单击鼠标中键——对话框中选择长轴或者短轴——接受——确定。

基线尺寸的标注：方便其他尺寸的标注，以同一起点作为基准线标注。

封闭区域的周长尺寸标注：选择整个封闭区域的图元——周长标注工具——弹出对话框（要求我们选择驱动尺寸，这个尺寸是帮助我们进行计算的，它将形成一个变量）——确定——出现周长值。此时图上出现了一个变量值和一个周长值，其中变量值是不能删除的，删除后，周长值也会删除，变量的更改是随周长的更改变化的。

2. 修改尺寸

控制尺寸的显示：学习之初练习的简单图元中尺寸标注较少，但是在复杂的几何工程图中，尺寸会复杂得多，将会影响零件几何的建立。控制尺寸的显示，共有三种方法：①用快捷菜单中的"显示尺寸"命令，可以点选隐藏所有的强弱尺寸；②工具——选项——选项输入 sketcher_disp_dimensions——输入 no——"添加更改"按键——确定——隐藏所有的尺寸；③只隐藏弱尺寸，草绘菜单——选项——其中"尺寸"为强尺寸，"弱尺寸"点选掉——确定——则图元中弱尺寸消失。

尺寸的移动：选择——单击——拖动。

尺寸的修改：①双击尺寸进行修改；②框选——使用快捷键"修改尺寸"——弹出的对话框中，敏感度是控制滑块的变化速度；再生是控制图中尺寸是否和图形一起变化。可以框选所有的图元，然后单击"修改尺寸"快捷键——对所有的尺寸一起修改。

尺寸的转换：尺寸点选——长按鼠标右键——选强尺寸——则弱尺寸变为强尺寸；强尺寸

变为弱尺寸——直接删除强尺寸，则变为弱尺寸。

尺寸的锁定：尺寸点选——右击——锁定——尺寸不能更改——右击解锁——解除锁定。

6.2.5　几何约束

在草绘时可以增加一些平行、相切和对称等约束来帮助图形进行几何定位。这在一定程度上可以替代某些尺寸的标注，从而节省时间，提高绘图效率和绘图精度。

1. 几何约束的分类

几何约束：画一条直线，出现 H，为水平约束；绘制角度使用约束，出现 V 表示垂直、竖直约束。

约束的种类及定义如下。

竖直：使直线竖直或使顶点位于同一条竖直直线上。

水平：使直线水平或使顶点位于同一条水平线上。

平行：约束两直线平行。

垂直：使两直线垂直或使圆弧垂直。

等长：约束两条直线、两边线或者两个圆弧等长。

共线：使两点重合或使点到直线上。

对称：使两点相对于中心线对称。

中点：使点或者顶点位于直线中点。

2. 设定约束

如何设定自动约束：选择"草绘"→"选项"→"约束"选项，可以勾选或者取消——决定绘制时是否进行自动几何约束。例如，圆和直线相切，选定第一个图元作为基准，第二个是向它靠近相切的。

对称约束的使用：先画一条中心线——选择对称约束符号——选择两个需要对称的图元——选择中心线——对称距离。

删除约束：选择约束符号——长按鼠标右键——选择删除。

固定约束：画图元时——右击，固定——再右击，禁用约束——再单击取消。

解除过度约束(过约束)的三种消除方法：①撤销，撤销刚刚建立的尺寸；②删除，从列表中选择一个多余尺寸或约束将其删除；③转换参照尺寸，从列表中选择一个尺寸，将其转换为参照尺寸。

6.2.6　实验及练习

1. 实验

在草绘模块下，绘制图 6-19 所示的图形，并标注尺寸。

分析：这幅图上有两个定位基准，首先是右边多边形的绘制，其次是多边形外侧圆弧的绘制，再次是另一个基准的绘制，最后完成两部分的相切，完成后对图进行圆角处理和倒角处理。

2. 练习

(1)练习一：轮廓草绘(图 6-20)。

分析：图中有四个外轮廓，长 150、60，宽 110、70。原则是首先创建外轮廓，再根据下部尺寸做中心线。第一步绘制外部轮廓，第二步是内部像沟道的结构的绘制，第三步可以进行缺失的沟道的绘制，第四步可以进行倒圆角的设置。

（2）练习二：多元素草绘（图 6-21）。

分析：外轮廓由一个矩形和一个半圆形构成。其中右侧 28 这个尺寸标注的意思是两个半圆位于中心轴线的两侧均匀分布，所以只标注 28 这个值。

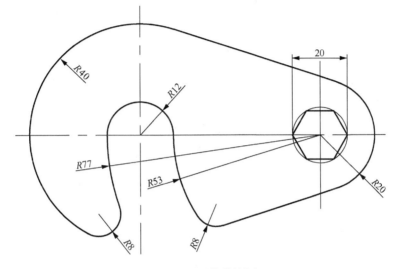

图 6-19　吊钩草绘图

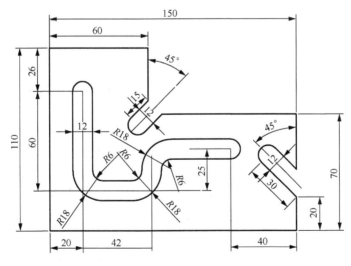

图 6-20　轮廓草绘

（3）练习三：阶梯轴草绘（图 6-22）。

分析：图中是一个轴类零件。草图绘制方法为：可以以中心轴分为两半，只需要绘制上半部分，镜像完成整体。尺寸的标注都是以右端面为基准绘制的，所以从右端点进行绘制，在进行镜像时，要先对草绘图的倒角进行绘制。如果是在做真正的零件建模的过程中，这时就不需要对倒角进行绘制了，直接在零件模块，利用里面的边倒圆和边倒角特征工具来进行绘制，倒角的尺寸是 45°，1×1。

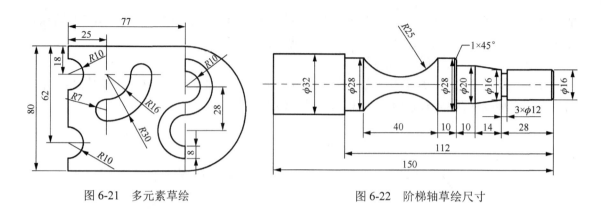

图 6-21　多元素草绘　　　　　　　　　　　图 6-22　阶梯轴草绘尺寸

6.3　基准特征的建立

基准特征可以作为建模过程中所依附的草绘平面、定位或放置参照。本节主要介绍各种基准特征的创建方法及使用技巧。首先认识什么是基准特征，它包括基准点、基准曲线、基准轴、基准平面和基准坐标系这五种类型。不管是绘制草图或实体建模，都需要一个或多个基准来确定其在空间的具体位置，因此基准特征在设计时主要起辅助作用。可以作为建模过程中所依附的草绘平面、定位或放置参照。

注意：这类特征是进行建模的重要参考，基准特征在零件模块的设计中占据重要地位。

6.3.1　基准平面

基准平面是指在建立模型时用到的参考平面，它是二维无限延伸，没有质量没有体积的Pro/E实体特征。基准平面是零件建模过程中使用最多的基准特征，它既可用作特征的草绘平面和参考平面，也可用于放置特征的放置平面；基准平面还可以作为尺寸标注基准、零件装配基准等。

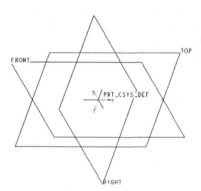

新建一个零件文件时，若使用零件默认的模板，会出现默认的三个相互正交的 FRONT、TOP、RIGHT 基准平面，如图 6-23 所示。

基准平面有两侧，以褐色和灰黑色来区分。视角不同，基准平面的边界线显示的颜色也不同。当法向箭头指向观察者时，其边界显示为褐色；当法向箭头背向观察者时，其边界显示为灰黑色。当装配元件、定向视图和草绘参照时，应使用颜色要选择一个基准平面，可以选择一条边界线，或选择其边界名称。当难以用鼠标直接选择时，还可以从模型树中通过平面名称来选定。

图 6-23　系统默认的基准平面

基准平面的作用：①可以作为特征尺寸标注参照；②草绘的基准平面；③创建剖视图的参考平面；④作为装配的参照面；⑤作为视角方向的参考等。

基准平面的创建方法：①三点创建一平面；②一点和一直线；③一直线与一平面；④两条直线；⑤通过一平面偏移。

创建步骤如下。

步骤 1：单击"基准平面"图标  或选择"插入"→"模型基准"→"平面"选项，就可打开如图 6-24 所示对话框。

| (a)"属性"选项卡 | (b)放置选项卡 | (c)"显示"选项卡 |

图 6-24 "基准平面"对话框

步骤 2：在"放置"选项卡的"参照"区域中单击，然后在绘图区中选择建立基准平面的参考图元。选择多个图元时，可以按住 Ctrl 键，然后单击图元。

步骤 3：在"放置"选项卡的"偏移"区域中的"平移"输入框中输入基准平面的偏移距离。

步骤 4：在"显示"选项卡的"法向"更改基准平面的法向方向。

步骤 5：单击"基准平面"对话框中的"确定"按钮，即可完成基准平面的建立。

基准平面是通过约束进行创建的，在 Pro/E 中，创建基准平面的完整约束方法有很多，主要有通过、垂直、平行、偏移、角度、相切和混合界面等。在选择点、线及面作为参考时，会出现不同的选项，这些选项表示将要建立的基准平面与此参照的关系。

下面举例介绍几种主要的创建基准平面的约束方法。

1. 通过几何图素来创建平面

通过直线和点创建基准平面：在过滤器中选择几何，单击"基准平面"图标 ，选择直线、顶点、曲面或其他集合图素来创建平面，在选取多个几何对象时可以按住 Ctrl 键创建基准平面。

2. 创建平行平面

单击"基准平面"图标，弹出"基准平面"对话框，按住 Ctrl 键选取已存在的平面或实体表面，选取点、直线或其他几何图素构造平行面，如图 6-25 所示。单击"确定"按钮完成特征的创建。

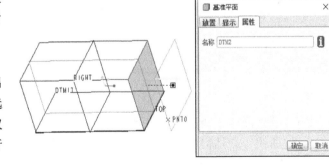

图 6-25 过点作平行面

6.3.2 基准轴

同基准平面一样，基准轴也可以用作创建特征的参照，还可以辅助创建基准平面、旋转特征、同轴孔、旋转阵列以及装配特征等。旋转轴可以由模型的边、平面的交线或两个空间点等来确定。

在 Pro/E 中，基准轴以褐色中心线为标志。创建基准轴后，系统用 A-1、A-2...依次自动分配名称，创建过程中也可以改变基准轴的名称。

基准轴的作用：①可以作为轮盘类零件的中心轴线；②可以作为特征创建的定位参考；③可作为特征环形阵列的中心线；④可作为几何放置参照。

下面介绍创建基准轴的一般过程。

步骤 1：单击"基准轴"图标 或选择"插入"→"模型基准"→"轴"选项，就可以打开"基准轴"对话框。

步骤 2：在"放置"选项卡的"参照"区域中单击，然后在绘图区中选择建立基准轴的参考图元。选择多个图元时，可以按住 Ctrl 键，然后单击图元。"参照"区域中的"法向"选项表示轴线经过平面。

步骤 3：单击"基准轴"对话框中的"确定"按钮，完成基准轴的建立。

基准轴的创建方法：①两平面创建一基准轴；②通过平面一点且垂直于平面；③圆柱面的轴线；④通过曲线一点且相切曲线；⑤两点确定一基准轴(两点确定一条直线)。

下面举例介绍几种主要的创建基准轴约束的方法。

(1)过两平面确定基准轴。选择一个面按住 Ctrl 键选择一个面，单击"确定"按钮。

(2)过平面一点且垂直于平面。单击平面，出现两个辅助定位点，选择相应定位平面，然后单击"确定"按钮，如图 6-26 所示。

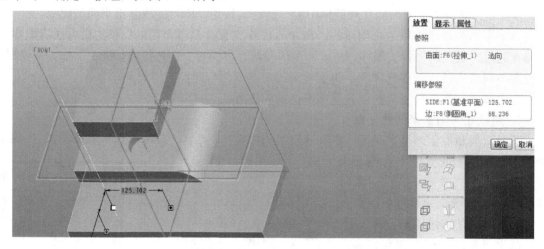

图 6-26　创建基准平面

(3)过圆柱面。选择基准轴快捷键→选择圆弧表面。

(4)过曲线一点且相切曲线。在一个曲面上作一条和它相切的基准轴：选择曲线上一点，按住 Ctrl 键，然后单击曲线。

(5)两个点/顶点。创建的基准轴通过两个点，这两个点既可以是基准点也可以是模型上的顶点。单击"基准轴"图标，按住 Ctrl 键来选取两个点，单击"确定"按钮。两面也可以通过两点确定基准轴，首先在需要的平面上绘制域基准点；然后再绘制基准轴，按住 Ctrl 键选择两个点，创建基准轴。

6.3.3　基准点

基准点主要用来进行空间定位，也可用来辅助创建其他基准特征，如利用基准点放置基准轴、基准平面、定义指向箭头的指向位置，放置孔等实体特征，创建复杂的曲线和曲面。

基准点也被认为是零件特征，共有以下六大类作用。

(1)可以构造基准曲线、基准轴等基准特征。

(2)可以作为创建倒圆角时的控制点。

(3)可以作为创建拉伸、旋转等基础特征的终止参照平面。

(4)可以作为创建孔特征、筋特征的偏移或放置参照。

(5)可以辅助建立其他基准特征。

(6)可以用于辅助定义特征的位置等。

基准点的类型包括以下几种。

：一般基准点，用于创建平面、曲面上或曲线上的点，其位置可以通过拖动控制或输入值确定。

：偏移坐系创建基准点，根据选择的坐标系，利用坐标标注的方法来创建基准点。

：域基准点，直接在实体或曲面上单击创建基准点。

要选取一个基准点，可以在基准点文本或自身上单击选取，也可以在模型树上选择基准点的名称进行选取。

基准点创建过程如下。

步骤 1：单击"一般基准点"按钮或选择"插入"→"模型基准"→"点"→"∴点"选项，打开基准点对话框。

步骤 2：在"放置"选项卡的"参照"区域中单击，然后在图元中选择建立基准点的参考图元。选择多个图元时，可以按住 Ctrl 键，然后单击基准点所在的面或线。

步骤 3：单击"基准点"对话框中的"确定"按钮，即可完成基准点的建立。

常见的确定基准点位置的方法如下。

1. 一般基准点

在模型的某一直线上作一个基准点，末端控制着这条直线的起点位置，选择哪一端，哪一端就是起点，单击"基准点"图标按钮，弹出"基准点"对话框，显示一个点，选择这个点后，对话框中弹出"参照"选项，点是创建在这个直线上，这个点在哪一个位置由我们来定义：首先偏移中的两个框，第二个框中一个是比率，一个是实数，其中比率就是将点所在的直线长度归一化，如改为 0 就到端点，改为 1 就到末端；如果用实数，这条直线的真实值是 110，所以 55 就在中点。

如果在模型的平面上作一个基准点，图中的小方框就是基准点的位置，旁边的两个绿色的小方框是用来控制相对于两个基准所在的位置，移动绿色方框的位置就可以知道基准点的相对位置，比如，以两条边作为参照位置，出现的尺寸就是点到两条边的垂直距离，也就可以知道基准点的位置，如图 6-27 所示。

2. 偏移坐标系创建基准点

创建偏移坐标系基准点，顾名思义，要先有一个坐标系，才能有偏移坐标系，即创建的一个点相对于坐标系，它的 xyz 值有一个偏移量，形成一个基准点，如图 6-28 所示。

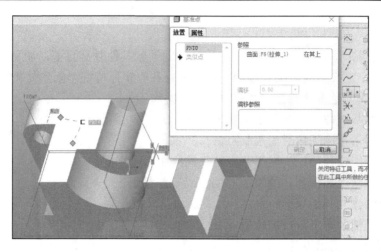

图 6-27　创建一般基准点

在对话框中选择坐标，作为参照。其中坐标类型有三种：笛卡儿、圆柱和球坐标，在名称下面的框里单击，出现基准点的名称，后面就是 *xyz* 三个值，如果更改这三个值，就会相对于坐标系有一个偏移的点，方框中现在是 0 的情况，说明我们创建的基准点重合在选定的坐标的零点位置。选择参考坐标系，在对话框"偏移类型"中选择坐标系，本例选择笛卡儿坐标(为与软件保持一致，图中不作修改)，在对话框中输入尺寸或在绘图区中双击尺寸修改。

如果更改以后出现偏移后的基准点，并且包括相对于选定坐标系偏移的距离，双击对话框中以及图中数据都可以改变偏移值。如果将鼠标放置在偏移点上，不同位置可以分别出现 *xyz* 坐标系，单击并拖动，也可以进行位置的修改。

3. 域基准点

单击"属性"选项后出现基准点的名称，可以在对话框中进行修改，域基准点在任何的平面或者曲面区域中都可以创建，如图 6-29 所示。单击"放置"选项在图中图元的任一平面上创建一个点，单击这个点，它的位置就被确定了；与其他基准点的区别就是不需要再确定这个点在平面上的两个定位基准；鼠标单击哪里，域基准点就确定在哪里。

图 6-28　偏移坐标系基准点对话框　　　　　　图 6-29　域基准点对话框

6.3.4　基准曲线

基准曲线可以创建和修改曲面，也可以作为扫描特征的轨迹，作为圆角、拔模、骨架、折弯等特征的参照，还可以辅助创建复杂曲面。基准曲线的作用：①可作为创建曲面的基本元素(因此曲线对于曲面是非常重要的)；②可作为一些基础特征或高级特征(如扫描特征、扫描混合特征等)的辅助线参考线。基准曲线的创建方法有以下几种。

(1)利用草绘创建基准曲线。

(2)通过点创建基准曲线。

(3)通过自文件创建基准曲线。

(4)使用剖截面创建基准曲线。

(5)通过方程创建基准曲线。

(6)利用曲面相交创建基准曲线。

如果在基准特征工具栏中，单击"草绘"图标 ，或选择"插入"→"模型基准"→"草绘"选项，将打开"草绘"对话框。设置完草绘平面与草绘参照后进入草绘环境，可绘制草绘基准曲线；单击基准特征工具栏中的 图标按钮或选择"插入"→"模型基准"→"曲线"选项，将打开"曲线选项"菜单。

"曲线选项"菜单各项命令的功能如下。

通过点：通过一系列参考点建立基准曲线。

自文件：通过编辑一个 ibl 文件绘制一条基准曲线。

使用剖截面：用截面的边界建立基准曲线。

从方程：通过输入方程式建立基准曲线。

下面介绍几种常用的基准曲线的创建方法。

1．利用草绘创建基准曲线

在零件图中，单击 图标，打开"草绘"对话框——选择草绘——选择一个基准平面——进入草绘模式，然后利用样条曲线，在零件某个平面上绘制一条样条曲线——完成打勾——转换一下视角观察，零件上出现一个样条曲线。图形窗口显示完成的基准曲线。

2．通过点创建基准曲线

用到基准曲线快捷方式，单击"基准曲线"快捷方式以后，弹出窗口，列出了几种创建曲线的方法，单击 图标按钮，打开"曲线选项"菜单。经过点来创建曲线就是第一项，创建样条曲线，必须要一个一个的点，通过这些点来创建一条光滑的样条曲线，选择"通过点"，再选择方框中的完成，出现两个对话框，如图 6-30 所示。

第一个浮动窗口出现的元素信息是指完成一系列的元素就可以完成样条曲线的创制。第二个菜单管理器中出现的项目就比较多，其中"连接类型"菜单是指样条曲线的形式，包括样条、单一半径和多重半径，各命令的功能如下。

图 6-30　通过点创建曲线

样条：使用选定基准点和顶点的三维样条构成曲线。

单一半径：样条曲线形式点与点之间为直线段连接(有别于利用样条工具形成的光滑的曲线连接)，而线段与线段的连接处采用指定半径的圆角过渡。

多重半径：通过指定每个折弯的半径来构建曲线。点与点之间为直线段连接，而线段与线段的连接处采用不同的圆角过渡。

单个点：选择单独的基准点和顶点，可以单独创建或作为基准点阵列创建这些点。逐一选取点，一个点一个点地选取。

整个阵列：以连续顺序，选择"基准点/偏距坐标系"特征中的所有点。也可逐一选取点，与单个点不同的是，如果出现利用偏移或阵列的方式产生的点，则选择该点以后，与这个点有类似关系的点，可同时选择。利用这个方式可以帮我们大规模地选择点。

添加点：选择点，向曲线定义增加一个该曲线将通过的现存点、顶点和曲线端点。

删除点：删除一个该曲线当前通过的已存在点、顶点或曲线端点。

插入点：在已选定的点、顶点或曲线端点之间插入一个点，该选项可修改曲线定义要通过的插入点。

3. 通过自文件创建基准曲线

单击图标按钮，打开"曲线选项"菜单，选择"自文件"→"完成"选项。

6.4　实　　验

要求：①在零件上，做出以 FRONT 平面偏移 5 的基准平面；②做出任意一条基准曲线；③做出偏移坐标系基准点，距离图 6-31 中原坐标系向右偏移 10。

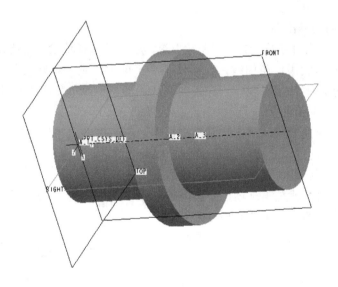

图 6-31　实体建模

第7章 零件建模的基本特征

零件建模的基本特征包括草绘特征和放置特征。草绘特征均是由二维截面经过拉伸、旋转、扫描或混合等创建的。该模块利用各种特征工具即可完成零件模型的建立。该模块为 Pro/E 学习的必修模块，在零件建模的过程中通常使用草绘特征为第一个特征，作为零件的初始坯料或载体，来添加或细化其他特征，从而造出各种各样的零件或造型。放置特征又称为工程特征，是由系统提供的一类模板特征。我们只需要修改一些尺寸等就可以得到需要的放置特征，如孔的直径、倒圆角的直径等。

7.1 特征分类及基本界面介绍

7.1.1 特征的分类

零件模型的建立过程：在建立一个零件的过程中，需要用到一些特征工具，首先进入草绘模块，绘制这些特征工具所需要的几何图元；其次转换到零件模块界面，进行相应特征工具的操作，如拉伸操作、旋转操作、扫描操作等；再次对零件进行细化，在细化的过程中，要进行如孔的建立、倒角、倒圆角等；最后进行模型表面颜色的添加，这是理论上一个零件的绘制过程。

特征是组成实体模型的基本单元，是具有工程意义的空间几何元素。Pro/E 是一个以特征为主体的几何模型系统，数据的存取以特征作为最小的单位。每一个零件都是由一连串的特征所组成的，而每一个特征的变化都会改变零件的几何外形。在零件模块，主要就是学习各种特征。零件模块中特征的分类如下。

根据建立方式分为草绘特征、放置特征、基准特征、复杂三维特征、曲面特征等。根据特征创建的复杂程度分为基准特征、基础特征、工程特征、构造特征、高级特征、扭曲特征等。

(1)草绘特征：拉伸、旋转、扫描、混合、筋等。

作用：通常使用该类特征为模型建立的第一个特征，作为零件模型的初始坯料或载体。基础特征的学习是比较重要的，可以显示的图标就是基础特征，包括拉伸、旋转、可变截面扫描、边界混合、造型。其他一些图标在绘制之初是灰色的不能使用的，所以基础特征是绘制零件的第一步。单击基础特征之后都会出现相应的控制面板。而在菜单栏中选择"插入"选项也会有相应的基础特征命令。

(2)基准特征：基准点、基准曲线、基准轴、基准平面、基准坐标系等。

作用：通常作为建模过程中所依附的草绘平面、定位或放置参照等。

(3)工程特征(放置特征)：孔、壳、倒圆角、倒角等。

作用：添加此类特征来细化、完整零件造型。

特点：该类特征是由系统提供的或由用户自定义的一类模板特征。其几何形状是确定的，用户通过改变其尺寸，创建不同的相似几何特征。比如，通过改变孔的半径、深度等可以建立不同的孔。

（4）高级特征：环形折弯、修饰、螺旋扫描等。

作用：用于创建复杂、多样或不规则、外形复杂的实体模型(高级特征是在基础特征或工程特征难以创建时利用的)。

（5）编辑特征：复制、粘贴、镜像、阵列等。

作用：在建模过程中所创建的模型不能满足设计要求时，可以通过编辑特征，达到符合最终设计的要求。

（6）曲面特征(有点难度的特征)：旋转曲面、拉伸曲面、扫描曲面等。

作用：由于现代化工业产品曲面外形所趋，一般基础特征或高级特征很难完成造型设计，利用曲面特征，即可创建具有高度可控的复杂曲面外形。

7.1.2　基本界面介绍

进入方法：选择"新建"→"零件"选项，零件模块子类型包括实体、复合、钣金件、主体。

输入名称：如果使用默认模板，单击确认以后，进入的是 Pro/E 自带的一个模块，所以这里不需要使用默认模板。选择公制模板(英制一般适合欧美国家)，然后单击"确定"按钮进入零件模块。这里看到的界面和之前学的草绘模块是差不多的，包括标题栏、菜单栏等，还有快捷工具栏、消息区、导航栏、过滤器等，在菜单栏中可以调出各种工具的命令。

需要注意的是快捷菜单的增减：选择"工具"→"定制屏幕"选项，出现对话框，选择需要插入的命令；如倒圆角等，单击拖动到快捷菜单。

删除的方法：快捷菜单中单击拖动工具栏中图标。

工具→定制屏幕→出现对话框→命令→工具栏→可以调整各种菜单出现的位置。

注意：之前草绘模块中的命令方式在零件模块也是适用的，比如，眼睛图案中可以控制零件的尺寸显示方式，以及基准轴基准点的显示效果和方式等。在进行零件模块的操作时也会用到草绘模块的方式。

鼠标的使用方法如下。

零件模块界面：移动，Shift+鼠标中键；旋转，鼠标中键；缩放，Ctrl+鼠标中键。

从零件中进入草绘模块：移动，Shift+鼠标中键；旋转，鼠标中键；缩放，鼠标中键。

例如，通过建立一个圆柱体，练习使用鼠标。

选择圆柱→右击→编辑定义→放置(信息栏中)→断开(编辑)→草绘界面。此时的移动方法就是：Shift+鼠标中键。

如果草绘方向被移动变化了，想要变回画图需要的方向——按"草绘方向"按键——恢复。

设置视图的颜色：包括系统的颜色和模型的颜色

系统颜色的设置在第 6 章已经介绍过了，这里重点介绍模型的颜色更改。

⬤选择颜色——单击模型——然后选择鼠标中键确定，如果颜色选定错误，则选择清除外观，如图 7-1 所示。

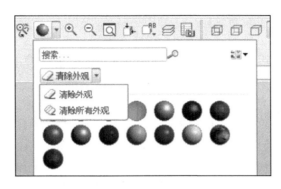

图 7-1　清除外观

7.2　草　绘　特　征

7.2.1　拉伸特征

拉伸特征是最基本的基础特征，也是定义三维集合的一种基本方法。该特征是将二维截面延伸到垂直于草绘平面的指定距离处来形成实体。在建模过程中经常使用该工具创建比较规则的模型。

拉伸特征是剖截面沿一定方向延伸所创建的特征。通过该操作既可以向模型中添加材料，也可以从模型中去除材料。其中添加或去除材料后的每一部分都是独立的个体，可以对其进行单独编辑或修改。

拉伸特征建立包含的三个基本内容：①特征截面的绘制(截面建立很重要)；②拉伸方向的指定；③拉伸深度的确定。

在"基础特征"工具栏中单击"拉伸"按钮 ，将打开"拉伸"操控面板。在该操控面板中既可以进入草绘环境控制截面图形，也可以设置拉伸特征的类型、深度和方向，以及预览拉伸特征的效果，面板包括实体和曲面两种类型。

注意：在绘制拉伸实体时，所绘制的截面首先要满足的第一个条件是其为封闭的，第二个条件是没有开放的端点，第三个条件是图元之间没有重叠的部分。比如，在零件的草绘模式下画两个有重叠的矩形框，利用草绘诊断器来判断可以修改为封闭的区域，等等；草绘诊断器中的端点加亮、重叠检测也可以用于检测。这在绘制截面时是很重要的。

1. 图标的含义

实体：创建实体拉伸特征(此快捷键图标是默认的值)。

曲面：创建曲面拉伸特征。

拉伸深度方式设置：功能比较多，通过它可以完成不同的拉伸方式来创建拉伸特征。(注：未建立任何特征之前这里面就只列出三种拉伸深度方式，拥有一个特征之后，Pro/E5.0 一共提供六种拉伸深度方式)。

深度值设定框：输入拉伸深度值的方框，通过输入值改变拉伸深度。

反向：改变所创建拉伸特征的方向。这个功能可以实现拉伸的第二步，改变拉伸方向。

去除材料：创建拉伸去除材料特征。(注：在已经拥有一个特征的基础上才能使用。)当没有图元时，显示的是灰色。

加厚草绘：创建拉伸薄壁特征。如果利用草绘特征对几何进行拉伸创建，就增加了创建步骤和创建的复杂性，所以利用这个加厚草绘工具就可以很方便地创建一些薄壁特征。需要注意的是，这个快捷方式后面还给出了两个对应的功能注：输入厚度值、选择加厚方向（包括向外拉伸、向内拉伸和居中）。

拉伸下面的下拉菜单介绍如下。

放置：通过设置下滑面板进入草绘模块。单击"放置"按钮出现下拉菜单，然后单击"定义"按钮出现对话框，在绘图区选择一个基准平面（如 TOP 面），单击确定按钮出现草绘模块。

选项：用于设置拉伸深度方式。也就是说我们不仅可以使用上面说过的"拉伸深度方式设置"，也可以使用这个选项，另外，在使用"拉伸深度方式设置"快捷键设定时我们只能使用一侧进行设置，但是使用这个选项中的深度设定时，可以进行两侧设定。

属性：用来更改拉伸特征的名称。

2. 拉伸深度方式的类型及定义

当绘制完拉伸截面后，通过设置拉伸深度，可以使模型尽可能实现参数化驱动。当开始创建拉伸特征时，"拉伸"操控面板包括以下三种拉伸深度方式。

盲孔 ⊥：主要通过设定的深度值来限制拉伸的深度。

对称 ⊟：通过设定深度值，沿垂直于截面方向进行对称拉伸。

拉伸至 ⊥：通过选取的点、曲线或曲面为终止参照，从而限制拉伸的深度。一般沿着拉伸方向碰到的第一个表面即为拉伸终止参照面。选择该方式，并在"选项"下滑面板中激活"第一侧"和"第二侧"文本框。然后分别选取第一参照面和第二参照面，即可在两侧参照面间创建拉伸实体。

当创建完第一拉伸特征之后，如果再次单击"拉伸"按钮，在打开的"拉伸"操控面板中，包括六种拉伸深度设置方式，其中三种深度设置方式的含义介绍如下。

穿至 ⊥：指将截面草图拉伸至与指定的曲面相交。其中选取的终止面可以是草绘平面或其他基准平面。但草图轮廓曲线在曲面上的投影必须位于曲面边界内部。

穿透 ⅱ：将草图截面拉伸，并穿过拉伸方向上的所有曲面。

到下一个 ⊟：将草图截面沿着拉伸方向拉伸，所碰到的第一个表面即为截止面。其中草绘轮廓不能超出终止表面的边界。

3. 创建一个拉伸曲面

根据一个简单的零件来练习零件的拉伸建立过程。首先选择一个基准作为绘制的基础，选择一个参照平面（如 RIGHT 面）进行草绘，然后转入草绘工作界面，绘制一个矩形（先在草绘平面上绘制两条中心线，然后绘制矩形，利用约束工具，中心线四周相等对称）。所绘拉伸截面为封闭的轮廓曲线，且模型是有一定厚度的，最后将该截面沿垂直于草绘平面方向进行拉伸，即可创建拉伸实体特征。在"拉伸"操控面板中单击"实体"特征按钮 □，指定要创建的特征类型。然后展开"放置"下滑面板，应用拉伸工具中的"移除材料"进行去除，效果如图 7-2、图 7-3 所示。

创建拉伸特征的两种特殊种类如下。

1）创建拉伸薄壁特征

拉伸薄壁特征是实体特征的一种特殊类型，其外部形式为具有一定壁厚，且内部呈中空状态的实体模型。不同于曲面特征，它具有实体的大小和质量。

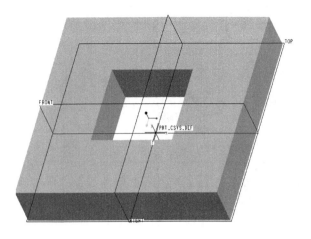

图 7-2　创建拉伸面

图 7-3　拉伸对话框

创建薄壁特征的方法与创建拉伸特征基本相同，区别在于：在"拉伸"操控面板中选择"实体"类型后，单击"加厚草绘"按钮 ⬜。然后在右侧的深度文本框中设置壁厚，即可将绘制的草绘加厚为薄壁实体。图 7-15 所示为壁厚为 9 的薄壁特征。

当在草绘环境中所绘的草绘截面包括两个或两个以上的封闭曲线轮廓，创建薄壁特征时，各个封闭轮廓同时向一个方向加厚。此时薄壁特征外部形式为多个薄壁特征，但实际上为一个整体。

在操控面板中单击"加厚草绘"按钮右侧的"反向"按钮 ⤢。可以切换壁厚的创建方向。壁厚创建的方向共有向外、居中和向内三种。其中居中是默认的创建方向，指对称创建薄壁特征，如图 7-4 所示。

图 7-4　薄壁创建

2) 创建拉伸剪切特征

拉伸剪切特征是将创建的拉伸实体中去除材料而获得的特征。使用时必须依附于拉伸实体的子特征，只有在已有实体特征的基础上才能执行去除材料。

在"拉伸"操控面板中选择"实体"类型，单击"去除材料"按钮 ◺。然后进入草绘环境绘制截面草图，并设置拉伸深度值，即可创建拉伸剪切特征，如图 7-5 所示。

图 7-5　拉伸剪切特征对话框

4. 练习

练习：利用拉伸工具，创建一个零件（图 7-6）。

分析：这是由一个立方体去除了一些部分得到的（这就是 Pro/E 学习中和其他软件不同的地方，建模的过程和实际的制作过程是相似的）。

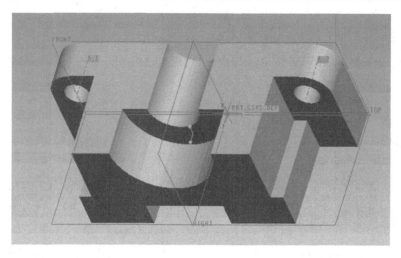

图 7-6 拉伸实体

创建过程：先创建一个立方体，再利用拉伸命令中的去除材料命令，去除图中缺省的地方，而图中的孔就可以利用拉伸工具去除材料来完成（或者孔工具来完成）。具体过程如下。

（1）单击拉伸工具（实体创建），放置——下拉菜单，自定义选择平面，如选择 FRONT 平面，便于对零件观察绘制——单击草绘进入草绘平面。这里可以利用草绘中的技巧：先绘制一条中心线——选择矩形工具——确定——拉伸——视图方向——用盲孔的拉伸方式操作长宽高：如 100×40×50——打勾——再选择拉伸工具——选择去除材料——放置——选择平面——进入草绘绘制。

（2）绘制矩形——同样要先画中心线——然后矩形（注意约束符号，对称）尺寸如 30×10——打勾完成。

（3）箭头往内——选择去除材料，往内去除，因为要穿透材料，所以选择这个命令，穿透。

继续使用拉伸工具去除材料，此时使用的放置进入草绘时，平面的选择就可以使用先前的。去除的部分，因为是对称的，所以只需要绘制一半的草图，另一半可以用镜像命令来完成。

（4）使用镜像——肯定先要绘制一条中心线——使用框选命令选择一条边，然后利用直线命令画出所需的图形。

（5）框选所画——利用镜像——中心线——对称出另一半——打勾——用默认视图方向观看——调整箭头方向，选择去除材料——再次进入草绘——使用先前的基准面——草绘——参照中，选择图中的这一条边关闭对话框。

（6）在中心的地方画一个圆（因为有参照，所以自动出现圆心，半径为 10）——删除圆的上半部分——打勾。

继续使用拉伸中去除材料的操作——调整视图方向——选择穿透所有曲面。然后继续刚才的步骤，绘制一个圆（半径为 20）。

（7）使用盲孔——去除材料——修改厚度（20）——打勾。

（8）选择倒圆角——选择一般倒圆角——在信息栏输入半径（10）——选择倒圆角的两个边——打勾。

（9）接下来建立孔（直径为 10）——建立的时候利用倒圆角的轴线的位置，选择基准轴快捷键——选择倒圆角圆弧表面——对话框确定——另一端同样操作——单击孔位置选择倒圆角的基准轴。

(10)选择穿透——镜像出另一个圆孔——打勾。

7.2.2 旋转特征

旋转特征是将草绘截面绕定义的中心旋转一定角度所创建的特征。与拉伸特征类型一样，旋转特征也是最基本的特征之一。创建特征时，需要指定特征参数，包括剖面所在的草绘平面、剖面形状、旋转方向和旋转角度。

1. 旋转特征的基本定义和方法

旋转特征包含如下三个基本内容。

(1)特征截面的绘制(和拉伸一样，截面的绘制很重要)。

(2)指定旋转中心线(旋转特征必须要有一条旋转中心线)。

(3)确定旋转的方式及方向。

2. "旋转"操控面板中各个图标含义(单击"旋转"按钮 ◁▷，打开"旋转"操控面板)

实体：创建实体旋转特征(默认值)。

曲面：创建曲面旋转特征。

旋转轴：通过单击收集器来确定旋转轴。(注意：位置图标处，下面还有一个旋转轴)这个功能不经常使用，一般是直接在草绘界面中绘制一条中心线，以这条中心线作为旋转轴。

拉伸深度方式设置：利用不同的旋转方式来创建旋转特征。(注：只有三种旋转方式。)

角度值设定框：用于输入旋转的角度值。

反向：将旋转的角度方向改为草绘的另一侧。(和拉伸有区别，拉伸是改变拉伸方向。)

去除材料：创建旋转去除材料特征。(注：已经拥有一个特征的基础上才能使用。)

加厚草绘：创建旋转实体薄壁特征。(注：输入厚度值、选择加厚方向。)

位置：通过设置下滑面板进入草绘模块进行截面绘制，同时可以在收集器内选择旋转轴。

选项：用于两侧同时设置拉伸深度方式以及深度值。选项下有个封闭端复选框，它是在使用曲面建立的旋转特征时，由于曲面是片体，在进行旋转时，可以利用这个封闭端口将两端的片体进行封闭。

属性：更改旋转特征名称。

3. 旋转方式的类型及定义

在旋转操控面板中可以设置以下三种旋转角度方式。

盲孔 ⎯⊥⎯：指将剖截面以指定的角度旋转，是最常用的角度设置方式，也是系统默认的方式。绘制完旋转截面后，返回操控面板，并在文本框中输入角度值，草绘截面将按该角度单向旋转创建旋转特征。

对称 ⊟：将剖截面在草绘平面两侧双向旋转一定角度而创建旋转特征。其中每一侧旋转的角度是设定值的一半。

旋转至 ⎯⊥⎯：将旋转截面旋转至一个参照几何对象，如点、曲面、平面或基准平面等。指定该方式后，在模型上选取一个参照平面，即可完成旋转角度设定。注意：绘制旋转截面时必须绘制一条中心线，它是截面绕旋转轴的中心线，且截面草图必须位于中心线的一侧。

4. 创建旋转剪切特征

旋转剪切特征是将创建的旋转实体去除材料而获得的特征。该特征附属于旋转特征，并且只有在已有实体特征的基础上才能执行去除材料操作。

在"旋转"操控面板上选择"实体"类型，单击"去除材料"按钮，然后在"放置"下滑面板中单击"定义"按钮，进入草绘环境绘制草绘截面草图。接着返回特征操控面板，设置旋转角度方式，设置旋转角度，创建旋转剪切特征，如图 7-7 所示。

图 7-7　旋转特征对话框

5. 练习

偏心轴的绘制(图 7-8)。

分析：难点在于偏心的部分的创建，需要利用旋转工具。绘制完一小部分截面以后，先修改尺寸，有利于我们创建截面，避免尺寸差异过大，造成截面变形。截面在旋转过程中，也要求截面是封闭的，没有开放的端点，且没有重叠的部分。偏心轴在绘制时，需要设置一条轴线，先将轴线绘制出来，作为偏心轴旋转的轴线。退刀槽尺寸绘制时，选择"草绘"→"参照"选项，选择多条参照边。圆孔可以利用拉伸工具的对称孔去除材料。

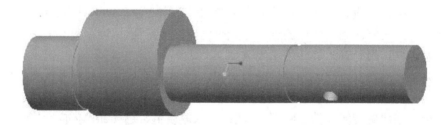

图 7-8　创建轴

7.2.3　扫描特征

扫描特征是通过草绘或者选取轨迹线，沿着该轨迹线对草绘截面进行扫描所创建的扫描实体、薄板或曲面特征。利用扫描工具可以创建形状比较复杂的零件。常规的截面扫描可使用创建特征时所草绘的轨迹，也可以指定基准曲线或边作为扫描轨迹。

1. 创建扫描特征

快捷菜单中，没有列出扫描命令的快捷方式，所以需要先从菜单栏中的"插入"选项中选择一系列关于扫描的命令，如图 7-9 所示。

(1)伸出项命令：单击"伸出项"按钮弹出对话框。

伸出项：扫描对话框。用于编辑所创建的轨迹与截面。进行扫描操作，必须要存在一条轨迹线和一个截面，这样才能生成一个扫描特征，扫描对话框就是用来编辑轨迹和截面的，通过这两个就可以分别修改轨迹和截面。其中，轨迹用于编辑定义轨迹，截面用于编辑定义截面，如图 7-10 所示。

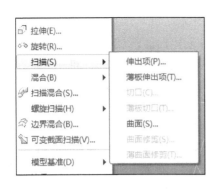

图 7-9　创建扫描特征

图 7-10　扫描对话框

"菜单管理器"中的"扫描轨迹":提供利用轨迹和两种修改轨迹的方法:①草绘轨迹,用于绘制草绘轨迹来作为扫描轨迹;②选取轨迹,在已经拥有一个轨迹以后,用于选取已有的轨迹来作为扫描轨迹。

(2)薄板伸出项:薄板伸出项和拉伸特征中的加厚草绘的工具比较类似,可以扫描出一些薄壁的零件,如管壁等。

方法:插入→扫描→薄板伸出项→草绘轨迹→新设置→草绘视图→缺省。

例如,在草绘界面,绘制一条草绘直线,以这条直线作为轨迹,扫描出一个圆柱形桶——更改尺寸(如300)——打勾完成;再绘制一个圆形截面(直径300)——打勾完成绘制。弹出两个对话框,如图 7-11 所示,其中第一个显示要求定义材料侧和厚度,在材料侧对话框中(薄板选项)选择正向——确定。

图 7-11　扫描薄板

此时会弹出对话框,如图 7-12 所示,输入薄特征的宽度,也就是我们要绘制的管壁的厚度值,如输入 10→打勾→预览→确定。如图 7-13 所示。

图 7-12　扫描特征尺寸

图 7-13　扫描相切

扫描材料侧,有三种方向(反向、确定、两者),来看看它们的区别是什么:选择这个平面进行拉伸操作——进入草绘界面——绘制中心线——绘制 300×300 矩形——做一个和圆相切的矩形薄壁——打勾。在模型树中——扫描特征——右击编辑定义——弹出对话框——单击材料侧——看薄板方向三个选项，分别单击可以查看区别(预览)。

(3)曲面命令：插入→扫描→曲面→草绘轨迹(注：创建曲面，就只需要两个元素就可以创建出，一个轨迹，一个截面)——新设置——选择放置轨迹的平面——正向——缺省——绘制一条样条曲线(图中所画任意形状)——打勾完成——注意弹出的对话框中开放端与封闭端。在进行曲面创建的时候，创建出来的都只是片体，那么它的两端必然是开放的，通过这个对话框，可以保留这个端面或者封闭这个端面，如图 7-14 所示。这就是该对话框应用的场合。

开放端：选择"开放端"→"完成"选项，绘制一个截面(绘制一个矩形，矩形的绘制要在样条曲线的端点上，在上面移动，确定的点的标志是　)，然后选择"完成"→"预览"选项，可以看到开放端的扫描是片体且开放的，如图 7-15 所示。

图 7-14　扫描轨迹设置对话框

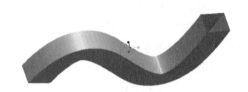

图 7-15　扫描曲面

封闭端：选择"属性"→"改选封闭端"→"完成"→"预览"选项，成为封闭的曲面，如图 7-16 所示。

2. 可变截面扫描特征

可变截面扫描特征是沿轨迹线有规律延伸，剖截面呈无规则变化的实体和曲面特征。一般通过扫描轨迹线来控制剖截面扫掠过程。绘制过程中，需设定草图对象与扫描轨迹线之间的几何约束关系。首先定义扫描轨迹线，包括原点轨迹线和辅助轨迹线两种。其中原点轨迹线只有一条，一旦选取将不能删除，但可以用其他曲线代替原点轨迹。而绘制的辅助轨迹线可以由两条或两条以上组成。

绘制完扫描轨迹线后，首先单击"可变剖面扫描"按钮　，在打开的操控面板中单击"实体"按钮　，并在"选项"下滑面板中选择"可变截面"单选按钮。然后按住 Ctrl 键分别选取曲线。其中第一条曲线为原点轨迹线。接着设置扫描剖面为"恒定法向"方式，方向参照为 FRONT 平面。单击"草绘剖面"按钮　，进入草绘环境绘制扫描截面。最后退出草绘环境，并单击"应用"按钮　。此时系统将以该截面与四条轨迹线之间的几何约束关系，使截面沿轨迹线有规律地变化，自动创建可变截面扫描特征，如图 7-17 所示。

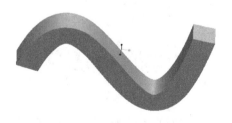

图 7-16　扫描实体

图 7-17　可变截面扫描

在"剖面控制"下拉列表中包括三个选项，其中"垂直于轨迹"指扫描截面始终与扫描轨迹垂直；"垂直于投影"指扫描截面始终与扫描轨迹在某一平面的投影相垂直；"恒定法向"指扫描截面始终垂直于所指定的参考方向。

3．练习

(1) 练习一：利用扫描特征，创建杯子，注意手柄创建时封闭端的选择(图 7-18)。

(2) 练习二：利用扫描特征创建零件(图 7-19)。

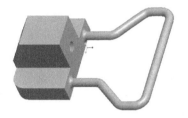

图 7-18　扫描特征创建实体　　　　　　　　图 7-19　扫描特征创建实体

7.2.4　混合特征

当一个模型中有多个不同的截面时，经常利用混合特征进行创建。混合特征是将多个截面通过一定方式连在一起创建，其特征包括多个截面，截面的形状以及连接方式决定了混合特征最后的成形形状。

1．混合特征建立的三个步骤

(1) 截面绘制(重点)：每个剖截面的段数都要求是相同的。

(2) 方向确定。

(3) 截面间深度值确定。

2．混合选项类型

(1) 平行：是按照平行混合的方式，连接两个或两个以上的平行剖截面而创建的特征，其中所有的剖截面均在同一草绘环境下绘制，并且均互相平行。

(2) 旋转：是按照旋转混合的方式连接各个剖截面而创建的特征。其中每个剖截面均在不同的草绘环境下绘制。

(3) 一般：兼有平行混合与旋转混合的特点。

(注：不管哪一种混合，每个剖截面的分段数必须相同。)

(4) 规则截面、投影截面：选择何种截面。

(5) 选取截面、草绘截面：选择利用截面的方式。

3．创建方法

1) 平行混合特征

连接两个或两个以上的平行截面而创建的特征。所有剖截面均在同一草绘环境下绘制，且互相平行。需要指定各截面之间的距离来决定混合特征的深度。首先选择混合方式，设置混合属性。选取草绘平面绘制各个剖截面，指定各剖截面之间的距离参数。

步骤：选择"插入"→"混合"→"伸出项"选项，并在打开的菜单中选择"平行"→"规则截面"→"草绘截面"→"完成"选项，然后指定剖截面间的过渡属性为光滑，选取

图 7-20　混合扫描对话框

TOP 平面为草绘平面，以默认方式进入草绘环境，如图 7-20 所示。

菜单管理器浮动窗口中的属性分类如下。

直的：所创建的混合特征各截面与截面之间利用直线段连接。

光滑：所创建的混合特征各截面与截面之间利用光滑曲线连接。

设置草绘平面：使用先前的、新设置，提供选择放置截面的草绘平面。

设置平面：平面、产生基准、放弃平面，提供平面的选择、基准确定及放弃平面。

注意：绘制的两个平行剖截面，如果截面的段数不相等，将不能创建混合特征；如果创建的混合特征存在扭曲，则是由于剖截面的起始点不匹配，需要重新进入草绘环境，然后通过右击菜单中的"起始点"选项调整起始点位置。

2）旋转混合特征

按照旋转混合的方式连接各剖截面而创建。每个剖截面都要在不同的草绘环境中单独草绘，由于旋转空间位置发生了变化，需要在每个草绘截面中创建一个坐标系，并且要对齐各个坐标系，确定剖截面的空间方位。

步骤：创建旋转混合特征，首先在打开的"混合选项"菜单中选择"旋转"→"规则截面"→"草绘截面"→"完成"选项。然后设置属性，并指定草绘平面进入草绘环境。接下来单击"坐标系"按钮 创建一坐标系，并以该坐标系为参照绘制第一个截面。其中坐标系与截面草图中心的距离决定该截面的旋转半径。然后退出草绘环境，进入下一个草绘环境。接着创建一坐标系，绘制第二个剖截面，此处要保证数量相等。绘制完截面后，退出草绘环境。此时系统提示"继续下一截面吗"，单击"否"按钮，不再绘制截面。然后单击"确定"按钮，即可创建旋转混合特征。

注意：在选择截面类型的时候，如果选择"选取截面"选项，可以使模型的边、线来构成截面。而在设置属性时，"开放"选项指第一个截面和最后一个截面连接成一个开放的实体。"闭合"选项指创建一个封闭的实体。

3）一般混合特征

一般混合特征兼有平行与旋转混合特征的特点。由于该特征的各个剖截面之间在 X 轴、Y 轴和 Z 轴均存在旋转关系，操作比较灵活。创建时，各剖截面要在不同的草绘环境中单独绘制。

步骤：选择"混合选项"→"一般"→"规则曲面"→"草绘截面"→"完成"选项。然后设置属性，并制定草绘平面进入草绘环境。首先绘制第一个剖截面，利用"坐标系"工具以截面中心为坐标系原点创建一坐标系。然后单击"保存"按钮，指定保存路径。接着退出草绘环境后，在提示栏中依次输入第二个截面绕 X 轴、Y 轴和 Z 轴的旋转角度，进入下一个草绘环境。接下来选择"草绘"→"数据来自文件"→"文件系统"选项，指定刚保存的截面图形，并将其插入绘图区作为第二个截面。最后利用"坐标系"工具以该截面中心为坐标系原点创建一个坐标系，退出草绘环境，单击"确定"按钮，即可创建一般混合特征。

注意：与另外两种特征相同，一般混合特征中的各个剖截面的分段数目必须相等。

7.2.5 筋特征

筋特征是连接到实体曲面的薄板或腹板的实体特征，主要用于加固零件，防止扭曲弯曲等。筋特征必须是在其他特征之上，并且其草绘剖面必须是开放的。此外，筋特征也可以通过拉伸特征来创建。

1. 分类

(1)直立式筋：与筋特征接触表面都是平面的情况所创建的筋特征。

(2)旋转式筋：所连接表面为圆弧曲面或其他不规则的曲面。

(3)轨迹筋：利用该工具可以一次性创建多条加强筋。

2. 创建方法

1)创建直立式筋特征

直立式筋特征是指与筋特征所接触的表面都是平面的情况下所创建的筋特征，如矩形表面等，创建方法类似于拉伸特征。

单击"筋特征"按钮，将打开"筋特征"操控面板，然后在"参照"下滑面板中单击"定义"按钮，进入草绘环境绘制筋的截面直线。接着指定筋的厚度和方向，即可完成该类筋特征的创建。在"参照"下滑面板中单击"反向"按钮，可以改变筋特征的创建方向。而单击"厚度"文本框后面的"厚度方向"按钮，可以改变筋的两侧相对于放置平面之间的厚度，连续单击该按钮，可在对称、正向和反向之间进行切换。

2)创建旋转式筋特征

连接表面为圆弧曲面或其他不规则的曲面。当连接表面为圆弧曲面时，以圆弧曲面的旋转轴为中心轴创建筋特征；连接表面为样条线时，以样条曲面创建相同曲率的筋特征。

步骤：选择"筋特征"工具后，在"参照"下滑面板中单击"定义"按钮，进入草绘环境绘制筋的截面直线。接着指定筋的厚度和方向，即可完成该类筋特征的创建。

3)创建轨迹筋特征

可一次性创建多条加强筋。该类筋的轨迹截面可以是多个开放线段，也可以是互相交叉的截面线段。

单击"轨迹筋"，打开"轨迹筋"操控面板，选择"放置"→"定义"选项，选取草绘平面，绘制多条截面线段，设置厚度参数，即可创建轨迹筋特征。"轨迹筋"操控面板中各选项的含义介绍如下。

放置：指定筋的草绘平面，绘制筋的截面形状。其中绘制的截面不必使用边界参考，系统会自动延伸所绘制截面几何直到和边界实体几何进行融合。

形状：设置筋的厚度参数。

属性：修改筋的特征名称，浏览筋特征的草绘平面、参照和厚度等信息。

添加斜度：为所创建的筋实体添加斜度。

底部圆角：为所创建的筋实体底部添加圆角。

顶部圆角：为所创建的筋实体顶部添加圆角。

7.2.6 实验及练习

实验：学习了 Pro/E 中零件图的一些画法，包括拉伸特征、旋转特征和扫描特征等最常用到的，要学会在一个零件图中，同时使用这几种方法，并且可以快速熟练地画出。

分析：可以将这个模型分解为两部分：上面带有筋特征的是一部分，下面是另外一部分，接着来观察这个模型利用到哪些特征：首先利用拉伸特征创建了上半部分，然后利用拉伸移除材料得到一个圆柱孔，最后利用筋特征创建一个筋，上半部分就可以创建完成。下半部分可以利用拉伸工具还有拉伸移除材料来创建。

如图 7-21 所示，首先看第一个尺寸 25，这个尺寸是零件图中上半部分圆柱的高度，60也是一个定位尺寸，定位了圆柱上表面到下半部圆柱孔中心的尺寸，然后就是下半部分圆柱的厚度和直径，最后的 40 也是一个定位尺寸，定位了下半部分边缘到上半部分圆柱孔圆心的垂直距离。

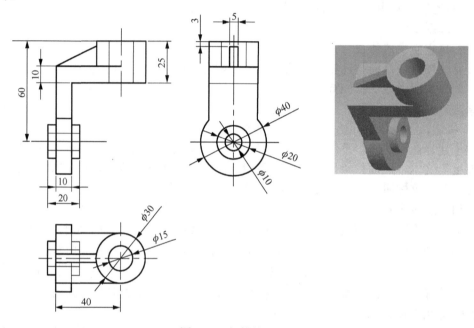

图 7-21 扫描练习

练习：利用基础特征创建图 7-22 中的零件。

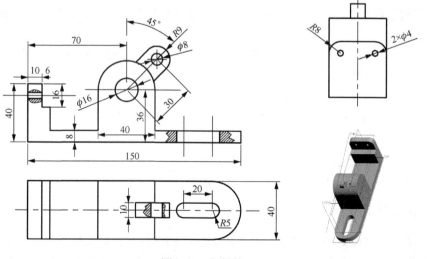

图 7-22 扫描练习

分析：观察三视图，先看俯视图，是一个宽度相等的图形，均为 40，可以通过拉伸特征作出。观察主视图，主视图可以分为三个部分，1、2、3，其中底面这一部分的高度相同都是8；右上角有一个耳，这个耳在俯视图上可以看到，它是关于中心轴线对称的，所以说这个零件整体是一个对称图形，在作耳的时候，要在俯视图中心轴线的位置，利用基准平面的方法，作一个基准平面；左视图上要注意的是有两个孔和两个倒圆角。

7.3　放　置　特　征

本节主要介绍孔、倒圆角、倒角、壳和拔模等工程特征，及其在零件建模中的作用和具体的创建方法。

放置特征的特点如下。

(1)放置特征不能单独生成，必须依附在其他实体特征上。在建立此类特征时，必须首先选择一个项目(如平面等)用于放置特征。

(2)放置特征有特定的几何形状，用户通过定义系统提供的可变尺寸控制所生成的特征的大小，得到相似但不同的几何特征。简单地说，就是通过更改不同的尺寸，最后得到的特征的形状是一样的(只是尺寸不同)。

7.3.1　孔特征

孔特征是在模型上切除实体材料后留下的中空回转结构(前面的拉伸特征的学习中，也经常通过拉伸去除材料的命令来绘制孔)。Pro/E 提供了专门的孔特征，主要包括简单孔、草绘孔和标准孔三种。

1. 简单孔的创建

简单孔又称直孔，是最简单的孔特征类型。它放置于曲面并延伸到指定的终止曲面，或者由用户自己定义深度。在"工程特征"工具栏中单击"孔按钮"按钮，将打开"孔特征"操控面板。

在这个简单孔界面中，如图 7-23 所示，第一个方框圈起来的是平底孔和锥形孔，后面是创建自定义形状的草绘孔，再后面是孔的直径和创建孔的深度值(和拉伸的命令相同)。选择放置平面后，类型中包括三种，可以根据需要选择线型：线性、径向和直径，通过选择绿色滑块进行定位。

要注意的是，创建锥形孔时，要注意孔的深度尺寸的选择：不同的选择代表确定的计算位置不同，如图 7-24 所示。

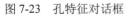

图 7-23　孔特征对话框　　　　　　　　　　　　图 7-24　孔深度设置对话框

1)线性

通过两个线性尺寸对孔进行定位。需要在模型上指定一个用于放置孔的参照平面和两个用于定位孔的偏移参照。然后设置偏移参数和孔形状参数，完成创建。接着在"孔"操控面板的"直径"文本框中输入孔的直径,指定孔的深度。此时也可以通过"形状"下滑面板,设置孔的直径和深度。最后单击"应用"按钮✔,即可完成线性孔特征的创建。孔深度的设置主要有以下六种。

盲孔⬓:从设置参照中,在第一个方向以指定深度创建孔。

到下一个⬓:在第一方向上钻孔,直到与所有曲面相交。

穿透⬓:在第一个方向钻孔,直到与所有曲面相交。

对称⬓:在设置参照的两个方向上,以指定深度的1/2在每个方向钻孔。

到选定的⬓:在第一个方向钻入所选的点、曲线、平面或曲面。

穿至⬓:在第一个方向上钻孔,直到与所选取曲面或平面相交。

2)径向和直径

通过平面极坐标系来定义孔的位置。在选取放置面后,必须首先指定用于确定角度值的参考平面和确定径向值的中心参考轴线。然后设置具体偏移尺寸、孔径和孔深等参数。最后分别设置径向半径和角度数值,确定孔位置,单击"应用"按钮✔,即可完成孔的创建。

2. 草绘孔的创建

建立草绘孔,单击"激活草绘界面"按钮▨,在建立草绘孔的过程当中,它是以一个轴线来形成旋转操作;因此,在绘制草绘界面时,就只需要绘制它对称的一半就可以了。可创建有锥顶开头和可变直径的圆形断面孔,如阶梯孔、沉头孔和锥形孔等。▨这个图标是激活草绘器以创建剖面,如图7-25所示。

图7-25　孔特征的放置位置

注意:在绘制孔截面时,截面必须满足下列四个条件:包含几何图元;无相交图元的封闭环;包含垂直旋转轴(必须绘制一条中心线);所有图元位于旋转轴(中心线)的一侧,并且至少有一个图元垂直于旋转轴。

3. 标准孔的创建

标准孔是指按照现有工业标准规格建立的具有螺纹的孔,可带不同的末端形状、标准沉孔和埋头孔。用户可以通过系统提供的标准查找表,也可以创建自己的孔图标。对于标准孔,系统会自动创建螺纹注释。选择了攻丝之后,创建的孔就是标准螺纹孔,如果取消,创建的孔只是标准孔,但是没有攻丝。选择了攻丝,然后在螺纹系列里面就包括三种创建螺纹的选项,利用"孔"工具可以创建 ISO、UNC 和 UNF 这三种通用规格的标准孔,如图7-26 所示。各含义介绍如下。

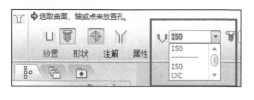

图7-26　按照几何元素放置孔

ISO:标准螺纹,国际标准化组织制定的国际标准螺纹。ISO 螺纹牙型为三角形,牙型角为60°,是使用范围最广泛的一种螺纹。

UNC:统一标准粗牙螺纹。

UNF:统一标准细牙螺纹。

ISO7/1 标准螺纹:国际标准化组织在 ISO 7-1-1982 中制定的国际标准管螺纹,是一种用螺纹密封的锥管螺纹。牙型角为55°,创建的螺纹前面的符号 Rc 表示内螺纹。

NPT、NPTF 螺纹:美国标准锥管螺纹,NPT 螺纹为一般用途的锥管螺纹,其牙型角为

60°；NPTF 为美国标准 ANSIBI.20.1 螺纹，是牙型为 60°的管螺纹。

在"孔"操控面板单击"创建标准孔"按钮 ，即可将操控面板切换至标准孔界面。其中在"螺钉尺寸"下拉列表和"形状"下滑面板中，可以选择孔的标准，并可以对标准孔的具体形状作进一步修改。 为添加攻丝，如图 7-27 所示。

图 7-27　标准孔创建

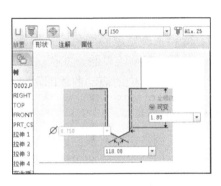

使用螺栓进行零件之间的连接时，为了使螺栓紧固牢靠或在螺栓所在平面上安装其他零件，往往需要在安装螺栓的平面上加工出直径大于螺头孔的矩形盲孔特征，以达到螺栓的头部低于连接表面的目的。在形状中可以选择修改尺寸，螺纹孔创建好之后，在这个实体模型中并没有以螺纹的形式显示，在工程模式下可以看到，高亮的紫色线条就是螺纹，如图 7-28 所示。

图 7-28　孔深度设置

7.3.2　倒圆角

倒圆角是一种边处理特征，通过一条或者多条边、链或曲面之间添加半径而创建。通过倒圆角操作可以圆化零件实体的尖锐边线，从而提高产品外观美感，放置模型由于应力集中而造成开裂，保障使用过程的安全性。

倒圆角的分类如下。

普通倒圆角：也就是恒定倒圆角，在零件上绘制相同半径的倒圆角操作。

完全倒圆角：通过两条边界或者曲线的模型表面完全转换为倒圆角。

可变倒圆角：每一处半径值根据设计需要不同。

通过曲线来倒圆角：通过曲线倒圆角。

1. 普通倒圆角的创建

倒圆角对象可以是边链、曲面-曲面或边-曲面等形式。单击"倒圆角"按钮 ，打开"倒圆角"操控面板，在模型上选取倒圆角对象，并在"倒圆角"操控面板中设置圆角半径，即可创建倒圆角特征。

圆形圆锥倒圆角绘制时，两个滑块只控制着一个半径值，D1×D2 圆锥绘制时，两个滑块分别控制两个半径值。

抛物线锥形弧：曲率数值为 0.5 时，即抛物线锥形弧。

椭圆锥形弧：曲率数值为 0.05～0.5 时，即椭圆锥形弧。

双曲线锥形弧：曲率数值为 0.5～0.95 时，即双曲线锥形弧。

所以曲率数值到达 0.95 就是极限了，要小于 0.95（如 0.6）；当曲率数值为 0.5 时是圆弧，为 0.05 时是锥形弧，类似倒角。

2. 完全倒圆角的创建

完全倒圆角是将两参照边线或两曲面之间的模型表面全部转化为倒圆角。完全倒圆角的大小是根据两个平面的距离自动创建的半径，绘制时选取一个平面，按住 Ctrl 键选取另一个平面，然后进行完全倒圆角(半径没法修改)。

3. 可变倒圆角的创建

半径在一条边线上发生变化的倒圆角即可变倒圆角。创建可变倒圆角时，一次只能对一条边线进行倒圆角操作。

选取模型一条边线，系统自动标注所有半径。此时选取该半径数值并右击，在打开的快捷菜单中选择" 添加半径"选项，可为圆角添加新的半径值。从而创建半径发生变化的可变倒圆角特征。

4. 曲线驱动倒圆角的创建

曲线驱动的倒圆角是由曲线形态决定半径变化的圆角，即该类圆角不需要输入圆角半径值，只需要指定驱动圆角的曲线即可。

步骤：在草绘界面，创建一条样条曲线——完成打勾——选择倒圆角工具——选择通过曲线，选取模型中的驱动曲线即可。

7.3.3　倒角

通过倒角可以对模型的边或拐角进行斜切削，以避免产品周围的棱角过于尖锐。可以进行倒角操作的对象包括实体的表面或曲面。倒角类型主要包括边倒角和拐角倒角两种。

1. 边倒角

边倒角是常用的一种倒角形式。该类倒角是以模型上的实体边线为参照，通过移除共有该边的两个原始曲面之间的材料来创建角曲面。单击信息栏里的"边倒角"按钮 🔧 ，然后在实体模型上选取边线，设置倒角类型并输入参数值，即可创建边倒角特征。

1) 过渡模式

过渡模式点亮方式有以下几种。

当选择相交的三条边(D×D)时，形成过渡边角。🔲 为切换至过渡模式，如图 7-29 所示。

图 7-29　D×D 倒圆角参数

当选择曲面片时，和刚才的(D×D)有区别，中间是形成了一个三角形的区域，后面对话框还可以选择一个曲面作为可选过渡区域，如图 7-30 所示。

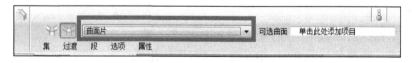

图 7-30　曲面片倒圆角

当选择拐角平面时，形成的过渡区域是一个三角形区域，如图 7-31 所示。

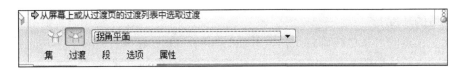

图 7-31　拐角平面倒圆角

2) 集边倒角

比较常用的集边倒角有 D×D、D1×D2、角度×D 和 45×D 等，如图 7-32 所示，各类型的含义介绍如下。

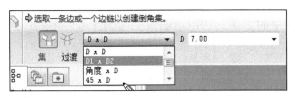

图 7-32　D1×D2 倒圆角

D×D：对两平面的相交边创建倒角特征，倒角两侧的距离 D 相等。

D1×D2 ：和倒圆角中的类似，不过这里的 D 不是半径值而是距离值，可以输入两个具体的值，然后还有改变方向的按键，可以控制方向变向。

角度×D：指定一倒角距离和一倒角角度来创建倒角特征。创建该类倒角时，在指定倒角边线、距离和角度值后，可以控制方向变向。

45×D：仅限于两正交平面相交边线处的倒角操作，倒角的角度默认为 45°。

3) 自动倒圆角

这个命令不常使用，但是是非常方便的命令，在默认的情况下，没有此命令的快捷键图标。在"插入"中可以找到，在铸件的绘制时，会经常用到，因为铸件通常都是圆角的。在大量的圆角操作时，可以选用这个命令。使用自动倒圆角命令时，只要这个模型当中可以实现倒圆角的地方都可以自动倒圆角，如图 7-33 所示。

如果有一部分并不需要自动倒圆角：选择"排除"选项，利用 Ctrl 键在零件上选择不需要倒圆角的边，打勾完成，如图 7-34 所示。

图 7-33　自动倒圆角

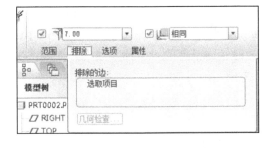

图 7-34　自动倒圆角排出边

2. 拐角倒角

利用该工具可以从零件的拐角处去除材料，从而创建拐角处的倒角特征。选择"插入"→"倒角"→"拐角倒角"选项，打开"倒角(拐角)：拐角"对话框，如图 7-35 所示。选择时会弹出下面的对话框：此时需要选择——选择零件上的一条直线——选择输入弹出下面的对话框输入沿加亮边的长度。

选取模型顶点的一条边线确定拐角，并在打开的"选出/输入"选择菜单中选择"输入"选项。此时输入沿该边的倒角距离，即可完成第一条拐角边的设置。

接着按照同样的方法设置第二条和第三条拐角边的倒角距离，并在"倒角(拐角)：拐角"对话框中单击"确定"按钮，即可创建拐角倒角。

如果要修改这个尺寸，双击这个区域即可修改，输入需要的值，然后使用"再生"命令 或快捷方式 Ctrl+G。

3. 练习

要求：创建图 7-36 中的零件，利用边倒角工具创建零件中的边倒角。

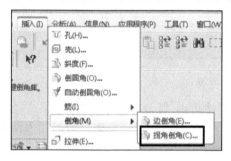

图 7-35 拐角倒角

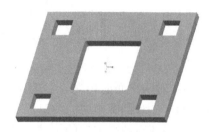

图 7-36 创建倒圆角练习

7.3.4 壳特征

壳特征是指将实体内部掏空，只留下一个特定壁厚的壳。可以选择一个或者多个曲面作为壳移除的参照面。如果没有指定所要移除的面，系统将自动创建一个封闭的壳体，将零件的整个内部掏空，且空心内部没有入口。

1. 单一厚度抽壳特征

对于均匀壁厚的薄壁类零件，使用抽壳特征可以非常轻松地创建。对不同厚度的薄壁类零件也可以创建。创建好的零件是封闭的，可以使用切除操作查看所绘制的零件是不是中空的。使用这个抽壳特征可以非常快捷地创建中空零件，如图 7-37 所示。

如果要去除一个面，也可以利用抽壳特征来创建：同样输入抽壳厚度，在参照里面选择"移除的曲面"，在零件上选择一个平面单击"预览"按钮。可以得到一个上平面去除，其他平面是相同壁厚的一个抽壳结构，如图 7-38 所示。

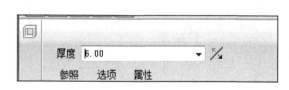

图 7-37 抽壳特征

图 7-38 抽壳特征移除曲面

2. 不同厚度抽壳特征

在创建比较复杂的壳体特征时，有些表面需要承受较大的载荷，因此需要加大其厚度，但其余表面使用正常的厚度即可满足使用要求。此时就需要创建具有不同厚度的壳体特征。在非缺省厚度上面操作。选取要删除的面后，在"参照"下滑面板中激活"非缺省厚度"，然后按住 Ctrl 键选择另一个平面，再进行相关操作。

7.3.5　拔模特征

采用拔模特征可以对零件进行脱模，在进行模型的设计过程当中，要考虑拔模角度，对于拔模角度的创建，一般情况下，常见的就是在圆柱形曲面的表面还有一些平面或者异性曲面进行拔模角度的创建。

在"参照"中，创建拔模特征必须具备三个条件：拔模曲面、拔模枢轴和拖动方向，如图 7-39 所示。

图 7-39　拔模特征

1. 一般拔模特征

拔模枢轴不变，拔模曲面围绕着拔模枢轴进行旋转，从而进行创建。单击"拔模"按钮，打开"拔模特征"操控面板。然后选取拔模曲面，并指定拔模枢轴和拔模角度，即可创建。

拔模曲面：指定要进行拔模操作的模型表面，可以是一个或多个。

拔模枢轴：拔模中性面或者中性线。即在拔模过程中拔模曲面绕着该平面或者曲线进行旋转变形，而其本身或者拔模曲面在该平面或曲线的交线并不变形。

拖动方向：指用于测量拔模角度的方向，通常为模具开模的方向。可通过选取平面、直线、基准轴、两点或坐标系对其进行定义。一般都垂直于拔模枢轴，一般系统会自动设定。

2. 分割拔模特征

分割拔模特征即使用拔模枢轴、草图、平面或平面组为分割对象，对拔模曲面进行分割操作，可对不同区域的拔模曲面设置不同的拔模角度和拔模方向。

在选择拔模曲面时，按住 Ctrl 键，选择一圈需要拔模的平面，然后同样的方法，确定拔模枢轴和拔模角度方向，即可创建拔模特征。

同样要注意的是，采用这个方法，但是不使用 Ctrl 键，就可以对某一个平面进行拔模特征的创建。

3. 可变角度拔模特征

在同一拔模曲面上的不同位置设置不同的拔模角度所创建的拔模特征。其创建过程与创建可变倒圆角比较类似。

指定模型侧面为拔模曲面，并指定模型顶面为拔模枢轴，设置拔模角度。然后在"角度"下滑面板中选择拔模角度并右击，在打开的快捷菜单中选择"添加角度"选项。接着设置第二点的位置和该位置处的拔模角度。同样的方法，继续添加其他位置的点，并设置各点的位置参数，以及各点处的拔模角度。然后单击"应用"按钮，即可创建可变角度拔模特征。

注意：对于分割拔模特征设置其可变角度时，位置点的定义方法与不分割状态下不同。即它不是沿着枢轴平面方向设置位置点，而是沿着与分割对象相垂直的方向在拔模曲面上分别向两侧设置可变角度的位置点。

4. 练习

要求：利用拔模特征创建图 7-40 所示零件的拔模角度。

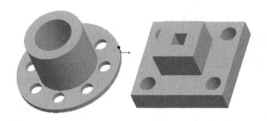

图 7-40　拔模练习

7.4　实验与练习

1. 实验

利用各种特征，绘制图 7-41 中的零件——吊架。

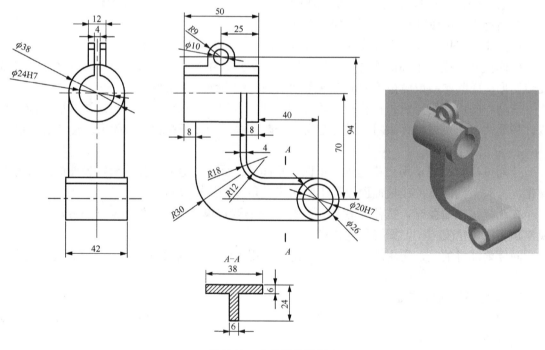

图 7-41　实体零件绘制 1

2. 练习

(1)练习一：根据技术要求绘制图 7-42 所示的零件。

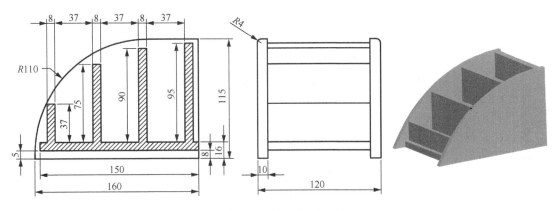

图 7-42　实体零件绘制 2

(2) 练习二：根据技术要求绘制图 7-43 中的活塞支撑架，注意技术要求中的拔模角度。

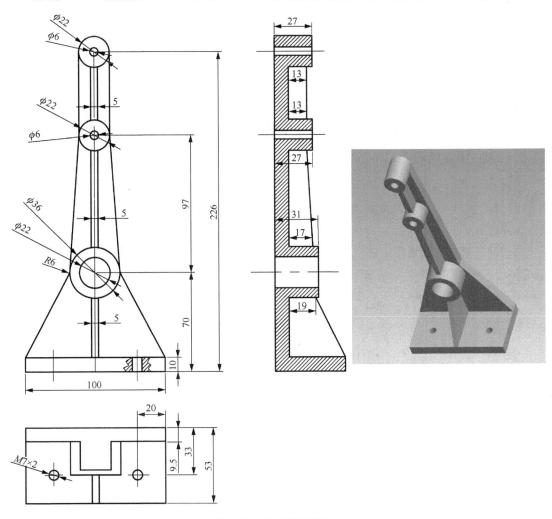

图 7-43　实体零件绘制 3

第8章　零件建模的高级特征

零件建模除了使用基础特征和放置特征，还可以采用高级特征实现某些较复杂的实体形状，这些实体形状用一般的建模方法无法实现，或者实现起来比较困难，而用高级特征可以比较便捷地实现。本章主要介绍修饰特征、扫描混合、螺旋扫描、可变剖面扫描等高级特征的基本概念和创建方法。同时，在建模过程中创建的实体特征并不一定能够完全符合要求，这时就需要通过编辑特征对其进行修改，同时可以改变特征的参照和定形、定位尺寸，增加了设计的灵活性。对于较规则的零件，直接通过实体建模的方式可以快速创建。但对于表面不规则的复杂零件，实体建模的方法创建起来比较困难，此时可以构建零件的轮廓曲线，由曲线创建曲面，并将曲面加厚或者将曲面实体化。

8.1　修　饰　特　征

修饰特征是在其他特征上绘制的一种复杂的几何图形，可以在模型上清楚地显示，如零件模型上的一些修饰性纹理、螺丝上的螺纹示意线、零件产品的名称或标志等。

8.1.1　修饰螺纹特征

螺纹是一种组合的修饰特征，在零件上主要用于表示螺纹直径。修饰螺纹特征在机械零件上以洋红色显示，并且与实际螺纹相一致。通常修饰螺纹可以是外螺纹或内螺纹，也可以是盲孔或通孔。

创建修饰螺纹，应当指定螺纹内径或螺纹外径、起始曲面和螺纹长度及终止边。选择"插入"→"修饰"→"螺纹"选项，打开如图 8-1 所示对话框。该对话框中列出了创建修饰螺纹所需定义的各个元素。

图 8-1　"修饰：螺纹"对话框

1. 螺纹曲面

用于定义螺纹所在的曲面。在打开"修饰：螺纹"对话框时，该选项一般处于激活状态，并提示选取螺纹曲面。

2. 起始曲面

用于定义螺纹的起始端面。一般在定义螺纹曲面后，该选项将自动激活，可以选取面组曲面、常规曲面、分割曲面或实体表面的基准曲面作为起始曲面，如具有旋转、倒角、倒圆角或扫描特征的曲面。

3. 方向

用于定义螺纹的创建方向。定义起始曲面后，该选项将自动激活，同时在图形中显示一个沿螺杆法线方向且呈暗红色的箭头，并打开"方向"菜单。如果图形中的箭头方向正确，可以选择"确定"按钮，选择进行下一步操作；反之可选择"反向"
选项改变箭头的方向。

4. 螺纹长度

用于定义螺纹的长度。定义螺纹的方向之后，该选项将自动激活，
同时打开"指定到"菜单，如图 8-2 所示。该菜单中列出了以下四种
设置螺纹长度的方式。

图 8-2　"螺纹长度"菜单

盲孔：通过一个固定的尺寸控制螺纹长度，具体值由用户定义。

至点/顶点：以选取的点或顶点作为终止参照，使设置螺纹长度到
所选的点或者顶点时结束。

至曲线：以选取的轴、边线或三维图元作为终止参照，使设置的螺纹长度至选取的终止
参照时结束。

至曲面：以选取的曲面作为终止参照，控制螺纹的长度，其中的终止参照可以是任何实
体表面或基准平面。

5. 主直径

用于定义螺纹的直径。定义螺纹的长度之后信息栏中将打开"输入直径"文本框。通常
系统将给出默认的直径值。如果是内螺纹，那么该直径值将比孔的直径大 10%；如果是外螺
纹，该直径值将比轴的直径小 10%。

6. 注释参数

主要用于管理特征参数。定义螺纹的主直径之后，系统将打开"特征参数"菜单。其中
包括以下四种特征参数的管理方式。

检索：选择该选项可以从硬盘中打开一个包含螺纹注释参数的文件，并将其应用到当前
螺纹中。

保存：选择该选项可以保存螺纹的注释参数，以便以后检索使用。

修改参数：选择该选项可以通过如图 8-3 所示的对话框对螺纹的参数进行修改。

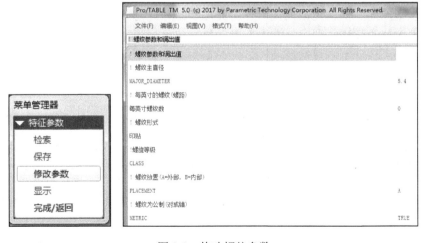

图 8-3　修改螺纹参数

显示：选择该选项可以打开如图 8-4 所示对话框，显示螺纹的信息参数。

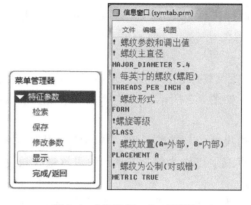

图 8-4　"信息窗口"对话框

当最后一个参数选项定义完成后，在"特征参数"菜单中选择"完成"选项，此时"修饰：螺纹"对话框中将显示所有元素都已定义，单击"确定"按钮，即可创建修饰螺纹特征。

8.1.2　修饰草绘特征

修饰草绘特征主要用于在零件的曲面上充当修饰性纹理，包括印制到对象上的公司徽标、序列号和铭牌等内容。此外修饰草绘特征也可以用于定义有限元局部负荷区域的边界，但不能作为创建其他特征的参考或参考尺寸。

图 8-5　"选项"菜单

选择"插入"→"修饰"→"草绘"选项，打开如图 8-5 所示菜单。在该菜单中列出了以下两种创建修饰草绘特征的剖截面方式。

1. 规则截面

不管是在空间任意位置或零件的曲面上，使用规则截面创建的修饰特征总是位于草绘平面上。规则截面是一种二维平面特征，在创建规则修饰特征时，可以为其添加剖面线或无剖面线。

选择"规则曲面"→"无剖面线"→"完成"选项，选取草绘平面，并接受默认的草绘方向。然后进入草绘环境，利用"文本"工具绘制铭牌标识即可。

注意： 如果选择"剖面线"选项，添加的剖面线只能在工程图环境中修改，在零件或装配环境中，剖面线将以 45° 显示。

2. 投影截面

使用投影截面创建的修饰特征将投影到单个零件的曲面上，但是不能跨越零件曲面，而且不能对投影截面添加剖面线或执行阵列操作。通常投影截面用于在不平整的表面创建修饰草绘特征。

图 8-6　选取投影曲面面组

选择"投影截面"→"无剖面线"→"完成"选项，将打开"特征参考"菜单。其中"添加"方式是默认的操作方式，用于创建修饰特征时选取投影曲面，效果如图 8-6 所示。

选取投影曲面后，需要指定一个草绘平面来绘制图形。一般可以选取基准平面或实体表面作为草绘平面。此外还需要指定草绘视图的方向来确定草绘平面的放置位置。进入草绘环境后，可以利用各种草绘工具绘制几何图形、标注注释或文字说明。退出草绘环境后，草绘的图形即可投影到所选的曲面面组上。

8.1.3　修饰凹槽特征

修饰凹槽特征是将绘制的草图投影到曲面或平面上所创建的投影修饰特征。其中凹槽没有深度概念，不能跨越曲面边界，其效果相当于投影的草绘修饰特征。

选择"插入"→"修饰"→"凹槽"选项，打开"特征参考"菜单。然后选取投影的曲面或平面面组，并定义草绘平面和视图方向进入草绘环境。

进入草绘环境后，可以绘制封闭或开放的曲线及曲线段组合。其中绘制的图形必须依附于草绘平面，其投影不能超越投影曲面的边界。然后退出草绘环境，即可创建零件表面上修饰凹槽特征。

8.1.4　实验

创建修饰螺纹特征，螺纹直径 5.4(图 8-7)。

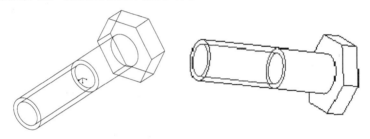

图 8-7　修饰螺纹创建

分析：这是一个以圆为扫描轨迹，对称的两对截面为扫描截面的扫描混合零件，这两对截面分别是一对圆和一对正方形(图 8-8)。

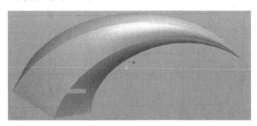

图 8-8　可变截面扫描

建模步骤如下。

(1)单击"草绘"按钮，选择 FRONT 面为草绘平面，绘制一大圆作为扫描轨迹，单击"完成"按钮。

(2)单击"草绘"按钮，选择 TOP 面为草绘平面，绘制以 RIGHT 面为对称的两小圆为混合截面，单击"完成"，并在圆上等距离添加四个截断点。

(3)单击"草绘"按钮，选择 RIGHT 面为草绘平面，绘制以 TOP 面为对称的两正方形为混合截面，单击"完成"按钮。

(4)设置扫描混合各项参数并完成零件。

8.2　扫　描　特　征

8.2.1　扫描混合

扫描混合特征是用一条轨迹线与几个剖面来创建一个实体特征，既具有扫描截面方向连续变化的特点，又具有截面形状和大小可以人为控制随意变化的特点。

选择"插入"→"扫描混合"选项，打开"扫描混合"操控面板，用于指定轨迹和多个截面，各个下滑面板项目介绍如下。

1. 参照

选择"参照"选项，打开如图 8-9 所示的面板。

图 8-9　"参照"面板

1）轨迹

扫描混合轨迹是将多个截面进行混合的路径曲线。创建扫描混合特征首先必须定义轨迹线，可以通过草绘轨迹线，或选取现有的基准曲线、实体边链作为轨迹线。当指定好轨迹线后，在"参照"下滑面板的"轨迹"收集器中将显示所选轨迹的信息。若只有一条轨迹线，则所选的轨迹线即为原点轨迹线；若存在两条轨迹线，则第一次所选取的轨迹线，系统自动指定为原点轨迹线。该收集器所包括的"X 轨迹"和"N（法向）轨迹"两个选项的含义介绍如下。

X 轨迹：原点轨迹线不能设置为 X 轨迹，只有第二条轨迹线才能设置为 X 轨迹。当设置为 X 轨迹时，扫描截面的 X 轴将穿过截面与轨迹的交点。

N 轨迹：系统自动设定原点轨迹线为 N 轨迹。当存在两条轨迹线时，第二条轨迹线可以设置为 X 轨迹或 N 轨迹。但当第二条轨迹线设置为 N 轨迹时，原点轨迹线不能设置为 N 轨迹。

2）剖面控制

在"参照"下滑面板的"剖面控制"下拉列表中有如下三种剖面的控制方式。

（1）垂直于轨迹。该选项为系统默认的选项，指所有截面与轨迹线的交点切线方向垂直。当设置剖面控制方式为"垂直于轨迹"时，"水平/垂直控制"选项组将被激活，在该下拉列表中提供了以下两个选项。

自动：当只有一条轨迹线时，该下拉列表只有该选项。选择该选项，截面的 X 轴将由系统自动沿原点轨迹线进行控制。

X 轨迹：当选取两条轨迹线时，该下拉列表中才出现该选项。一般所选的第二条轨迹线自动定义为 X 轨迹。此时 X 轨迹不得短于原始轨迹线，否则无法绘制剖面。

（2）垂直于投影。每个截面垂直于一条假想的曲线。该曲线是某个轨迹在指定平面或坐标轴上的投影。

（3）恒定法向。每个截面的法向方向保持与恒定的方向参照平行。

2. 截面

选择"截面"选项，打开如图 8-10 所示的面板。

扫描混合特征的特点是可以将多个截面沿轨迹线进行混合，可以草绘各个截面，也可以选取现有的截面作为混合截面。但要注意的是，扫描混合的各截面图元数目必须相等。打开"截面"下滑面板，选择"草绘截面"或"选定截面"选项。使用草绘截面时，首先单击激活"截面位置"收集器，选取轨迹线上的一个点作为第一个截面的位置，在"旋转"文本框中输入截面旋转角度。接着单击"草绘"按钮，进入草绘环境绘制截面。在"截面"下滑面板中单击"插入"按钮，创建第二、第三个截面。最后单击"应用"按钮完成扫描混合特征的创建。

图 8-10 "截面"面板

3. 相切

在"相切"选项中可以定义各个扫描截面之间的连续过渡方式。其中开始截面可以设置为自由、相切或垂直过渡；终止截面可以设置为尖点或平滑过渡。

开始截面：用于设置扫描开始位置的连续过渡方式。包括自由、相切和垂直三种方式。其中"自由"是默认选项，也是最常用的一种连续方式，表示扫描开始位置不受侧参照的任何影响。

终止截面：用于设置扫描终止位置的连续过渡方式。包括尖点和平滑两种方式。

4. 选项

在"选项"下滑面板中可以定义混合控制方式，包括无混合控制、设置周长控制和设置剖面面积控制三种方式。这三种方式的含义介绍如下。

无混合控制：该选项为系统默认的选项。指对混合没有约束条件，系统自动进行混合。

设置周长控制：指通过控制截面的周长来控制扫描混合特征的形状。

设置剖面面积控制：指在指定的扫描混合剖截面区域之间混合。

此外当创建的扫描混合特征为曲面时，"封闭端点"复选框将被激活。如果启用该复选框，则创建的扫描混合端面封闭。

8.2.2　螺旋扫描

螺旋扫描是将截面沿着螺旋轨迹线扫描所创建的特征。特征的建立需要有旋转轴、轮廓线、螺距、截面四要素，常用于创建包含弹簧、螺纹、冷却管和线圈绕阻等。

选择"插入"→"螺旋扫描"→"伸出项"选项或者"薄板伸出项"、"曲面"和"切口"等选项，打开"螺旋扫描"对话框和"属性"菜单，如图 8-11 所示对话框和菜单。以下分别介绍特征参数。

1. 截面定位方式

在"属性"菜单中有如下两种截面定位方式。

穿过轴：螺旋剖面所在的平面通过旋转轴。

垂直于轨迹：螺旋剖面所在的平面与轨迹线垂直。

2. 螺距与螺旋线方向

螺距分为常数和可变的两种。

常数：螺距数值为常量。

可变的：螺距数值为变量。同一轮廓线上的不同区段可设置不同的螺距值。

螺旋轨迹按螺旋上升方向分为右手定则和左手定则两种。

右手定则：建立右旋方向。

左手定则：建立左旋方向。

图 8-11　"螺旋扫描"对话框和"属性"菜单

3. 轮廓线

整个螺旋轨迹位于一组连续 360° 的旋转面上，该旋转面由草绘轮廓绕一中心线旋转而成。轮廓线草绘时应注意：必须绘制一条中心线作为旋转面轴线；轮廓线为开放链，任意点的切线不应与中心线垂直；若截面定位采用"垂直于轨迹"方式，则轮廓线内各段应相切；绘制实体链的起点为螺旋扫描起始点。

4. 截面

实体特征为伸出项时，扫描截面为封闭链；为薄板类型或面特征时，可为开放链。

5. 可变螺距

若选择可变的螺距，在绘制截面后，系统要求输入轮廓起点与终点处的螺距值，如图 8-12 所示的独立窗口显示一条沿轮廓的螺距曲线和螺距控制曲线菜单，菜单中各命令的作用如下。

添加点：选择草绘轮廓或中心线上的点作为螺距控制点，并输入螺距值。

删除：删除螺距控制点。

改变值：编辑起、终点及各螺距控制点的螺距值。

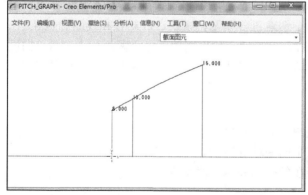

图 8-12　螺旋控制曲线与菜单

8.2.3　可变截面扫描

可变截面扫描命令用于创建一个可变化的截面，此截面将沿着轨迹线和轮廓线进行扫描操作。截面的形状大小将随着轨迹线和轮廓线的变化而变化。当给定的截面较少，轨迹线的尺寸明确且轨迹线较多时，较适合使用可变截面扫描。

1. 可变截面扫描特征创建步骤

选择"插入"→"可变截面扫描"选项，或单击特征工具栏中的"可变截面扫描"按钮 ，打开如图 8-13 所示操控面板。

单击"实体"按钮 创建可变截面扫描实体特征。

打开"选项"面板选择可变截面选项。

打开"参照"面板选取原始轨迹线和其他辅助轨迹线。系统在各轨迹线旁显示名称，原始轨迹线旁显示"原点"。在"控制方式"栏中选择剖面定位方式。单击"草绘"按钮打开草绘截面，草绘扫描截面。

单击"完成"按钮，创建可变截面扫描特征。

图 8-13　"可变截面扫描"操控面板

2. "参照"下滑面板

"可变截面扫描"中的"参照"下滑面板如图 8-14 所示，各项目的含义如下。

1) 扫描轨迹线

扫描轨迹包括原始轨迹和辅助轨迹两大类，原始轨迹必不可少，辅助轨迹控制草绘截面的形状和方位变化。轨迹线可以在执行曲面操作时草绘，也可以在执行曲面操作之前草绘，在执行时直接选取。通常绘制或选取的第一条曲线都将作为原始轨迹线，默认为曲线亮显，其中一端显示一个黄色箭头，该端点为扫描轨迹的起点，单击黄色箭头可将起点切换到另一端，拖动轨迹端点的方形图柄，可改变扫描轨迹的区间。轨迹可以分为以下三种类型。

X：用于设定草绘截面 X 坐标的指向。

N：设定草绘截面与该轨迹曲线相垂直。

T：设定扫描特征与其他面的相切关系。原始轨迹自动设定为与草图截面相垂直，所以在列表中原点轨迹的 N 被启用。

2) 剖面控制

用于设定扫描截面沿着扫描轨迹延伸时的朝向，即草绘截面的 Z 轴方向，包括以下三种类型。

垂直于轨迹：是系统默认选项设置。验证草图截面与扫描轨迹是否垂直的方法是：在扫描轨迹上的任意一点处创建一个垂直于轨迹的平面，然后观察扫描特征在该平面上的形状。

垂直于投影：将扫描轨迹曲线向某个平面投影，扫描截面与该投影相垂直，即草图截面的法向与投影相切。

恒定法向：此方式下草绘截面在扫描过程中始终是垂直于一个方向，即用户使用草绘截面的 Z 轴与所指定的参照物体的法向一致。

水平/垂直控制：在指定原始轨迹和辅助轨迹后，指定另一条曲线作为水平或垂直控制的轨迹线。该选项只有"剖面控制"中选择"垂直于轨迹"时才被激活，其中包括"自动"和"X 轨迹"选项，"自动"选项默认不指定曲线为水平或垂直控制的轨迹线，选择"X 轨迹"

图 8-14 "选项"下滑面板

选项并选取曲线，选取的曲线将作为 X 轨迹，获得另一种恒定剖面曲线。

3. "选项"下滑面板

选择"选项"下滑面板，打开如图 8-14 所示的控制面板。该面板主要用于选择扫描形式为可变截面扫描还是恒定截面扫描。

4. 练习

分析：图 8-15 所示是一个恒定螺距的弹簧，使用螺旋扫描建模过程中主要有属性、扫描轨迹绘制、设置螺距、截面绘制四个步骤。

分析：图 8-16 所示零件较适合使用可变截面扫描建模，可以利用一个剖面和四条轨迹线来创建一个多轨迹的实体特征。

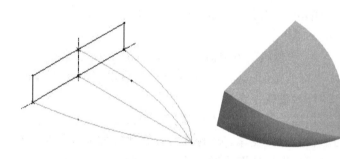

图 8-15　螺旋扫描　　　　　　　　　　　　图 8-16　可变截面扫描

8.3　复　制　特　征

在产品建模过程中，经常需要创建一些相同的实体特征，如果逐一创建，工作量会很大，而且很容易出错。利用 Pro/E 系统提供的复制功能可以解决上述麻烦，"复制"命令可以选定特征为母本生成一个与其完全相同或相似的另外一个特征，是特征操作中常用的命令。复制特征时，可以改变下列内容：参照、尺寸值和放置位置。

步骤：在下拉菜单中选择"编辑"→"特征操作"选项，打开"特征"菜单管理器。选择"特征"菜单中"复制"选项，即可打开如图 8-17 所示菜单。

"复制特征"菜单列出了复制特征的不同选项，各选项命令功能如下。

1. 指定放置方式

新参照：使用新的放置面与参考面来复制特征，此时可以改变

图 8-17　"复制特征"菜单

复制特征的参照、尺寸值和放置位置。

相同参照：使用与原模型相同的放置面与参照面来复制特征，此时可以改变复制特征的尺寸和放置位置。

镜像：通过一平面或一基准镜像来复制特征。Pro/E 自动镜像特征，而不显示对话框。此时复制特征的尺寸不可改变，放置位置自动确定。

移动：以"平移"或"旋转"这两种方式复制特征。平移或旋转的方向可由平面的法线方向或实体的边、轴定义。此时可以改变复制特征的尺寸值和放置位置。且该选项允许超出改变尺寸所能达到的范围之外的其他转换。

2.指定要复制的特征

选取：直接在图形窗口内单击选取要复制的原特征。

所有特征：选取模型的所有特征。

不同模型：从不同模型中选取要复制的特征。只有使用"新参照"时，该选项才可用。

不同版本：从当前模型的不同版本中选择要复制的特征。

自继承：从继承特征中复制特征。

3.指定原特征与复制特征之间的尺寸关系

独立：复制特征的尺寸与原特征的尺寸之间相互独立，没有从属关系，即原特征的尺寸发生了变化，新特征的尺寸不会受到影响。

从属：复制特征的尺寸与原特征的尺寸之间存在关联，即原特征的尺寸发生了变化，新特征的尺寸也会改变。该选项只涉及截面和尺寸，所有其他参照和属性都不是从属的。

8.3.1　镜像特征

镜像可以将选定的特征相对于选定的对称面进行对称操作，从而得到与原特征完全对称的新特征。单击"镜像几何"工具栏图标 或选择"编辑"→"镜像"选项，都可以打开"镜像几何"操作面板，其中包括参照、选项和属性选项卡。

8.3.2　阵列特征

阵列特征是将一定数量的对象按规律进行有序的排列和复制。如果需要建立多个相同或类似的特征，如手机的按键、法兰固定孔等，就需要阵列特征。

系统允许阵列一个或多个特征，阵列多个特征，可以创建一个组，然后阵列这个组。创建后可以取消阵列或分解组以便对特征单独修改。

要执行"阵列"命令，先选取要阵列的特征，然后在"编辑特征"工具栏中单击 按钮，或选择"编辑"→"阵列"选项，或在模型树中右击特征名称，然后从快捷菜单中选取"阵列"选项，系统弹出如图 8-18 所示操控面板。

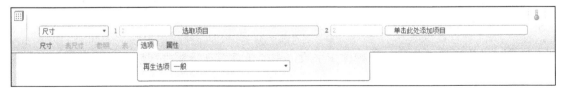

图 8-18　"阵列"特征操控面板

"阵列"操控面板分为对话栏和下滑面板两个部分。对话栏中包括阵列类型的下拉列表框,在默认情况下会选择"尺寸"类型。而对话框中的其他内容则取决于所选择的阵列类型。

1. 阵列类型分类

Pro/E 5.0 中提供了如下八种阵列类型。

尺寸:通过使用驱动尺寸并指定阵列的增量变化来创建阵列。尺寸阵列可以是单向的和双向的。包括矩形阵列和圆周阵列两种方式。

方向:通过指定方向并使用拖动句柄设置阵列增长的方向和增量来创建阵列。阵列方向也可以是单向的和双向的。

轴:通过使用拖动句柄设置阵列的角增量和径向增量来创建径向阵列。也可以将阵列拖动成为螺旋形。

表:通过使用阵列表并为每一阵列实例指定尺寸值来创建阵列。

参照:通过参照另一阵列来创建阵列。

填充:通过根据选定栅格用实例填充区域来创建阵列。

曲线:通过将特征沿着曲线的轨迹放置来创建阵列。

点:通过利用基准点的位置来放置特征创建阵列。

2. 阵列特征分类

阵列特征按阵列尺寸的再生方式分相同、可变及一般三种类型。

相同:产生相同类型的特征阵列,它是生成速度最快,也是最简单的阵列类型,必须注意以下几点。

(1)所有阵列特征大小相同。

(2)所有阵列特征放置在同一曲面上。

(3)所有阵列特征不可与放置曲面边、任何其他实体边或放置曲面外任何特征的边相交。

注意:在"相同"阵列中,系统不对阵列中的特征之间是否存在重叠进行检查。因为这种检查会减慢阵列的生成,且无法显示相同阵列的优点。用户必须自己对重叠情况进行检查。如果不想自己检查,可使用一般阵列。

可变:用于产生变化类型的阵列特征。

(1)阵列特征大小可变化。

(2)所有阵列特征可放置在不同曲面上。

(3)所有阵列特征不能与其他实体相交。

一般:最灵活的阵列再生方式,可用于产生各种类型的阵列特征。"一般"阵列允许创建复杂的阵列。

系统对一般阵列特征的实体不做假设。因此,Pro/E 计算每个单独实体的几何,并分别对每个特征求交。特征阵列后,可用该选项使特征与其他实体接触、自交,或与区边界交叉。

8.3.3　编辑与修改特征

编辑尺寸作为修改特征的一种操作手段,主要是通过在三维环境中直接修改特征参数的方式来修改特征形状。这样通过改变特征尺寸参数,可以用有限的特征创建出各种零件。

8.3.4   编辑尺寸

1. 修改尺寸值

对于孔、倒圆角和筋等这些工程特征，其编辑方法同基础特征基本相同。选取一特征并右击，在打开的快捷菜单中选择"编辑"选项。然后修改该特征的直径尺寸，再单击"再生模型"按钮 ，再生模型。

2. 设置尺寸属性

设置尺寸属性包括设置属性、尺寸文本和文本样式。在绘图区选取一尺寸并右击，在打开的快捷菜单中选择"属性"选项，将打开如图 8-19 所示对话框。该对话框包含三个选项卡，各选项卡的功能介绍如下。

图 8-19   "尺寸属性"对话框

属性：设置尺寸显示、值、公差和尺寸格式等。

显示：主要用于修改尺寸名称，或者为名称添加前缀或后缀。

文本样式：主要用于设置字符的高度、线条粗细、宽度因子和斜角，也可以调整字符大小、注释/尺寸的位置、颜色、行间距和边距等属性。

8.3.5   编辑定义

通过编辑功能可以修改特征的外形尺寸，但无法修改特征的截面形状和尺寸关系等。当需要对特征进行较为全面的修改时，可以通过编辑定义来实现。

在模型树中选择一扫描混合特征并右击，在打开的快捷菜单中选择"编辑定义"选项。然后在打开的操控面板中选择重定义的参数元素(如截面)，进入草绘环境绘制新的截面草图，即可完成扫描混合特征重定义。

8.3.6   编辑参照

在修改特征时，有时需要保留子特征而删除或编辑父特征。此时便需要通过重定义参照断开它们之间的"父子"关系，才能既编辑父特征又不影响子特征。首先在模型树中选取子特征并右击，在打开的快捷菜单中选择"编辑参照"选项。此时系统打开提示信息对话框"是否回复模型"，单击"否"按钮，将打开"重定参照"菜单。接着选取新的位置为子特征新的放置平面，并指定第一放置参照。然后在"重定参照"菜单中选择"相同参照"选项，接受原来的基准平面为第二放置参照。此时可发现子特征已转移到新的放置平面。

8.3.7   特征组

组是一种有效的特征组织方式，其中每个组由数个在模型树中顺序相连的特征构成。通过组可以将多个具有关联关系的特征归并到一个组里，从而减少模型树中的节点数目。

1. 创建和分解组

创建组是将多个特征组合在一起，将这个组合后的特征作为单个特征，对其进行其他的编辑操作以提高设计效率。在绘图区或模型树中按住 Ctrl 键选择多个特征并右击，在打开的快捷菜单中选择"组"选项，系统即可将这些特征合并为一个组。

分解组是创建组的逆操作，将已创建组的多个特征还原。在模型树中选择一个组并右击，在打开的快捷菜单中选择"分解组"即可。

2. 阵列和复制组

组作为一个合并的整体，可以执行复制和阵列等操作，且阵列和复制后的特征在模型树中仍以组的形式存在。

在模型树中选择一个组，单击"阵列"按钮，在打开的"阵列"操控面板中设置阵列方式，并设置阵列数量，即可创建组的阵列。

同样地，在模型树中选择一个组，单击"复制"按钮，将其复制到假想的剪贴板上，然后单击"选择性粘贴"按钮并选取复制方式，对改组特征进行粘贴。

8.3.8　实验

分析：图 8-20 所示是一个跳棋的棋盘，利用本章所学编辑特征，快速方便地创建该模型。

建模步骤如下。

（1）拉伸：选取 TOP 草绘，绘制如图 8-21 所示的草图，拉伸实体，拉伸深度 20。

（2）拉伸：选取步骤（1）的实体顶面为草绘平面，绘制草图如图 8-22 所示，去除材料，拉伸深度 16。

（3）拔模，参照：拔模曲面——选取实体中的凹槽所有侧面为拔模曲面，拔模枢轴——选取实体顶面，指定拔模方向，设置拔模角度为 8°（图 8-23）。

图 8-20　阵列练习

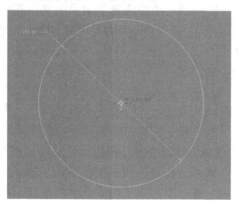

图 8-21　阵列练习—草绘

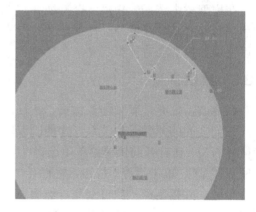

图 8-22　阵列练习—拉伸切除

（4）倒圆角：拔模后凹槽底边 $R3$，凹槽顶边 $R2$。

（5）将步骤（2）、（3）、（4）特征合并为组，选取组，阵列—轴阵列，选取中心轴，角度 60°，数目 6。

（6）旋转：选取 RIGHT 为草绘平面，绘制一圆弧如图 8-24 所示，旋转角度 360°，去除材料。

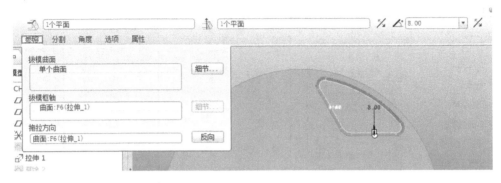

图 8-23　阵列练习—拔模

图 8-24　阵列练习—旋转去除

(7) 倒圆角：圆孔顶边，半径为 1。然后将倒圆角和步骤(6)创建为组。

(8) 编辑—特征操作—复制，复制特征—移动/选取/从属/完成，选取步骤(7)的组特征。

(9) 移动特征—平移—曲线/边/轴，选取边为平移参考对象(图 8-24)，方向选反向，输入偏移距离 13，完成。

(10) 按照步骤(9)，再进行三次平移复制，生成一行五个的对象。

(11) 将模型树中的一行五个对象创建为一个组，然后按照前述方法，平移复制该组，平移方向为另一边，偏移距离为 13，此步骤共进行三次。

(12) 将模型树中已创建的所有圆孔特征选择并创建为一个组，选取该组，阵列—轴阵列，选取轴线为阵列中心，角度 60°，数目 6。

(13) 旋转：选取 RIGHT 面为草绘平面，绘制一圆弧，旋转角度 360°，去除材料。倒圆角，该圆孔顶边和圆盘外边缘，半径 1。

(14) 壳特征：选取实体底面为移除平面，抽壳后的壁厚为 1。

8.4　曲　面　特　征

曲面的创建可以使用如图 8-25 所示菜单中的选项来创建，主要包括拉伸、旋转、扫描、混合、扫描混合、螺旋扫描、边界混合、可变截面扫描以及高级菜单等。

打开如图 8-26 所示菜单，可使用复杂的特征定义创建曲面，主要包括圆锥曲面和 N 侧曲面片、将截面混合到曲面、在曲面间混合、从文件混合等。

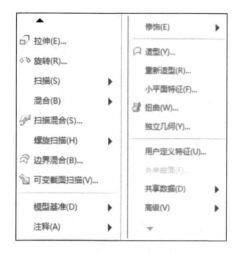

图 8-25 "插入"菜单　　　　　　　　　图 8-26 "高级"菜单

基本曲面特征的创建与实体特征的创建方法相似，其操控面板也基本一样，在此对其简述，具体可参考草绘实体特征的创建。

8.4.1 拉伸曲面

拉伸曲面是将直线或曲线沿垂直于草绘平面方向，向一侧或两侧拉伸所创建的拉伸曲面特征。

单击工具条上的"拉伸"按钮，在打开的"拉伸"操控面板中单击"曲面"按钮，设置拉伸特征类型为曲面。然后绘制草图截面，并设置拉伸深度，即可创建拉伸曲面。在"拉伸"操控面板的"选项"下滑面板中，若启用"封闭端"复选框，则可创建端口封闭的拉伸曲面特征。

8.4.2 旋转曲面

旋转曲面是将直线或曲线所组成的截面围绕一条旋转中心轴，按指定的角度旋转所创建的曲面特征，其中旋转截面必须位于旋转轴的一侧。

单击工具条上的"旋转"按钮，并在打开的"旋转"操作面板中单击"曲面"按钮，设置旋转类型为曲面。然后绘制旋转截面和旋转中心线，并设置旋转角度，即可创建旋转曲面特征。

8.4.3 扫描曲面

扫描曲面是将截面沿直线或曲线移动所创建的曲面特征，包括恒定剖面扫描和可变剖面扫描两种。值得注意的是扫描轨迹不能相交，并且相对于扫描截面，扫描轨迹曲线的半径不能太小，否则将导致扫描曲面自身相交而创建失败。

1. 恒定剖面扫描

恒定剖面扫描曲面是指大小和形状恒定的剖截面沿着轨迹线扫描形成的曲面特征，剖截面可以是开放的单个曲线或者曲线组合。创建恒定剖面扫描曲面必须设置两大特征要素：扫描轨迹和扫描截面。有两种实现方式，分别简述如下。

方式一：选择"插入"→"扫描"→"曲面"选项，打开"曲面：扫描"对话框和"扫描轨迹"菜单，在该菜单中选择"草绘轨迹"选项，并选定草绘平面绘制轨迹线。完成之后退出草绘，并在打开的"属性"菜单中选择"开放端"→"完成"选项，然后进入草绘截面绘制扫描截面，绘制完成后退出草绘，在"曲面：扫描"对话框中单击"确定"按钮，即可完成扫描曲面特征的创建。如果在"属性"菜单中选择"封闭端"→"完成"选项，可创建端口封闭的扫描曲面特征。

方式二：单击"可变截面扫描"按钮 ，如图 8-27 所示。在打开的操控面板中单击"曲面"按钮 ，并在"选项"下滑面板中选择"恒定剖面"单选按钮，便可草绘或选取轨迹线。完成轨迹线之后在"可变截面扫描"操控面板中单击"草绘"按钮，绘制扫描截面，即可完成恒定剖面扫描曲面。

图 8-27 "可变截面扫描"操控面板

"可变截面扫描"中各下滑面板项目的含义，具体可参考 8.2.4 节。

2．可变截面扫描

可变截面扫描可以创建一个不断变化的模型，扫描截面沿着扫描轨迹线进行扫描，扫描过程中的截面形状和大小随着轨迹线与轮廓线的变化而变化。

选择"可变截面扫描"工具后，在打开的操控面板中单击"曲面"按钮，并在"选项"下滑面板中选择"可变截面"单选按钮。然后打开"参照"下滑面板，按住 Ctrl 键依次选取原始轨迹线和辅助轨迹线，其中所选的第一条轨迹线为原始轨迹线。

定义扫描轨迹线：创建可变截面扫描特征与恒定剖面一样，需要先定义扫描轨迹，建立轨迹线的方法也有草绘轨迹和选取轨迹两种。在创建可变截面扫描曲面之前，通常将所有扫描轨迹线全部绘制完成。

绘制扫描截面：定义扫描轨迹线后，在"可变截面扫描"操控面板中单击"创建或编辑扫描剖面"按钮，进入草绘环境绘制剖截面，绘制完成后退出草绘返回原操控面板，单击"应用"按钮，即可创建可变截面扫描特征。

8.4.4　混合曲面

混合曲面是以多个截面为外形参照，将这些截面在其边缘处用过渡曲面连接而创建的连续曲面，其创建方法与创建混合实体特征基本相同。这里仅介绍创建平行混合曲面，其他可参考 7.2.7 节的混合特征。

选择"插入"→"混合"→"曲面"选项，打开"混合选项"菜单，然后选择"平行"→"规则截面"→"草绘截面"→"完成"选项，打开"曲面：混合，平行"对话框和"属性"菜单，设置混合曲面的属性。在"属性"菜单中选择"光滑"→"开放端"→"完成"选项，并指定草绘平面绘制一个截面，然后右击并在打开的快捷菜单中选择"切换截面"选项，绘制另一截面。利用"分割"工具将圆形截面等分为与方形截面相同的份数。退出草绘，在打开的"深度"菜单中选择"盲孔"→"完成"选项，输入截面的距离参数，最后在"曲面：混合，平行"中单击"确定"按钮，完成混合曲面特征的创建。

注意：创建混合曲面时，剖面起点的位置一般是草绘中箭头，如果起点位置和方向不对，可选取一新端点并右击，在打开的快捷菜单中选择"起点"选项，进行起点位置和方向的转换。同时所绘截面必须是两个或两个以上，并且每个截面都必须有相同的截面段数，各截面的起点位置直接关系混合时剖面各边的计算顺序和混合效果。

8.4.5　边界混合曲面

当曲面呈现光滑或无明显的截面和轨迹线时，常以基准曲线或草绘曲面先创建曲面的边界曲线，再由边界曲线创建边界曲面。

首先利用"草绘"或"基准曲线"绘制各条边界曲线，然后选择"边界混合"按钮，在打开的操控面板中展开"曲线"下滑面板，单击激活第一方向收集器，按住 Ctrl 键依次选取第一方向上的曲线链。接着单击激活第二方向收集器，按住 Ctrl 键依次选取第二方向上的曲线链，即可创建边界混合曲面。"边界混合"操控面板各选项含义介绍如下。

1. 曲线

第一方向：根据所选参照顺序，在第一方向上创建混合曲面。选取第一方向的曲线后，启用"闭合混合"复选框，可把最后一条曲线与第一条曲线混合，创建闭合曲面，只有当只需指定第一方向的曲线即可创建混合曲面时，"闭合混合"才会被激活。

第二方向：指定第一方向上的参照后，单击激活第二方向收集器，然后按顺序选取第二方向参照，可同时在第一、第二方向上创建曲面造型。

2. 约束

该面板中可设置边界混合曲面相对于其他相交曲面之间的边界约束类型。

自由：自由地沿边界进行特征创建，不需要任何约束条件，即只具有 G0 连续性。

相切：设置混合曲面沿边界与参考曲面相切，即具有 G1 连续性。

曲率：设置混合曲面沿边界具有 G2 连续性。

垂直：设置混合曲面与参照平面或基准平面垂直。

3. 控制点

该面板中可以分别在曲面的第一方向和第二方向上，指定对应控制点的对齐关系，来改变曲面的变化效果，有效地控制曲面的扭曲。在"拟合"下拉列表中各选项含义介绍如下。

自然：使用一般混合过程进行混合，并使用相同的过程重复输入曲线的参数，以获得最相近的曲面。

弧长：对原始曲线进行最小的调整。使用一般混合过程混合曲线，被分成相等的曲线段并逐段混合的曲线除外。

点到点：逐点混合，第一条曲线中的点 1 连接到第二条曲线中的点 1，依次类推。该选项只能用于具有相同样条点数量的样条曲线。

段至段：段至段混合，曲线链或复合曲线被连接。该选项只用于具有相同段数的曲线。

4. 选项

此面板中通过选取影响曲线、设置平滑度因子和两个方向上的曲面片数，可以进一步调整混合曲面的精度和平滑效果。该面板中各选项的含义介绍如下。

影响曲线：设置影响混合曲面形状的曲线。

平滑度因子：设置曲面的平滑度，范围在 0~1。值越小，距离影响曲线越近，平滑度越低；值越大，距离影响曲线越远，平滑度越高。

在方向上的去面片：在第一方向和第二方向上设置去面片数量，设置范围在 1～29。值越大，越逼近控制线。

8.5　编　辑　曲　面

当曲面创建后，一般都需要进行修改和编辑才能满足模型的要求。曲面的修改和编辑主要包括曲面的复制、合并、剪切、延伸、展平与实体化等。在创建曲面的过程中，恰当地使用曲面修改和编辑工具，可以提高曲面建模的效率。

8.5.1　复制曲面

在建模时经常需要创建一些相同的曲面特征。如果一一创建，不仅工作量大，而且容易出错。此时便可利用"复制"工具对曲面进行复制，这样既能创建一个或多个相同特征的副本，还可以创建一个或多个类似的曲面特征。

在 Pro/E 中复制曲面包括三种方式：复制所选择的曲面、复制曲面并填充孔、复制内部边界。

1. 复制所选择的曲面

该方式是指将所选曲面按照原来的曲面形状进行复制。这也是使用率较高的一种复制方式。

选取一曲面，并单击"复制"按钮 。然后单击"粘贴"按钮 ，将打开"复制"操控面板。然后展开"选项"下滑面板，并选择"按原样复制所有曲面"单选按钮，单击"应用"按钮，即可将该曲面复制。

此时由于所复制的曲面与原曲面重合，用户可能很难分辨新复制的曲面。但从模型树中可以看出多了一个复制特征，即新复制的曲面。

2. 复制曲面并填充孔

该方式是指在复制原曲面的基础上，将原曲面上的孔和槽等进行填充，从而获得完整的曲面特征。该复制曲面的方式经常用来填补模具分型面上的靠破孔。

选取一曲面，依次单击"复制"按钮 和"粘贴"按钮 ，将打开"复制"操控面板。然后展开"选项"下滑面板，并选择"排除曲面并填充孔"单选按钮。接着按住 Ctrl 键选取曲面上孔的边界，单击"应用"按钮，即可在复制该曲面的同时将曲面上的孔填补。

3. 复制内部边界

该方式是指按住 Ctrl 键依次选取要复制曲面的内部封闭曲线，系统将只复制封闭曲线内部的曲面特征。选取曲面，依次单击"复制"按钮 和"粘贴"按钮 。然后在打开的操控面板中展开"选项"下滑面板，并选择"复制内部边界"单选按钮。接着按住 Ctrl 键选取曲面上的投影曲线为边界线，即可创建复制曲面特征。此时可以将原拉伸曲面隐藏，观察所创建的新曲面效果。

8.5.2　合并曲面

合并曲面就是将两个不同曲面合并为一个曲面，合并后的曲面与原始曲面是分开的。如果合并后的曲面被删除，原始曲面却并不会因此被删除。合并曲面分为相交和连接两种方式，主要区别是：相交有裁剪功能，而连接无裁剪功能。

1. 曲面相交

曲面相交是将相交的两个面组合并，并通过指定附加面组的方向选择要保留的曲面部分。按住 Ctrl 键依次选取两个需合并的曲面，并选择"编辑"→"合并"选项或单击"合并"按钮 ⬠。然后分别指定两个曲面上需要保留的曲面部分，创建相交合并特征。

在"合并"操控面板中单击"改变要保留的第一面组的侧"按钮 ✕，可以改变第一面组合并保留部分；单击"改变要保留的第二面组的侧"按钮 ✕，可以改变第二面组合并保留部分。不同的取舍方向将创建不同的曲面合并效果。

2. 连接曲面

连接曲面是合并两相邻曲面，其中一个面组的侧边必须在另一个面组上。如果一个面组超出另一个面组，通过单击"改变要保留的第一面组的侧"按钮 ✕ 或单击"改变要保留的第二面组的侧"按钮 ✕，指定面组哪一部分包括在合并特征中。

按住 Ctrl 键依次选取两个需合并的曲面，并选择"编辑"→"合并"选项。然后在"合并"操控面板的"选项"下滑面板中选择"连接"单选按钮，即可创建连接合并特征。

8.5.3　修剪曲面

虽然创建拉伸或旋转曲面中的剪切特征时，剪切区域的选取比较灵活，但该方法只适用于单一的曲面特征。Pro/E 还提供了专门的曲面修剪工具，可以通过曲线、基准平面或曲面来切割裁剪曲面，并且该曲面修剪工具适用于任何不规则的曲面造型。

1. 通过基准平面修剪

该修剪方式是以基准平面为修剪边界，将现有曲面上的多余部分删除。其中基准平面一侧箭头的指向方向为曲面中要保留的部分。

选取要修剪的曲面，并选择"编辑"→"修剪"选项。然后在打开的操控面板中展开"参照"下滑面板，并单击激活"修剪对象"收集器。接着选取一平面为修剪边界对象，并指定曲面要保留的部分，即可创建修剪曲面特征。

2. 通过曲面修剪

该修剪方式是以与现有曲面相交的曲面为修剪边界，对现有曲面进行修剪。要注意的是，作为修剪边界的曲面不仅要与被修剪曲面相交，而且其边界也要全部超过被修剪曲面的边界。

选取要修剪的曲面，并选择"编辑"→"修剪"选项。然后展开"参照"下滑面板，并单击激活"修剪对象"收集器。接着选取一曲面为修剪边界对象，并指定曲面要保留的部分，即可创建修剪曲面特征。

3. 通过曲线修剪

该修剪方式是以曲面上的曲线为修剪边界，对曲面进行修剪。其中作为修剪边界的曲线可以是利用"基准曲线"或"投影"等工具所创建的位于该曲面上的曲线。

选取要修剪的曲面，并选择"编辑"→"修剪"选项。然后展开"参照"下滑面板，并单击激活"修剪对象"收集器。接着选取曲面上的投影曲线为修剪边界对象，并指定曲面要保留的部分，即可创建修剪曲面特征。

4. 薄修剪

该修剪方式能够以指定的修剪对象为参照，向其一侧或两侧去除一定厚度的曲面，从而创建具有割断效果的曲面。

指定好被修剪曲面和修剪边界后，在"选项"下滑面板中启用"薄修剪"复选框，则能够以指定的修剪对象为参照，去除一定厚度的曲面，从而创建具有割断效果的曲面。

在"选项"下滑面板中启用"保留修剪曲面"复选框，则曲面修剪后，仍然保留作为修剪边界的曲面。而在"排除曲面"收集器中可以选取不被薄修剪的曲面。此外，在"修剪"操控面板中单击"使用侧面投影方法修剪面组"按钮 🔍，可以以垂直于参照平面的方向修剪面组。

注意：当进行薄修剪时，默认的箭头方向为向上加厚；单击"反向"按钮，为向下加厚；再次单击"反向"按钮 ⚹，为向两侧加厚。

8.5.4　镜像曲面

镜像指相对于一个平面对称复制特征。其中创建的镜像特征与源特征之间既可以具有从属关系，也可以是独立的特征。此外，通过镜像操作可以完成复杂模型的设计，节省大量的制作时间。

选取要镜像的曲面，并单击"镜像"按钮 ▷I◁，将打开"镜像"操控面板。然后展开"参照"下滑面板，单击激活"镜像平面"收集器，选取镜像平面，将所选曲面镜像。

注意：在"镜像"操控面板的"选项"下滑面板中，启用"镜像为从属项"复选框，则创建的镜像特征与源特征间具有从属关系。当源特征修改时，镜像特征也改变。

8.5.5　偏移曲面

利用偏移工具可对模型中的面、曲线进行定距离或变距离偏移，从而创建新的曲面特征。偏移后的曲面可用于建立几何体或阵列几何体，而偏移出来的曲线则可用于构建曲面的曲线。

选取偏移曲面对象后，选择"编辑"→"偏移"选项，打开"偏移"操控面板。然后在该操控面板中单击"标准型偏移"按钮 ▥ 的扩展按钮，在其级联菜单中包含以下四种偏移曲面类型。

1. 标准型偏移曲面

该类型是系统默认的偏移类型。选择单个面组、曲面或实体表面作为偏移参照对象，将该对象向一侧偏移指定的距离，即可创建新的曲面。

选取偏移参照曲面后，在"距离"文本框中输入偏移距离，并指定偏移的方向，单击"应用"按钮，即可创建偏移曲面。

在"偏移"操控面板中展开"选项"下滑面板。在该面板中如果启用"创建侧曲面"复选框，则可以在偏移曲面与原曲面间添加侧面，以形成封闭的曲面。此外，"垂直于曲面"下拉列表中三个选项的含义介绍如下。

垂直于曲面：以所选曲面的法线方向为偏移参照，偏移指定距离后创建曲面。该方式为系统默认的方式。

自动拟合：系统自动将原始曲面进行缩放，并在需要时平移它们，并且不需要其他的操作。

控制拟合：选择该方式后，将在指定坐标系下将原始曲面进行缩放并沿指定轴移动，以创建最佳拟合偏距。

2. 拔模型偏移曲面

该类型是以指定的参照曲面为拔模曲面，并以草图截面为拔模截面，向参照曲面一侧偏移创建具有拔模特征的拔模曲面，即偏移曲面的侧面带拔模斜度。

选取偏移参照曲面后，单击"拔模偏移"按钮。然后展开"参照"面板，并单击"定义"按钮，接着指定草绘平面进入草绘环境。

进入草绘环境后绘制草图截面。接着在"偏移"操控面板中分别输入拉伸距离和拔模角度，曲面将以所绘草图截面在曲面上的投影形状为偏移参照，向曲面一侧偏移出具有拔模特征的新曲面特征。

在拔模偏移操控界面下，通过"选项"面板可以调整当前偏移的参照设定、偏移曲面的偏移方向参照、侧曲面的垂直参照以及侧面轮廓的形状，进而影响偏移曲面的具体形状。该面板中各选项的含义介绍如下。

平移：该选项只有在"具有拔模特征"和"展开特征"偏移类型中才出现。其作用是以草绘平面的法线方向为偏移参照创建偏移曲面。

侧曲面垂直于：该选项组用于设置侧面的垂直参照。其中包含"曲面"和"草绘"两个单选按钮，选择"曲面"单选按钮，侧曲面的垂直参照为现有曲面；选择"草绘"单选按钮，侧曲面的垂直参照为所选定的草绘平面。

侧面轮廓：该选项组用于设置侧面轮廓的形式。其中包含直和相切两个单选按钮：当选择"直"单选按钮时，侧面将以指定的偏移和垂直参照为偏移方向，以平面的形式创建；当选择"相切"单选按钮时，将创建与相邻曲面相切的侧面。

3. 展开型偏移曲面

该偏移类型与拔模型偏移曲面很相似，均是以指定的草绘截面为偏移截面，向曲面的一侧偏移一定距离创建新的曲面。不同之处在于展开偏移不存在拔模斜度，只需指定偏移距离。单击"展开偏移"按钮，并在"选项"下滑面板中选择"草绘区域"单选按钮。然后单击"定义"按钮，指定草绘平面进入草绘环境。

进入草绘环境后绘制草图截面。然后退出草绘环境，在操控面板的"距离"文本框中输入偏移距离，并指定偏移方向，即可获得曲面的展开偏移效果。

4. 替换型偏移曲面

该方式是指将曲面替换为实体表面，从而形成具有曲面表面形状的实体特征。其中替换后的实体面与曲面平齐并相互平行。选取实体表面，并选择"编辑"→"偏移"选项，在打开的操控面板中单击"替换偏移"按钮。然后在"参照"下滑面板中单击激活"替换面组"收集器，选取曲面作为替换面，即可获得替换面偏移效果。

8.5.6　延伸曲面

延伸曲面就是将曲面延长某一距离或延伸到某一平面，延伸部分曲面与原始曲面类型可以相同或不同。在模具设计中经常利用该工具延伸模具的分型面。选择需延伸的曲面，并选取该曲面上需延伸的一条边线后，选择"编辑"→"延伸"选项，将打开"延伸"操控面板。该操控面板包括以下两种延伸曲面类型。

1. 沿原始曲面延伸曲面

该方法是系统默认的延伸方法，能够以指定延伸深度值将曲面延伸。所创建的延伸曲面既可以与原曲面相同，也可以与原曲面相切等多种类型。在"延伸"操控面板的"延伸距离"文本框中输入延伸距离，并单击"应用"按钮，即可完成延伸操作。在"延伸"操控面板中展开"量度"下滑面板，在该面板中可以设置延伸的各种参数，包括距离、距离类型、参考边、参照和位置等。该下滑面板中各选项的含义介绍如下。

垂直于边：测量延伸点到延伸参照边的垂直距离。

沿边：沿测量边测量延伸距离，测量方式与垂直于边基本一致。

至顶点平行：在顶点处开始延伸边，并平行于边界边。

至顶点相切：在顶点处开始延伸边，并与下一单侧边相切。

测量曲面延伸距离：测量参照曲面中的延伸距离，系统默认该选项。

测量平面延伸距离：测量选定平面中的延伸距离。

在"延伸"操控面板中的"选项"面板的"方法"下拉列表中，三种延伸曲面类型的含义介绍如下。

相同：创建与原曲面相同类型的延伸曲面。

切线：创建与原曲面相切的直纹曲面。

逼近：创建原始曲面的边界边与延伸的边之间的边界混合。该选项常用于将曲面延伸至不在一条直边上的顶点。

2. 将曲面延伸到参照

该方法能够以指定的参照平面为延伸目标面，将曲面延伸至该平面。其中延伸目标面只能是规则的曲面或基准平面。在"延伸"操控面板中单击"将曲面延伸到参照平面"按钮，并指定参照平面，单击"应用"按钮，即可完成延伸操作。

8.5.7　填充曲面

利用该工具能够以模型上的平面或基准平面为草绘平面，绘制曲面的边界线，系统会自动为边界线内部填入材料，从而创建一个平面型的填充曲面。选择"编辑"→"填充"选项，打开"填充"操控面板。然后单击"参照"下滑面板中的"定义"按钮，指定草绘平面并绘制填充截面。接着单击"应用"按钮，即可创建填充曲面。

注意：所绘制的填充剖截面必须是一个封闭的图形，否则系统不执行填充曲面操作。

8.5.8　加厚

加厚是将曲面增加一定的厚度，将其转化为实体模型。在模型设计中经常利用该工具创建一些复杂并且难以使用规则实体特征创建的薄壳实体。选取曲面对象，并选择"编辑"→"加厚"选项，将打开"加厚"操控面板。然后在该面板中的"厚度"文本框内输入厚度值，并单击"反向"按钮 ✕，调整厚度方向。接着单击"应用"按钮，即可完成加厚操作。

加厚特征也可以去除材料。当要加厚的曲面位于实体上时，"加厚"操控面板上的"从加厚的面组中去除材料"按钮 ⬚ 会被激活。单击该按钮，即可用面组加厚的方式去除材料。其类似于曲面修剪中的薄修剪。

提示：在"选项"下滑面板中包含三个列表项。其中选择"垂直于曲面"选项，则选取的曲面与原始曲面增加均匀的厚度；选择"自动拟合"选项，系统将根据自动决定的坐标系缩放相关的厚度；选择"控制拟合"选项，将在指定坐标系下将原始曲面进行缩放并沿指定轴给出厚度。

8.5.9　曲面实体化

利用实体化工具,可将指定的曲面特征转换为实体。利用该工具可在原来的模型中添加、删除或替换实体材料。由于创建零件的外观曲面相对于其他实体特征更具灵活性,所以经常利用该工具设计比较复杂的实体零件。曲面实体化操作主要包括以下三种类型。

1. 实体填充体积块 □

该方式是将闭合的曲面面组所围成的体积块转化为实体。其中用于转换为实体的面组必须是封闭的,或者面组的边界位于实体特征上,与实体特征形成一个封闭的空间。

选取封闭的曲面面组,并选择"编辑"→"实体化"选项。然后在打开的"曲面实体化"操控面板中单击"应用"按钮,即可将所选面组体积块实体化。

2. 移除材料 △

该方式是指以实体上的面组为剪切边界,去除部分实体。其中用于剪切的面组可以是开放的或是封闭的。如果是开放的,则该面组的边界位于实体特征表面上,或与实体表面相交。

选取修剪边界曲面后,选择"编辑"→"实体化"选项,并在打开的"曲面实体化"操控面板中单击"去除材料"按钮 △。然后单击"反向"按钮 ✕,调整去除材料的方向,即可将曲面实体化。

3. 面组替换曲面 ♡

该方式是指可以在曲面面组位于曲面上的情况下,使用该面组替换实体上的部分曲面,以创建实体表面上的一些特殊造型。

选取一曲面(该曲面各边界均位于实体表面上),然后单击"面组替换曲面"按钮 ♡,并指定要替换的部分,即可创建面组替换曲面后的实体效果。

第9章 组件装配

利用基础特征、工程特征等完成零件的设计后，还需将不同零件按照设计要求组装形成装配体，以实现设计所要求的功能。对于装配好的组件，还可以创建爆炸图，从而更清晰地表达产品的内部结构和部件之间的装配顺序。

9.1 组件装配概述

装配设计有专门的操作模块，即装配模块。在该模块中不仅可以添加现有的元件(零件、组件和部件统称为元件)，还可以创建新的元件用于产品装配。此外在该模块中还可以自定义装配模板和各元件的显示效果。

9.1.1 基本操作界面介绍

装配与零件建模的创建过程很相似，都是通过指定文件类型和子类型进行创建。但两者设计过程的不同之处在于，零件模型通过向模型中增加特征来完成产品的设计，而装配模型通过向产品中增加元件完成产品的设计。

进入方法：选择"新建"→"组件"→"设计"选项，其他操作与零件建模的界面基本相同，仅增加了装配的相关选项。

9.1.2 操作装配文件

通常在装配模块中执行装配操作的元件都是现有的元件，这样在执行装配设计时，通过直接设置约束，即可确定元件在装配体的位置，此外还可以创建新元件，并用于当前的装配。

1. 装配元件

装配元件就是将已经创建的元件插入当前装配文件中，并执行多个约束设置，以限制元件的自由度，从而准确定位各个元件在装配体中的位置。

单击"将元件添加组件"按钮，并在打开的"打开"对话框中指定相应的路径，打开有关文件，然后对应的元件将添加到当前装配环境中，同时打开"元件放置"操控面板，如图 9-1 所示。

2. 创建元件

创建元件是在当前装配环境中按照零件建模方式创建新的元件，并且所创建的新元件在装配环境中的位置已经确定，因此不需要重新定位。

单击"组件模式下创建元件"按钮，在打开的"元件创建"对话框中选择对应的单选按钮，确定要创建的元件类型，并在"名称"文本框中输入元件名称。然后单击"确定"按钮，并在打开的"创建选项"对话框中选择对应的单选按钮，即可按照实体建模方法创建新的元件。

在创建新元件时，之前添加的元件将以虚线形式显示，以这些元件的边线和面为参照，可以创建元件。另外在装配导航器上选取对应元件并右击，在打开的快捷菜单中选择"激活"选项，便可以显示被激活的装配体。

注意：新元件创建后激活任何一个元件，其他元件都将处于虚晃状态。此时可将新元件保存并关闭，则所有装配体都将真实显示。接下来便可以添加其他现有的元件或创建新元件。

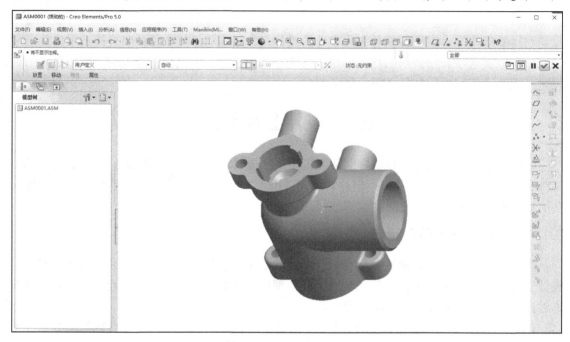

图 9-1　元件装配环境

9.1.3　显示装配文件

装配环境下新载入的元件有多种显示方式，可将两类元件分离或放置在同一个窗口。

(1)组件窗口中显示元件。载入装配元件后，系统将进入约束设置界面。默认情况下元件放置操控面板中的"在组件窗口中显示元件"按钮处于激活状态，即新载入的元件和装配体显示在同一个窗口中。

(2)独立窗口中显示元件。该方式是指新载入的元件与装配体将在不同的窗口中显示。这种显示方式有利于约束设置，从而避免设置约束时反复调整组件窗口。此外新载入的元件所在窗口的大小和位置可以随意调整，装配完成后，小窗口将自动消失。

(3)两种窗口中同时显示元件。如果以上两个按钮都处于激活状态，那么新载入的元件将同时显示在独立窗口和组件窗口中。通过该方式显示元件，不仅能够查看新载入元件的结构特征，而且能够在设置约束后观察元件与装配体的定位效果。

9.2　装　配　约　束

装配约束用于指定新载入的元件相对于装配体的放置方式，从而确定新载入的元件在装配体中的相对位置。在元件装配过程中，约束的设计是整个装配设计的关键。

载入元件后，展开"元件放置"操控面板中的"放置"下滑面板。在该面板中的"约束类型"下拉列表中包括 11 种类型的放置约束,如图 9-2 所示。

图 9-2 "放置"下滑面板

1. 配对

通过该约束方式,可以定位两个选定的参照(实体面或基准平面),使两个面相互贴合或者定向,也可以保持一定的偏移距离或者一定的角度。

配对约束类型中的偏移列表包括偏移、定向和重合三种,如图 9-3 所示。根据所选的参照,对应的列表项将有所不同。各约束类型的含义介绍如下。

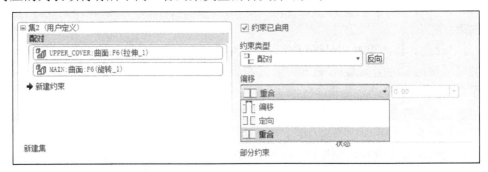

图 9-3 配对类型

(1)偏移。使用该方式设置配对约束时,选取的元件参照面与组件参照面平行,并保持所指定的距离。如果参照面方向相反,可单击"反向"按钮,或者在距离文本框中输入负值。

(2)定向。使用该方式设置配对约束时,选取的元件参照面与组件参照面平行。此时可以确定新添加元件的活动方向,但是不能设置间隔距离。

(3)重合。重合是默认的偏移类型,即两个参照面贴合在一起。在分别选取元件参照面和组件参照面后,约束类型自动设置为配对。然后在"偏移"下拉列表中选择"重合"选项,所选的两个参照面即可完全接触。

(4)角度偏移。只有当选取的两个参照面具有一定角度时,才会出现该约束类型,在"角度偏移"文本框中输入旋转角度,则元件将根据参照面旋转所设定的角度,旋转到指定位置。

注意:在设置约束集的过程中,如果元件的放置位置或角度不利于观察,可按住 Ctrl+Alt 键,并按住滚轮来旋转元件,或右击来移动元件。

2. 对齐

使用该约束可以对齐两个选定的参照,使其朝向相同,并且可以将两个选定的参照设置为重合、定向或者偏移。

　　对齐约束和配对约束的设置方式很相似,不同之处在于,对齐对象不仅可以使两个平面重合并朝向相同,还可以指定两条轴线同轴或者两个点重合,以及对齐旋转曲面或者边等。无论使用配对约束还是对齐约束,两个参照对象必须为同一类型(如平面对平面、旋转曲面对旋转曲面,点对点或者轴线对轴线)。

3. 插入

　　使用该约束时可将一个旋转曲面插入另一个旋转曲面中,并且可以对齐两个曲面的对应轴线。在选取轴线无效或者不方便时,可以使用该约束方式。该约束方式的对象主要是弧形面元件。

　　选取新载入元件上的曲面,并且选取装配体对应的曲面,即可获得插入约束效果。

4. 缺省、自动和坐标系

　　在装配环境中使用缺省、自动和坐标系约束,可一次定位元件在装配环境中的位置,其中使用缺省方式不需要选取任何参照即可定位元件。而使用坐标系约束只需选取两个坐标系即可定位元件。

　　(1)缺省约束。该约束方式主要是用于添加到装配环境中的第一个元件的定位。通过该约束方式可以将元件的坐标系与组件的坐标系对齐。之后载入的元件将参照该元件进行定位。

　　(2)自动约束。使用该约束方式,只需选取元件和组件参照,由系统猜测意图而自动设置适当的约束。

　　(3)自由约束。该约束方式是通过对齐元件坐标系与组件坐标系的方式(既可以使用组件坐标系又可以使用零件坐标系),将元件放置在组件中,该约束可以一次完全定位元件,完全限制六个自由度。

　　为便于装配可在创建模型时指定坐标系位置。如果没有指定,可以在保存当前装配文件后,打开要装配的元件并创建一坐标系,保存并关闭。这样当重新打开装配体载入新元件时,便可以指定两个坐标系进行约束设置。

5. 相切

　　该约束方式是通过控制两个曲面在切点位置的接触,即新载入的元件与指定元件以对应曲面相切进行装配。该约束功能与配对约束相似,因此这种约束将配对曲面,而不是对齐曲面。

6. 直线上的点

　　直线上的点约束用于控制新载入元件上的点与装配体上的边、轴或基准曲线之间的接触,从而使新载入的元件只能沿直线移动或者旋转,而且保留一个移动自由度和三个旋转自由度。

　　选取新载入元件上的一个点,并且选取组件上的一条边,这个点将自动约束到这条红色显示的边上。

7. 曲面上的点和边

　　在设置放置约束时,可限制元件上的点或边相对于指定文件的曲面移动或者旋转,从而限制该元件相对于装配体的自由度,从而准确定位元件。

　　(1)曲面上的点约束。该约束控制曲面与点之间的接触,可以用零件或装配体的基准点、基准平面或曲面、零件的实体曲面作为参照。

　　(2)曲面上的边约束。使用曲面上的边约束可控制曲面与平面边界之间的接触,可以将一条线性边约束至一个平面，也可以使用一个基准平面、装配体的曲面或者任何平面零件的实体曲面作为参照。

9.3 调整元件或者组件

在元件进行相应的放置约束之后，还需要对其进行更加细致的移动或者旋转，来弥补放置约束的局限性，从而准确地装配元件。特别是在装配一些复杂的零件时，经常需要对其进行移动，以达到所需的装配设计要求。

1. 定向模式

使用该移动类型，可在组件窗口中以任意位置为移动基点，指定任意的旋转角度或者移动距离，以调整元件在组件中的放置位置，达到完全约束。

在"装配"操控面板中展开"移动"下滑面板，并在"运动类型"下拉列表中选择"定向模式"选项。此时系统提供了该类型下的两种移动方式，如图 9-4 所示。

图 9-4 定向模式

(1) 在视图平面中相对。选择该单选按钮表示相对于视图平面移动元件。在组件窗口中选取待移动的元件后，在所选位置处将显示一个三角形图标。此时按住鼠标中键拖动即可旋转元件；按住 Shift+鼠标中键拖动即可旋转并移动元件。

(2) 运动参照。运动参照指相对于元件或者参照对象移动所指定的元件。选择该单选按钮后，运动参照收集器就会被激活。此时可以选取视图平面、图元、边、平面法向等作为参照对象，但最多只能选择两个参照对象。

指定好参照对象后，右侧的法向或者平行选项将被激活，其中选择"法向"单选按钮，选取元件进行移动时将垂直于所选参照移动元件；选择"平行"单选按钮，选取元件进行移动时将平行于所选参照移动元件。

2. 平移和旋转元件

平移或旋转元件，只需选取新载入的元件，然后拖动即可将元件移动或旋转至组件窗口中的任意位置。

(1) 平移元件。通过该方式可以直接在视图中平移元件至适当的装配位置，如图 9-5 所示。平移的运动参照同样包括在视图平面中相对和运动参照两种类型，其设置方法与定向模式相同，这里不再赘述。

(2) 旋转元件。通过该方式可以绕指定的参照对象旋转元件。只需选取旋转参照后选取元件，拖动即可旋转元件。

3. 调整元件

通过该方式可以为元件添加新的约束，并可以通过指定参照对元件进行移动。该移动类型对应的选项中新增加了"配对"和"对齐"两种约束，并可以在下面的"偏移"文本框中输入偏移距离来移动元件。

4. 隐含和恢复

在组件环境中隐含特征类似于将元件或组件从进程中暂时删除，而执行恢复操作可随时解除已隐含的特征，恢复至原来状态。通过隐含特征不仅可以简化复杂的装配体，而且可以减少系统再生时间。

1）隐含元件或组件

在创建复杂的装配体时，为方便对部分组件进行创建或编辑操作，可将其他组件从当前操作环境暂时删除。这样使装配环境简洁，提高更新效率和组件的显示速度，提高工作效率。

在模型树中按住 Ctrl 键选取要隐含的组件并右击，在打开的快捷菜单中选择"隐含"选项。此时所选对象将从当前装配环境中移除，如图 9-6 所示。

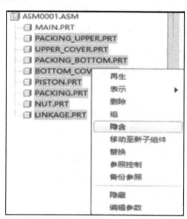

图 9-5　平移元件　　　　　　　　　　　　图 9-6　隐含元件

2）恢复隐含对象

要恢复所隐含的对象，可在模型树中单击"设置"按钮，并在其下拉列表中选择"树过滤器"选项。然后在打开的"模型树项目"对话框中启用"隐含的对象"复选框，则所有隐含的对象将显示在模型树中，如图 9-7 所示。

图 9-7　"模型树项目"对话框

然后在模型树中按住 Ctrl 键选取隐含的对象并右击，在打开的快捷菜单中选择"恢复"选项，即可将隐含的对象恢复到当前操作环境中。

9.4 编辑装配体

在装配过程中，可对当前环境中的元件或组件进行各种编辑操作，如替换元件、修改约束条件和约束参照，对相同的元件进行重复装配和阵列装配，可以大大减少装配的步骤。此外还可以创建装配体的爆炸图，清楚地观察装配体的定位结构。

9.4.1 修改元件

任何一个装配体都是由各个元件通过一定的约束方式装配而成的。元件在定位以后还可以进行各种编辑，如修改元件名称和结构特征、替换当前元件以及控制元件显示等。

1. 修改元件结构特征

当元件定位以后，为优化元件的结构特征，也为了获得更加完善的装配效果，可对元件的结构特征进行修改。

在模型树中选取一元件并右击，在打开的快捷菜单中选择"打开"选项。此时系统将进入该元件的建模环境，可对模型进行修改。然后退出建模环境返回装配环境，可发现装配环境中的元件特征也已改变。

2. 替换元件

在装配设计中，针对相同类型但不同型号的元件进行装配时，可以将现有已经定位的元件替换为另一个元件，从而获得另一种装配效果。

在模型树中选择一元件并右击，在打开的快捷菜单中选择"替换"选项。然后在打开的"替换"对话框中选择"不相关的元件"单选按钮，并单击"打开"按钮，指定替换元件。接着单击"确定"按钮，即可将元件替换为指定的新文件，如图9-8所示。

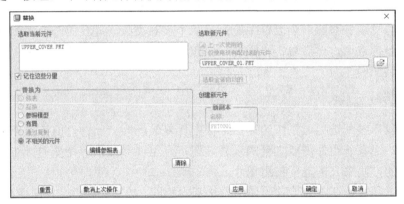

图 9-8 替换元件

3. 控制元件显示

在装配过程中，为了更清晰地表现复杂装配实体的内部结构和装配情况，同时也为了提高计算机的显示速度，可指定文件在装配体中以实体或线框等多种方式显示。

选择"视图"→"视图管理器"选项，在打开的选项单中切换至"样式"选项卡，并单击"属性"按钮，进入属性窗口。然后选择元件，并单击属性窗口上激活的各个按钮，则所选元件将以对应的样式显示。

9.4.2　重复装配

在进行装配时，经常需要对相同结构的元件进行多次装配，并在装配过程中使用类型相同的约束，如一些螺栓的装配。此时便可以通过重复装配对这些相同类型的元件进行大量重复的装配定位，以提高工作效率。

选取一元件，并选择"编辑"→"重复"选项，即可在打开的如图 9-9 所示对话框中对所选文件进行重复装配。该对话框中的三部分介绍如下。

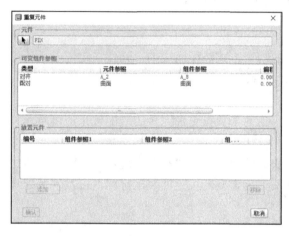

图 9-9　"重复元件"对话框

(1)指定元件。在"元件"收集器中可选择需要重复装配的元件。系统一般默认选取在执行"重复"命令之前所选定的元件。如果要指定新的元件，也可以单击"指定元件"按钮，在绘图区选取需要重复装配的元件。

(2)可变组件参照。在该列表框中列出了所选需重复装配元件与组件的所有参照对象。当选取一个参照对象后，会在绘图区进行相应的高亮显示。其中高亮显示部分代表组件参照，选取重复装配元件的相应参照后可自动对齐。

(3)放置元件。由于在重复装配过程中，约束类型和元件上的约束参照都已确定，因此只需定义组件中的约束参照即可。

在"可变组件参照"列表框中选择一个参照类型，并单击"添加"按钮，从组件中选取参照。此时所选组件参照将显示在"放置元件"列表框中。

然后在"可变组件参照"列表框中选择第二个参照类型，并在第一个参照类型上单击，取消该参照类型的选取。然后单击"添加"按钮，从组件中选取参照，单击"确认"按钮，即可完成重复装配操作。

9.4.3　阵列装配元件

虽然"重复"装配选项可以快速地在组件中反复装配同一元件，但该操作需要一步步地定义组件参照。当某一组件需要大量的重复装配，且组件参照也有特殊的排布规律时，可以通过阵列装配的方法来大量重复装配文件。

阵列装配工具和特征阵列工具的使用方法基本相同。选取一元件，并选择"编辑"→"阵列"选项。然后指定阵列方式为"轴阵列"，选取一轴线为阵列中心轴，并设置阵列参数，创建阵列装配。

1. 自动分解视图

创建自动分解视图时，系统将根据使用的约束产生默认的分解视图，但是这样的分解视图通常无法正确地表现出各个元件的相对位置。

当创建或打开一个完整的装配体后，选择"视图"→"分解"→"分解视图"选项，系统将进行自动的分解操作。

2. 自定义分解视图

系统创建默认的分解视图后，通过自定义分解视图，可以把分解视图的各元件调整到合适的位置，从而清晰地表现出各个元件的相对方位。

选择"视图"→"分解"→"编辑位置"选项，打开如图 9-10 所示操控面板。该面板中提供了以下三种移动元件位置的方式。

图 9-10 "分解位置"操控面板

平移：使用该方式移动元件时，可以以轴、直线和直曲线的轴向为平移方向，也可以直接选取当前坐标系的一轴向为平移方向。

选取要移动的元件，此时元件上将显示一坐标系。然后选取该坐标系上的任一坐标轴以激活该轴向。然后单击并拖动，元件将在该轴向上移动。

旋转：该方式是以轴线、直线、边线或当前坐标系的任一轴线为旋转中心轴，将所指定的元件进行旋转。

单击"旋转"按钮，选取要旋转的元件，并在"参照"面板中激活"移动参照"收集器，选取一轴线为旋转中心轴，此时元件上将显示一白色方块图标，拖动该图标，元件将以所选轴线为中心轴旋转，并以虚线显示旋转轨迹路径。

视图平面：该方式指在当前的视图平面上移动所选元件。单击"视图平面"按钮，选取元件并拖动元件上显示的白色方块图标，即可在视图平面中将元件移动到指定的位置。

在"分解位置"操控面板中展开"选项"下滑面板。该面板中各选项的含义介绍如下。

复制位置：当每一个元件都具有相同的分解方式时，可以先分解其中的一个元件。然后单击"复制位置"按钮，复制该元件的分解位置。该元件通常用于元件数量较多且具有相同分解位置的情况，如圆周状均匀分布的螺栓、螺母等。

随子项移动：启用该复选框，子组件将随组件主体的移动而移动，但移动子组件不影响组件主体的存在状态。

3. 偏移线

利用该工具可创建一条或多条分解偏移线，用来表示分解图中各个元件的相对关系。根据设计需要，可以按照下列方法创建、修改、移动或删除偏移线。

创建偏移线：在"分解位置"操控面板中单击"创建修饰偏移线"按钮，将打开"修饰偏移线"对话框。然后依次选取两个元件上的轴线或边作为两个参照，即可创建两元件间的偏移线。

所选取的参照对象可以是轴线、曲面、边或者曲线。其中使用轴线作为参照时，可准确查看同一轴线上元件的装配方式；使用曲面法向作为参照时，能够查看元件与元件之间面的接触关系；使用边或曲线作为参照时，能够查看元件与元件指定边线位置的装配关系。

编辑偏移线：创建的偏移线不仅可以移动，还可以根据设计需要增加或删除创建偏移线时所依据的啮合点。

展开"分解线"下滑面板，并选取一现有的偏移线。此时该面板上的三个按钮被激活。

然后单击"编辑选定的分解线"按钮，拖动偏移线两端的白色方块图标，可调整偏移线位置；单击"删除选定的分解线"按钮，可删除所选的分解线。

　　修改线体：通常仅仅依靠一种偏移线显示方式，很难区分当前分解视图各部分的装配效果，可对偏移线的线型和颜色进行修改加以区分。

　　选取一条偏移线，并在"分解线"下滑面板中单击"编辑线造型"按钮。然后在打开的"线造型"对话框中修改线体线型和颜色。

　　修改好的分解视图的偏移线，如果想在下次打开文件时看到同样的分解视图，则需要通过视图管理器保存已分解的视图。

9.5　实验与练习

（1）按照图 9-11 所示的零件尺寸绘制零件并完成装配。

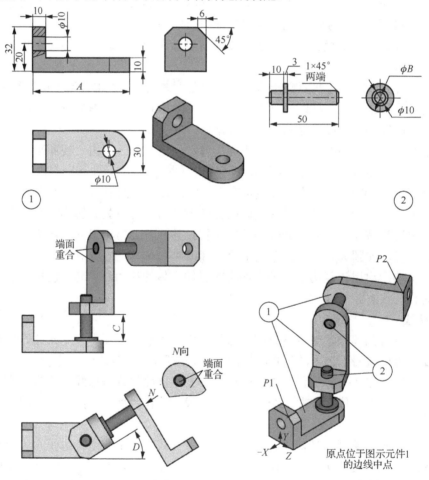

图 9-11　机械臂零件图

（2）按照图 9-12～图 9-17 所示的零件图构建产品装配模型及爆炸图。

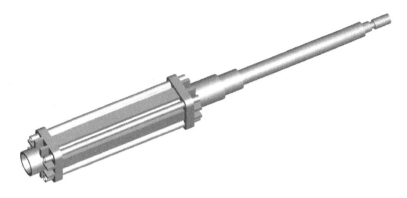

图 9-12　千斤顶装配图

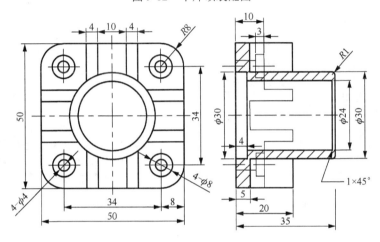

图 9-13　千斤顶—零件 1

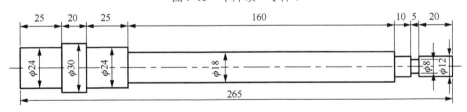

图 9-14　千斤顶—零件 2

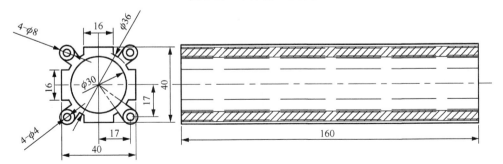

图 9-15　千斤顶—零件 3

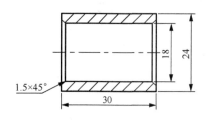

图 9-16　千斤顶—零件 4

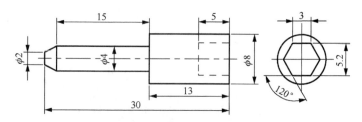

图 9-17　千斤顶—零件 5

(3)按照练习光盘中的零件，装配完成图 9-18 所示的装配体。

(4)按照练习光盘中的零件，装配完成图 9-19 所示的阵列装配体。

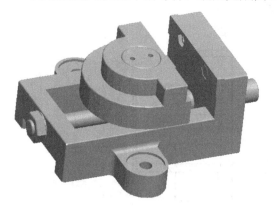

图 9-18　虎口钳装配体

图 9-19　阵列装配体

(5)按照练习光盘中的零件，装配完成图 9-20 所示的装配体。

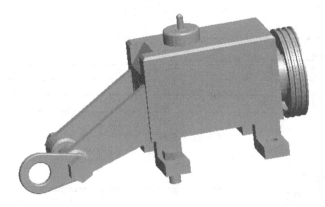

图 9-20　传动装置装配体

第 10 章　绘制工程图

利用 Pro/E 软件，用户可以设计出各种形状的三维模型。这些三维实体模型和真实物体具有极高的相似度，表达设计意图非常直观明了。但在制造生产的第一线，还需要一组二维图纸来表达复杂的三维模型，即创建模型的工程图。这样可以简单快捷地向生产人员传达产品的技术要求。

10.1　工程图概述

工程图主要用来显示零件的各种视图、尺寸和公差等信息，以及表现各装配元件彼此之间的关系与组装顺序。它是进行产品设计的重要辅助模块，可以以图纸的形式向生产人员传达产品的结构特征和制造技术要求。

10.1.1　认识工程图环境

Pro/E 提供了专门的工程图环境，用于绘制工程图。在工程图环境中，可以自由地创建、修改、删除视图或标注。

单击"新建"按钮，在打开的对话框中选择"绘图"单选按钮，并禁止使用缺省模板复选框。然后在新建绘图对话框中可根据需要来选择零件模型、绘图纸大小和绘图模板等，单击"确定"按钮，即可进入工程图绘制环境，如图 10-1 所示。

图 10-1　进入工程图环境

工程图环境与建模环境和装配环境有较大的不同。各个工具栏均集中在上方的选项卡中。在绘图区中黑色的边框为所指定的绘图图纸大小，一般工程图内容不超过该图纸边框，如图 10-2 所示。

此外，Pro/E5.0 中增加了绘图树，即工程图模型树，其与建模环境中的特征模型树类似。所添加的各个视图或注释均在模型树中呈树状显示，方便管理和编辑。

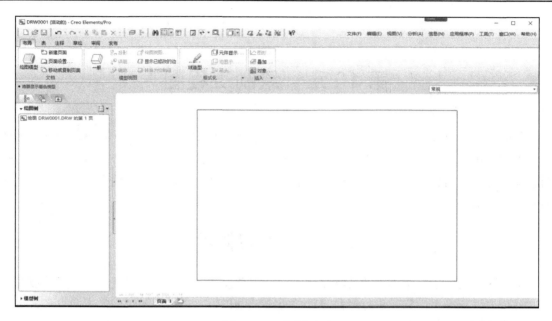

图 10-2　工程图界面

10.1.2　工程图要素

工程图包括两种基本元素：视图和标注。视图主要用来表达零件各处的结构形状；标注主要为模型添加尺寸、公差和其他几何特征说明。

1. 视图

视图是实体模型对某一方向投影后所创建的全部或部分二维模型。根据表达细节的方式和范围的不同，视图可以分为全视图、半视图、局部视图和剖断视图等。而根据视图的使用目的和创建原理的不同，视图还可分为一般视图、投影视图、辅助视图和旋转视图等，如图 10-3 所示。

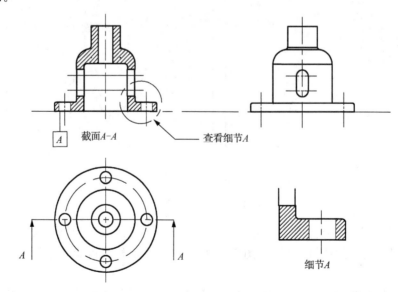

图 10-3　工程图视图

2. 标注

标注是对工程图的辅助说明。视图虽然可以清楚地表达模型的几何形状，但无法说明模型的尺寸大小、材料、加工精度、公差值，以及设计者需要表达的一些其他信息。此时就需要标注加以说明。根据创建目的和方式的不同，标注可分为尺寸标注、公差标注和注释标注等，如图 10-4 所示。

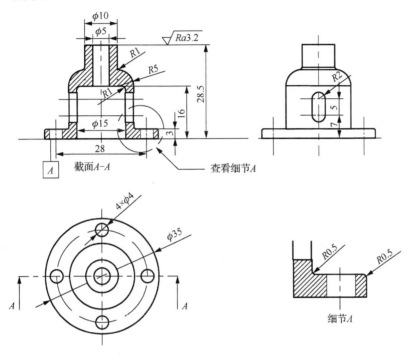

图 10-4　工程图标注

10.2　视　图　创　建

10.2.1　布局工具

绘图模式中的"布局"选项卡，如图 10-5 所示，主要具有以下功能。

图 10-5　"布局"选项卡

1. 文档

绘图模型：管理绘图模型，用于添加、删除及设置绘图模型等。

页面：可添加新页面、重命名页面、删除页面、移动或复制页面、选取多个或所有页面、更新页面和更改页面设置。

2. 模型视图

创建模型的一般视图、投影视图、辅助视图、详细视图、旋转视图及 2D 截面视图、轴测图等。

一般视图用于表达零件的主要形状，投影视图用于表达零件结构，轴测图辅助表达零件的三维效果。在工程图中三视图是最重要的视图，它反映了零件的大部分信息。Pro/E 中可以使用一般视图建立主视图，使用投影视图建立俯视图和左视图。

3. 格式化

用于修改与任意选定视图中绘图项目的线造型关联的以下元素：图线类型、字体宽度及颜色等。

4. 插入

叠加：可将选定的视图或某一绘图的整个页面叠加到当前绘图页面。

插入对象：插入外部应用程序创建的外部文件到绘图页面。

导入绘图/数据：将外部数据插入绘图页面。

10.2.2 一般视图

一般视图是工程图中所创建的第一个视图，只有生成第一个一般视图，"绘图视图"对话框中"视图类型"的其他选项方可显示，因此一般视图是投影视图和其他一切视图的父视图。在三视图中，主视图可以使用一般视图来建立，俯视图和左视图可以使用投影视图来建立。用一般视图创建主视图的步骤如下。

新建一绘图文件，进入工程图模式。然后单击"布局"选项卡中的"一般"按钮，在图中的合适位置单击，确定视图的中心点，即可确定一般视图的中心位置，此时打开如图 10-6 所示对话框。

在"绘图视图"对话框中，类别选项组中显示了八种视图参数选项，各种视图参数介绍如下。

视图类别：设置视图名称、改变视图类别、设置视图方向和属性等。

可见区域：选择视图可见性类型、Z 方向修剪等。

比例：定制比例、创建透视图等。

截面：创建 2D、3D 剖面以及设置单个零件曲面剖面等。

视图状态：定义组件的分解视图和简化组件视图的表示。

视图显示：控制视图线型、相切边、

图 10-6 "绘图视图"对话框

剖面线等的显示状态。

原点：指定视图原点所在的位置。

对齐：通过对齐参照，实现视图与其他视图对齐的操作。

10.2.3　投影视图

投影视图是以水平或垂直视角为投影方向创建的直角投影视图。投影视图位于父视图的上方、下方或左边、右边，仰视图、俯视图、左视图和右视图一般使用投影视图创建。投影视图的创建步骤如下。

创建一般视图作为主视图。然后单击"布局"选项卡中的"投影"按钮，选取某一主视图，将鼠标移至适当位置并单击，放置投影视图。也可以选择主视图并右击，在弹出的快捷菜单中选择"插入投影视图"选项来创建。值得注意的是，如果绘图区域只有一个主视图，系统将默认该视图为投影视图的父视图。

双击所创建的投影视图，可弹出"绘图视图"对话框，设置投影视图的绘图选项，如添加投影箭头，通过"对齐"类别取消投影视图与其父视图的对齐等。

10.2.4　其他视图

其他视图均是在一般视图作为主视图的基础上创建的，其创建步骤及注意事项与投影视图基本相同。

(1)辅助视图。辅助视图是一种投影视图，以垂直角度向选定曲面或轴进行投影。单击"布局"选项卡中的"辅助"按钮，选取主视图的边、轴或基准平面，将鼠标移至适当位置并单击，放置辅助视图。双击所创建的辅助视图，可弹出"绘图视图"对话框，设置辅助视图的绘图选项。

(2)详细视图。详细视图又称局部放大视图。单击"布局"选项卡中的"详细"按钮，选取主视图边上某一参考点，并以此点为中心参照，绘制环形的且内部不相交的样条曲线作为详细视图的轮廓曲线，绘制完成后右击封闭曲线，将鼠标移至适当位置并单击，放置详细视图。双击所创建的详细视图，可弹出"绘图视图"对话框，设置详细视图的绘图选项。

(3)旋转视图。旋转视图用于创建断面图。单击"布局"选项卡中的"旋转"按钮，选取一个位置，作为旋转视图的放置中心，系统弹出"绘图视图"对话框。如果主视图已存在剖截面，在"旋转视图属性"的"截面"中将自动默认选取该截面。如果主视图不存在剖截面，单击"创建新"按钮，系统弹出"剖截面创建"菜单管理器，单击"完成"按钮，系统弹出"输入剖面名"消息框，输入剖面名称，单击"确定"按钮，系统弹出"设置平面"菜单管理器和"选取"对话框，在主视图上选取剖面。双击所创建的旋转视图，可弹出"绘图视图"对话框，设置旋转视图的绘图选项。

(4)2D 截面视图。2D 截面视图主要用于创建各类剖视图。双击所创建的主视图，系统弹出"绘图视图"对话框，选择"截面"类别，在"剖面选项"中选择"2D 剖面"，单击"+"按钮，在"名称"中可选择剖面，或者单击"创建新"按钮，创建新的剖面，单击"-"按钮可从视图中移除剖面。

(5)轴测图。零件的轴测图接近人们的视觉习惯，但不能确切反映物体的真实形状和大小，仅作为辅助图样，辅助解读正投影视图。在创建一般视图时，单击指定视图中心位置后，开始模型均是以轴测图显示的。在绘制一幅工程图时，当创建完模型的主视图、投影视图和局部视图等平面视图后，便可以添加模型的轴测图，立体直观地表达模型的形状与结构。

在"绘图视图"对话框的模型视图名下拉列表中选择标准方向或者默认方向均可以以立

体方式创建模型视图，默认方式下拉列表中提供了以下三种模型放置方式。

等轴测与斜轴测：这两种方式是按投影方向对轴测投影面相对位置的不同所创建的两种类型的视图。当投影方向垂直于轴测投影面时，即可创建等轴测图（又称正轴测图）；当投影方向倾斜于轴测投影面时，即可创建斜轴测图。

用户定义：该方式是用户通过手动设置 X、Y 的角度数值来确定投影的方向，进而创建所需的轴测图。通过该方式可创建任意角度的轴测图。

10.2.5　视图的编辑

在完成各视图的创建后，常需要将生成的视图进行编辑修改，以提高工程图整体页面的美观性、正确性、标准性及可读性。

1. 修改视图

单击选取要修改的视图并双击，系统弹出"绘图视图"对话框，或右击视图，从系统弹出的快捷菜单中选择"属性"选项。在其不同类别中，可进行相应的视图名称、比例、视图方向等修改。

2. 移动视图

单击选取要移动的视图并右击，从系统弹出的快捷菜单中选择"锁定视图移动"选项可锁定视图不能移动，或解除锁定可以移动。移动方法是将光标移动到视图中间并出现移动符号，拖动到合适的位置。

3. 删除、拭除和恢复视图

删除是将现有的视图从图形文件中清除，所删除的视图将不可恢复。而拭除视图只是从当前界面中去除，拭除的视图还可以通过相应工具将其重新调出以便再次使用，即恢复所拭除的视图。

单击选取要删除的视图。删除视图的方法有两种：一是按 Delete 键删除或在绘制工具栏单击"删除"按钮；二是选择"编辑"中的"删除"选项或者右击视图，在打开的快捷菜单中选择"删除"选项，即可删除视图。

拭除是将视图隐藏起来，而恢复是让隐藏的视图正常显示。在"布局"选项卡中选择"模型视图"中的"拭除视图"或"恢复视图"按钮，可从绘图区拭除或恢复选择的视图。

4. 复制与对齐视图

单击"布局"选项卡中的"复制与对齐"按钮，可在绘图区复制并对齐视图。

5. 视图显示模式

视图创建完成后，通过控制视图的显示，如视图的可见性、视图边线显示和组件视图中的元件显示等，以改善视图的显示效果。

1）视图显示

工程图中的视图可以设置为框线、隐藏线、消隐或默认等显示模式。设置视图显示的步骤如下。

选择要修改的视图，其周围的方框变为红色，右击背景，在弹出的快捷菜单中选择"属性"选项，弹出"绘图视图"对话框。在"类别"选项组中，选择"视图显示"选项，打开"视图显示选项"面板，在面板中从"显示线型"列表中分别选择下列选项。

线框：将显示模式设置为线框，视图中的所有线条均显示实线。

隐藏线：将显示模式设置为隐藏线，视图中的隐藏线显示为虚线。

消隐：将显示模式设置为消隐，视图中的隐藏线将不显示。

着色：将显示模式设置为着色渲染模式。

单击"确定"按钮更新所选视图显示模式。

2）边显示

除了可以控制整个视图或单个元件的显示状态，在 Pro/E 中还可以对视图中各条边进行显示的控制，从更细微处控制视图显示效果。

在"布局"选项卡中选择"格式"→"边显示"选项，系统弹出"选取"对话框和"边显示"菜单。选取要设置的边线，然后从"边显示"菜单中选择适当的选项，设置系统的边显示，主要有如下几种。

拭除直线：将所选边线拭除，即从模型中隐藏。

线框：将拭除的边线或视图的隐藏线以实线形式显示。

隐藏方式：将所选边线以隐藏形式显示。其对象可以是任意的边线。

隐藏线：将所选边线以隐藏线形式显示。其对象必须是可隐藏的边线。

消隐：将所选边线以消隐形式显示。其对象必须是可消隐的边线。

缺省：使用当前环境设置来显示边。

关于边界线的显示，在隐藏其他切线时，可以选择某些要显示在绘图视图中的切线。所选切线如倒圆角的边线，将以中心线、虚线或灰色形式显示。如果要将切线恢复为原来状态，可选择"相切实体"选项。

10.3　工程图标注

一幅完整的工程图，除了各个不同的视图图形，还要为图形文件添加准确、清晰的尺寸和注释，才能反映出模型的真实的大小和装配之间的位置关系。

10.3.1　标注工具

在绘图模式中，单击"注释"标签，系统弹出如图 10-7 所示选项卡。其主要功能是创建绘图的标注。

图 10-7　"注释"选项卡

1．删除

移除全部角拐：移除绘图中的全部角拐标注。

移除全部断点：移除绘图中的全部断点。

删除：删除选定项目。

2．参数

切换尺寸：在模型尺寸名称和尺寸值之间进行切换。

小数位数：修改标注尺寸的小数位数。

3. 插入

显示模型注释：系统自动显示模型的相关注释。

插入模型注释：通过注释工具进行模型标注。

4. 排列

对绘图中所创建的注释进行相应的编辑。

5. 格式化

对绘图文本样式、箭头样式等进行设置。

10.3.2　标注尺寸

为图形添加尺寸标注和注释，可以通过创建特征时系统给定的尺寸和注释，也可以根据需要手动添加。

1. 自动标注尺寸

由于工程图模型和实体模型使用相同的数据库，因此，工程图中所有几何尺寸值在一打开时就已存在，只是它们均处于隐藏状态。自动标注尺寸是自动显示所选视图的所有尺寸。

切换至注释选项卡，选取一视图，并在"插入"选项板中单击"显示模型注释"按钮。图上显示的尺寸有一些是多余或重复的，此时便可以通过拭除不必要的尺寸来清理视图的尺寸注释。在打开对话框的显示选项组中列出了该视图的所有尺寸，要显示某个尺寸只需选择该尺寸即可。如果要全部显示，可以单击"显示所有"按钮，如图 10-8 所示。

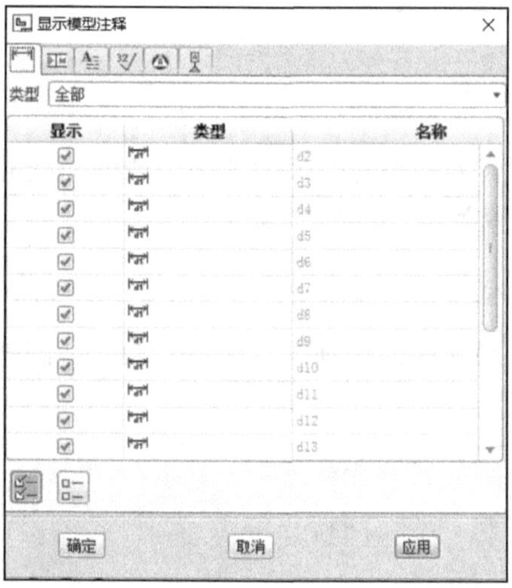

2. 手动标注尺寸

对工程图进行尺寸标注，一般采用自动标注与手动标注相结合的方法，这是由于通过自动显示的尺寸有一些是多余或重复的。此时就需要通过拭除不必要的尺寸来清理视图的尺寸注释，或者直接手动标注所需的新尺寸，进而使图形尺寸更加完善。

在"注释"选项卡的"插入"类型选项板中单击"尺寸—新参照"按钮，将打开"依附类型"菜单，然后选择依附类型。并在图中指定参照对象后，在合适位置单击鼠标中键确定尺寸线的放置位置即可。"依附类型"菜单中各选项含义介绍如下。

图元上：选择直线或端点建立尺寸。

在曲面上：曲面类零件视图的标注，通过选取曲面进行标注。

图 10-8　"显示模型注释"对话框

中点：以线段的中点为尺寸标注的端点。

中心：以圆弧的中心点为尺寸标注的端点。

求交：以两个图元的交点为尺寸标注的端点。

做线：通过选取两点、水平方向或垂直方向来标注尺寸。

此外对于手动标注和自动标注的尺寸，其区别主要有两点：一是手动标注的尺寸既可以删除，也可以隐藏，而自动标注的尺寸只可隐藏不可删除；二是手动标注的尺寸数值不能修改，而自动标注的尺寸可以更改，并可驱动零件模型。

标注圆弧或圆的径向尺寸，只需选择"尺寸—新参照"工具后，单击圆弧图元，并单击鼠标中键，标注半径尺寸；双击圆弧图元，并单击鼠标中键，标注直径尺寸。

10.3.3　编辑尺寸标注

由系统自动显示的尺寸非常混乱，如各个尺寸互相叠加、尺寸间隙不合理或出现重复尺寸等。此时便需要对尺寸位置进行调整。此外还可以单独编辑每个尺寸的尺寸箭头、尺寸界线和公称值等参数。

1. 调整尺寸位置

调整尺寸位置主要是通过移动和对齐尺寸这两种方法对尺寸的位置进行调整。其中移动尺寸可任意对尺寸进行移动；对齐尺寸针对多个尺寸进行对齐操作。此外创建捕捉线可以为移动尺寸提供对齐参照。

移动尺寸：通过显示模型注释得到的模型尺寸往往比较乱，甚至相互重叠不利于观察。此时就需要移动尺寸至合适位置。选取要移动的尺寸，该尺寸上将显示四种尺寸控制点。这些控制点分别控制尺寸线与实体之间的距离、尺寸线的位置、尺寸线的倾斜，以及尺寸文字的位置等。

对齐尺寸：属于移动尺寸的一种特殊形式，其作用是将多个尺寸在水平或垂直方向上，以所指定的第一个尺寸为参照进行对齐。按住 Ctrl 键在视图上选取要对齐的多个尺寸。然后在"注释"选项卡的"排列"选项板中单击"对齐尺寸"按钮，则所选尺寸将以第一个尺寸为参照对齐。

2. 编辑尺寸

编辑尺寸不仅可以调整尺寸的整体位置和放置形式，还可以单独编辑每个尺寸的尺寸箭头、尺寸界线和公称值等参数。选取要编辑的尺寸并右击，将打开编辑快捷菜单。该菜单中各选项的含义介绍如下。

拭除：拭除所选尺寸(包括尺寸文本和尺寸界线)，拭除的尺寸将不在工程图中显示。

修剪尺寸界线：选取要修剪的尺寸界线，并单击鼠标中键确认。然后移动尺寸界线至合适的位置，即可完成对尺寸界线的修剪。该操作与手动移动尺寸线和实体间距离的控制点操作类似。

将项目移动到视图：将尺寸从一个视图移动到另一个视图。其中只有通过模型注释显示的尺寸才能移动，手动标注的尺寸不能使用该功能。选择要移动的尺寸标注后，选择"移动至视图"选项。然后选取目标视图，即可将该尺寸移动至目标视图上。

修改公称值：用于修改工程图中的公称尺寸。该功能只针对系统给定的尺寸。当修改尺寸后三维模型也将发生相应的变化。首先选择需要修改的尺寸后右击，在打开的快捷菜单中选择"修改公称值"选项。然后在文本框中输入新的公称尺寸，按 Enter 键确认。最后单击"再生"按钮，模型将进行更新。

编辑链接：用于修改尺寸的依附方式。该功能不仅适用于系统自动标注的尺寸，还适用于手动标注的尺寸，如原来的两个尺寸均为求交的依附类型，修改为中心依附类型。

切换纵坐标/线性：在线性尺寸和纵坐标之间进行转换。由线性尺寸转换为纵坐标尺寸时，需要选取纵坐标基线尺寸。如果尺寸界线间的距离较密集，可通过插入拐角的方法，调整尺寸界线的分布。

反向箭头：调整所选尺寸标注的箭头方向。选取要调整的尺寸标注后，选择该选项，即可切换所选尺寸的箭头方向。

10.3.4 注释文本

工程图除了包括各类表达模型形状大小的视图和尺寸标注，还包括对视图进行补充说明的各类文本注释，如图纸的技术要求、标题栏内容和特殊加工要求等。

1. 注释标注

选择"注解"选项卡中的"插入"→"注释"选项，打开"注释类型"菜单。该菜单包括文本的指引线类型、输入方式、放置方向、指引线形式、对齐方式和文本样式六部分。"注释类型"菜单中各选项的含义介绍如下。

无引线：创建的注释不带有引线，即引导线。

带引线：创建带有方向指引的注释。

ISO 导引：创建 ISO 样式方向指引。

在项目上：将注释连接在边或曲线等图元上。

偏移：注释和选取的尺寸、公差和符号等间距一定距离。

输入与文件：这两个选项用于指定文字内容的输入方式。其中选择"输入"选项，可以直接通过键盘输入文字，按 Enter 键可以换行；选择"文件"选项，可以从计算机中读取文字文件，文件格式为.txt。

文字排列方式：注释文本的排列方式有三种，分别是水平、垂直与角度。

指引线形式：当带有指引线时，可以将指引线指定为标准、法向引线或切向引线。

文字对齐方式：提供多种文字对齐方式，包括左、居中、右和缺省。另外也可以从样式库中指定所需的文字样式。

文本样式：提供多种样式，包括样式库和当前样式。

选择"进行注解"选项，在打开的"注释类型"菜单中指定为图元上依附方式，并设置文本带有箭头。然后选取要进行标注的图元，并单击中键，输入文本注释内容。若需要输入一些尺寸符号，则可在文本符号对话框中指定。

2. 注释编辑

可对添加的注释进行编辑，选取该注释并右击，在打开的快捷菜单中选择"属性"选项。然后打开的"注释属性"对话框。修改完成后，单击"确定"按钮，结束注释文本的编辑。该对话框有文本、文本样式两个选项卡，其功能如下。

文本：用于修改注释文本的内容。

文本样式：用于修改注释文本的字形、字高、字的粗细等造型属性。

10.3.5 几何公差

几何公差是用来指定在设计过程中产品零件的尺寸和形状与精确值之间允许的最大偏差。它提供了一种全面的方法来描述零件的重要表面和它们之间的关系，以及如何检测零件以决定是否接受。与尺寸公差不同的是，几何公差不会对模型几何的再生产生任何影响。

1. 几何公差基准

无论在何种模式下添加几何公差，均需要首先指定基准，即几何公差的基准符号。在"插入"面板中单击"绘制基准平面"按钮，在打开的菜单中选择"图元上"选项。然后在一基准面上单击两次，在打开的提示栏中输入基准名称，并单击鼠标中键即可创建几何公差基准。

双击上面创建的基准，在打开的"基准"对话框中可指定基准符号的样式。如果要以轴为基准，可首先单击"轴显示"按钮，将视图中的轴线显示。然后选取一轴线并右击，在打开的快捷菜单中选择"属性"选项。接着便可以在打开的"基准"对话框中指定基准的名称和样式。

2. 创建几何公差

几何公差就是机械制图中的形位公差，即形状和位置公差。在添加模型的标注时，为满足使用要求，必须正确合理地规定模型几何要素的形状和位置公差，而且必须限制实际要素的形状和位置误差。

单击"注释"选项卡"插入"中的"几何公差"按钮 ，在打开的"几何公差"对话框中指定几何公差类型，并在"模型"下拉列表中选择"绘图"选项。然后切换至"基准参照"选项卡指定基本参照，并切换至"公差值"选项卡，输入公差数值，如图 10-9 所示。

图 10-9 "几何公差"对话框

在图 10-9 所示对话框中左侧的两列符号为几何公差的类型。右侧各选项卡的含义介绍如下。

模型参照：在该选项卡中可指定放置几何公差的参考模型、参照类型和放置类型等多种属性。

① 参考模型：添加几何公差时，需选择放置几何公差的参考模型，否则将在绘图区创建一个非参数化的图形几何公差。如果当前工程图中只有一个参考模型，则系统将其作为默认的参考模型。如果工程图中存在多个参考模型或组件，则用户需要选取一参考模型。此外也可以创建不基于任何参考模型的几何公差，该几何公差只参考绘图中的几何线条。

② 参照类型：参照类型的选择是根据添加的几何公差类型和模型基准而定的，在其下拉列表中包括轴、曲面、基准、图元和无五种。

③ 放置类型：指定几何公差的放置类型。根据几何公差类型的不同，应指定不同的放置类型。在放置类型下拉列表中提供了多种类型：尺寸指几何公差与尺寸建立依附关系；带引线指采用导引方式放置公差；切向/法向引线指与所选曲面相切或法向方向放置公差；其他几何公差是指基于已有的几何公差创建新的几何公差。

基准参照：在添加几何公差时，至少要在该选项卡中指定一模型基准，还可根据需要指定复合基准和材料状态等。

公差值：在该选项卡中可输入公差值，同时可以指定材料状态。该选项卡下方的每单位公差处于灰色(未激活)。如果碰到合适的几何公差类型，如平行度等，该选项组将激活，即可设置单位长度内的公差值。

符号：该选项内放置几何公差的类型符号，主要符号已显示在图 10-9 几何公差对话框的左侧。

附加文本：该选项可添加公差的文字备注。

10.4　工程图高级应用

10.4.1　表格

在绘图模式中，单击"表"标签，系统弹出"表"选项卡，其主要功能是创建绘图中的标题栏、明细栏、明细表手册和各类参数分类统计表等。

创建绘图表的具体步骤是：打开绘图，在"表"选项卡的"表"组中单击"表"按钮，也可以右击绘图区，并在弹出的快捷菜单中选择"创建表"选项，系统显示"创建表"菜单管理器，从中可进行表创建的设置。完成设置后在绘图区进行表格的创建。

10.4.2　草绘

在绘图模式中，单击"草绘"标签，系统弹出"草绘"选项卡，其主要功能是在工程图中进行草图的绘制和编辑。

具体功能和操作主要有草绘的各种设置、创建各类草绘图元、控制图元操作、各类草绘编辑、格式化设置等。

10.4.3　发布

在绘图模式中，单击"发布"标签，系统弹出如图 10-10 所示选项卡。使用"发布"选项可打印、出图、设置、保存或导出绘图，可将绘图发布为打印或出图文件、PDF 文件或外部数据文件。

图 10-10　"发布"选项卡

(1)输出格式。系统支持的外部数据文件格式有 Medusa、DWG、CGM、DXF、IGES、Stheno、TIFF、PDF、STEP 和 SET 等。对部分文件格式可单击"设置"按钮，在系统弹出的相应对话框中进行打印输出细节的设置。

(2)页面设置。在"发布"选项卡中选择"设置"选项，系统弹出"打印机配置"对话框，可进行打印的设置。也可以在"页面"选项中的"打印机"以及"模型"选项中对打印进行设置。

(3)打印步骤。选择需要生成文件的相应选项，单击"设置"按钮进行必要的设置，单击"预览"按钮生成打印预览，然后单击"打印"按钮进行打印。

10.5　实验与练习

(1)绘制 9.5 节中实验与练习题的工程图并进行相应的尺寸标注。

(2)绘制机架体的工程图，效果如图 10-11 所示。该工程主要包括主视图、俯视图和左视图，其中主视图和俯视图均为局部剖视图。

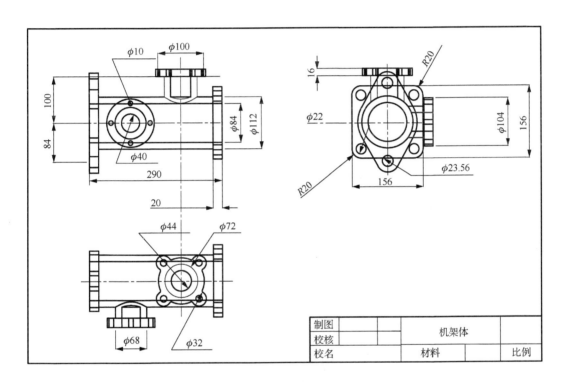

图 10-11　机架体工程图和零件图

参 考 文 献

CAD/CAM/CAE 技术联盟，2016. AutoCAD 2014 机械设计——从入门到精通. 北京：清华大学出版社

CAD 辅助设计教育研究室，2015. 中文版 AutoCAD 2014 实用教程. 北京：人民邮电出版社

林清安，2010. 完全精通 Pro/ENGINEER 零件设计基础入门. 北京：电子工业出版社

王咏梅，李春茂，2011. Pro/ENGINEER Wildfire5.0 中文版基础教程. 北京：清华大学出版社

郑阿奇，徐文胜，2007. AutoCAD 实用教程. 3 版. 北京：电子工业出版社

钟日铭，2010. Pro/ENGINEER Wildfire5.0 从入门到精通. 2 版. 北京：机械工业出版社